머리말

디지털 신호처리는 최근에 괄목할 만한 발전으로 여러 기술들에서 핵심적인 역할을 하여 왔다. 여기에는 통신, 디지털 텔레비전 및 미디어, 제어 시스템, 디지털 오디오 등에서부터 나아가 최근에는 새로이 도래하는 디지털 제품이나 응용 분야에도 핵심 기술이 되어있다. 디지털 신호처리는 이제 전자, 컴퓨터, 통신, 의공학 등의 교과목에서도 필수과목이 되어있다.

이 책은 대학에서 전자공학 및 통신을 전공하는 학생들과 미처 디지털 신호처리 과정을 이수할 기회를 갖지 못하여 그 개념이 다소 부족한 현장 기술자들에게 디지털 신호처리에 관한 기본 개념을 얻게 하고 그 응용력을 기르기 위해 집필하였다. 디지털 신호처리가 80년도 전까지는 주로 대학원 과정에서 강의되었으나, 이제는 3학년 또는 4학년의 학부과정에서도 필수과목이 되었다. 이를 위해 그동안 학부에서 강의 하던 내용을 모으고 정리하여 이 책을 만들게 되었다. 이 책은 디지털 신호처리의 모든 내용을 전부 다루는 포괄적인 책이 아니라, 전기전자공학의 학부과정에서 한 학기 동안의 강의에 필요한 내용을 대체로 포함하고 있다고 보면 된다. 연속신호의 개념으로부터 시작하여 자연스럽게 이산신호로 연결되도록 구성하였고, 단순히 수식의 나열이 아닌 그 수식이 내포하는 개념을 이해하기 위해 신호해석의 관점도 고려하였다. 이제는 디지털 신호처리 강의가 보편화 되었다고 하더라도, 아직은 한글 용어가 완전히 통일되지 않았으므로 본문 중간에 용어의 혼동을 피하기 위해 괄호 안에 영어를 병기하였으며, 찾아보기에도 영어와 한글을 각각 정리해 두었다.

요즈음은 MATLAB 프로그래밍이 신호의 처리, 분석 및 필터 설계에 이르기까지 사용되고 있으며, 디지털 신호처리에서 유용한 도구로 널리 알려져 있다. 그러나 MATLAB만을 이용하다 보면 그 내부의 알고리즘은 이해하지 못하고 단순히 입·출력만에 의해 결과를 얻다보니 디지털 신호처리의 개념 하나하나를 구체적으로 이해할 수 없을 수 있다. 이 책은 MATLAB과는 상관없이 디지털 신호처리 이론과 기본 개념을 익힐 수 있도록 집필하였다. 디지털 신호처리 이론과 기본 개념을 먼저 이해하고, 이 프로그래밍을 실습 도구로 사용하게 된다면 디지털 신호처리의 실용성을 이해하기가 더 쉬울 것이다.

제 1장의 서론에서는 아날로그 신호와 디지털 신호 사이의 유사성을 언급하였고, 제 2장에서는 신호처리에 기본이 되는 연속신호와 변환, 선형 시스템의 해석을 위한 기본 개념들을 다룬다. 제 3장에서는 신호를 디지털로 바꾸는 표본화를 취급하고, 제 4장에서는 이산시간 신호와 그 변환 등을 다룬다. 제 5장에서는 이산시간 신호를 표현하고 분석하는데 사용되는 z 변환과 그 특징들을, 제 6장에서는 이산시간 시스템과 차분 방정식, 시스템의 안정도 및 구현 등을 다룬다. 제 7장과 8장에서는 각각 유한 임펄스 응답 필터와 무한 임펄스 응답 필터의 특성과 설계를 다루기로 한다.

끝으로 이 책이 나올 때까지 도움을 준 여러분들, 특히 대학원생들과 그린출판사 직원 여러분들께 감사드린다.

2009년 5월

저자 씀

차 례

제3장 표본화 • 63

제4장 이산시간신호와 변환 • 85

제5장 Z 변환 • 125

제6장 이산시간 시스템 • 157

제7장 유한 임펄스 응답 필터 설계 • 237

제8장 무한 임펄스 응답 필터 설계 • 279

부 록 • 315

1장
서론

신호처리는 시간 또는 공간영역에서 변화하는 물리적 현상들을 처리하는 과정에서 생겨난 신호들을 분석하거나 처리하는 분야이다. 신호들은 일반적으로 짧은 지속시간 동안만 나타나는 과도(transient) 신호이거나, 반복적으로 나타나는 주기(periodic) 신호이거나, 또는 예측 불가능한 임의(random) 신호일 수도 있다(부록). 이러한 종류의 신호에 신호처리의 여러 방법들을 적용하여 필요한 정보를 추출하고, 해석하고, 처리한다.

신호처리의 응용분야는 통신, 제어, 생물학, 의학, 지질학, 진동역학, 유체역학, 레이더 설계 등 다양한 분야에까지 이른다. 이 모든 분야에서 신호처리는 그 기술수준을 한층 더 진보시키고 있으며, 나아가 새로운 방법과 새로운 분야에로 끊임없이 개발, 응용되고 있다.

디지털 신호처리 분야는 디지털(digital) 처리 기술과 장비의 괄목할 만한 개발과 다양화의 뒷받침으로 앞서 언급한 모든 분야에 널리 응용되고 있으며, 현재 우리 생활 속에서 쉽게 만날 수 있는 일부 분야들의 예가 그림 1-1에 나타나 있다.

연속신호와 디지털 신호의 해석 및 처리가 수학적 표현이나 접근방식에서 많은 부분이 유사함을 알 수 있을 것이다. 물론 이들 두 신호와 그의 시스템 사이에는 그림 1-2에서 보이는 바와 같이 근본적인 차이가 있다. 아날로그(analog) 또는 연속신호처리 시스템은 일반적으로 연속시변함수인 $x(t)$를 처리하여 출력으로 다른 연속시변함수인 $y(t)$를 만들어내는 시스템인 반면, 디지털 신호처리 시스템은 수의 열(number sequence)인 x_0, x_1, x_2, ……를 처리하여 출력 열 y_0, y_1, y_2, ……를 만들어내는 시스템이다.

실제로 디지털 신호처리는 디지털처리의 장점을 이용하여 아날로그 신호를 처리하기 위한 하나의 방법이다. 따라서 그림 1-3에서와 같이 아날로그 신호를 디지털로 처리하기 위해 아날로

가전분야
- 디지털 텔레비전
- 디지털 카메라
- 디지털 팩스
- 인터넷 전화기
- 인터넷 영상
- 인터넷 음악
- 휴대 전화기
- MP3

영상처리
- 패턴 인식
- 로보트 시각
- 영상 압축/향상

통신
- 데이터 통신
- 적응등화/반향소거
- 영상 회의 시스템
- 스펙트럼 확산통신

계측 제어
- 스펙트럼 분석
- 잡음 제거
- 데이터 압축
- 위치 제어

음성처리
- 음성 인식/분석
- 디지털 오디오
- 음성 메일링 시스템

생체 전자 및 의공학
- 각종 생체 신호처리
- 의료 영상 장치
- MRI / CT
- 태아 모니터링 시스템

기타 분야
- 레이더 신호처리
- 소나 신호처리
- 지질 신호처리
- GPS / GIS

그림 1-1 • 디지털 신호처리가 응용되고 있는 일부 분야들의 예

그 신호를 디지털 신호로 바꾸어야 한다. 이렇게 바꾸는 인터페이스(interface)를 A/D변환기(analog-to-digital onverter)라 부른다. 이 A/D 변환기의 출력은 디지털 시스템에 입력으로 들어가는 입력열인 디지털 신호이다.

신호처리의 궁극적인 대상은 인간의 눈이나 귀 등이다. 그러므로 디지털 시스템에서 처리된 출력열을 우리가 듣고 볼 수 있게 다시금 아날로그 신호로 바꾸어야 한다. 이렇게 바꾸는 인터페이스를 D/A변환기(digital-to-analog converter)라 부른다.

아날로그 시스템과 디지털 시스템 사이의 공통된 이론적 근거는 디지털 시스템에서 처리되는 수의 열들을 마치 아날로그 시스템에서 처리되는 연속신호의 표본(sample)들인 것처럼 처리함으로써 성립되며, 그림 1-4는 이를 설명하여 준다. 그림에서 표본집합 $x_n = x_0, x_1, x_2, \cdots\cdots$

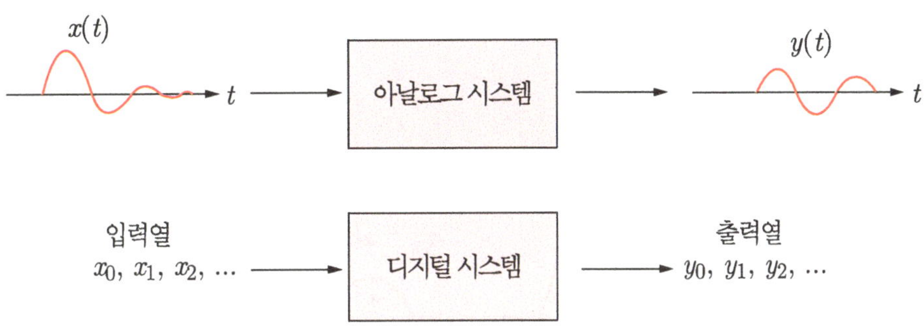

그림 1-2 • 아날로그 및 디지털 신호처리 시스템

은 연속함수 $x(t)$의 값들을 $t=0,\ T,\ 2T, \cdots$ 에서 취함으로써 얻어진다. 이러한 표본집합의 개념을 사용하여 각 표본점들에서 아날로그 신호처리 시스템과 디지털 신호처리 시스템은 같은 출력들을 갖는다는 점에서 이들 사이의 상호 관계를 이끌어 낼 수 있다.

디지털 신호처리의 여러 가지 장점들은 이 책의 뒷부분에서 자세히 언급하겠지만 아날로그 신호처리와 비교하여 다음의 매력들을 들 수 있다.

첫째, 완전한 재현성을 가진다. 아날로그와 달리 어떤 시간이나 장치에서도 신호의 질저하 현상없이 재현 가능하다. 둘째, 뛰어난 성능을 가진다. 디지털화된 신호를 사용하기 때문에 임피던스 정합(impedance matching)이 필요 없이 항상 보장된 정확도를 가지며, 온도나 노화(aging)에 따른 표류현상(drift)이 없다. 또한 아날로그 신호처리에서는 불가능한 선형위상특성이나 하드웨어의 수정 없이 프로그래밍에 의해서 다양한 기능들을 구현할 수 있다. 셋째, 반도체 기술의 발달로 고속, 초소형, 저 전력, 저가의 시스템이 가능하다. 예를 들어 HDTV(high definition television)의 경우, 광대한 양의 영상데이터를 실시간으로 압축, 전송처리가 가능하게 되었으며, TV 세트의 가격은 각 가정에서 구입이 가능하게 저렴하여졌다. 디지털 카메라의 경우도 이제는 누구나 저렴하게 손쉽게 구입하여 사용하고 있으며, 아날로그 카메라에 필요했던 필름은 특수 분야를 제외하고는 더 이상 만들지 않게 되었다.

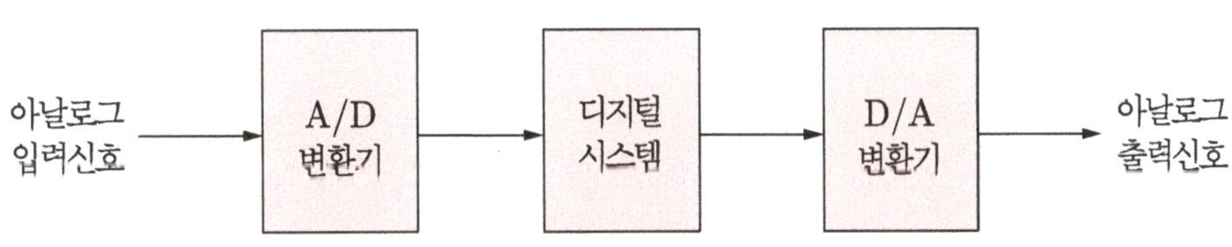

그림 1-3 • 디지털 신호처리의 구성도

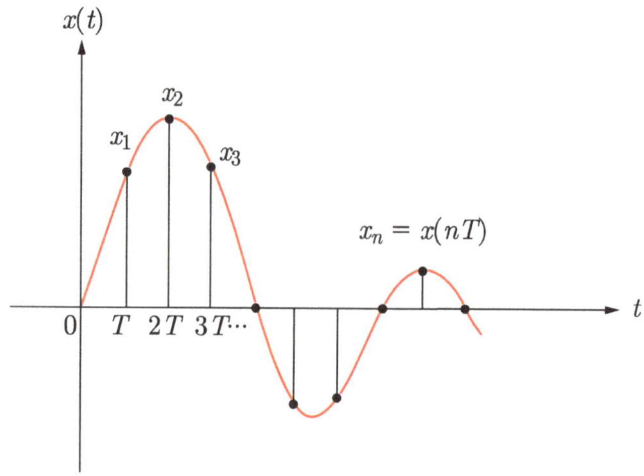

그림 1-4 • 표본화된 연속신호

한편 디지털신호처리의 단점들도 몇 가지 있기는 하지만 지속적인 새로운 기술개발로 인하여 점차 무의미해지고 있다.

제2장에서는 신호처리의 기본이 되는 연속신호와 변환, 그리고 선형 시스템의 해석을 위한 기본개념들과 대표적 아날로그 필터인 버트워스(Butterworth) 필터를 다루고, 제3장에서는 신호를 디지털화하기 위한 표본화가 취급된다. 디지털 신호처리에 가장 기본적인 변환방법인 이산 푸리에 변환과 그의 응용이 제4장에서, 디지털 신호를 함수 형태로 표현하는 z변환이 제5장에서 논의된다. 나아가 이들을 바탕으로 이산 시간 시스템의 여러 이론들과 안정도, 시스템 구현 등을 제6장에서 다루기로 한다.

디지털 필터는 크게 유한임펄스응답 필터(finite impulse response; FIR)와 무한임펄스응답 필터(infinite impulse response; IIR)로 나눌 수 있다. 유한임펄스응답 필터의 설계를 위해 창함수 방법, 최적화 방법 및 주파수 표본화 방법이 제7장에, 무한임펄스응답 필터의 설계를 위해 아날로그 필터로부터 임펄스응답불변(impulse invariant) 변환과 양선형 z변환(bilinear z-transform) 등을 통해 얻는 방법을 제8장에서 각각 다루기로 한다.

2장

연속시간신호와 변환

2-1 서 론

푸리에 변환(Fourier transform)에 대한 이해는 연속시간의 표본화(sampling)에 대한 개념과 디지털 필터를 통한 신호처리 과정에 필수불가결하다. 적절한 표본화와 필터 처리가 되지 못하면 신호는 잡음으로 처리되기 쉬우며, 이러한 표본화와 필터 함수의 선택은 신호의 주파수 성분에 대한 해석을 통해 가능하다. 그러므로 신호를 처리하기 전에 먼저 푸리에 변환에 대한 기본적인 이해를 가짐이 바람직하다.

이 장에서는 푸리에 급수(Fourier series), 푸리에 변환 및 라플라스 변환(Laplace Transform), 인펄스 함수, 상승적분 등의 개념들과 연속시간 신호 및 시스템의 이해를 위해 그와 관련된 내용들에 대해 살펴보기로 하자.

2-2 푸리에 급수

푸리에 급수는 공학 분야에 넓게 응용되고 있으며, 주기함수(periodic function)를 이산 주파수에서 그 성분들로 표현하는 유일한 방법이다.

신호 $x(t)$가 양수 값 T로 모든 t에 대해

$$x(t) = x(t+T) \quad .$$

이면, 이 신호는 주기적이다. 이 주기적 신호 $x(t)$는 다음의 푸리에 급수로 전개될 수 있다.

$$x(t) = \sum_{n=-\infty}^{\infty} C_n e^{jn\omega_0 t} \tag{2-1}$$

여기서 $\omega_0 = 2\pi/T$이며 기본주파수(fundamental frequency)이다. 계수 C_n은 다음 식으로 구해진다.

$$C_n = \frac{1}{T}\int_{-T/2}^{T/2} x(t)e^{-jn\omega_0 t}dt, \quad n = 0, \pm 1, \pm 2, \cdots \tag{2-2}$$

이는 집합 $\{e^{jn\omega_0 t},\ n=0,\ \pm 1,\ \pm 2, \cdots\}$ 의 직교성(orthogonality)을 사용하면 식 (2-1)로부터 성립되며, 이들의 관계는 다음에서 알 수 있다. 식 (2-1)의 양변을 복소 지수인 $e^{-jm\omega_0 t}$로 곱하고 $-T/2$에서 $T/2$까지 적분을 하면

$$\int_{-T/2}^{T/2} x(t)e^{-jm\omega_0 t}dt = \int_{-T/2}^{T/2} e^{-jm\omega_0 t}\sum_{n=-\infty}^{\infty} C_n e^{jn\omega_0 t}dt \tag{2-3}$$

로 된다. 식에서 합($\sum$)과 적분($\int$)은 서로 교환 가능하므로 다음과 같이 둘 수 있다.

$$\begin{aligned}\int_{-T/2}^{T/2} x(t)e^{-jm\omega_0 t}dt &= \sum_{n=-\infty}^{\infty}\int_{-T/2}^{T/2} C_n e^{-jm\omega_0 t}e^{jn\omega_0 t}dt \\ &= \sum_{n=-\infty}^{\infty} C_n \int_{-T/2}^{T/2} e^{j(n-m)\omega_0 t}dt \end{aligned} \tag{2-4}$$

여기서 집합 $\{e^{nw_0 t}\}$의 직교성인

$$\int_{-T/2}^{T/2} e^{j(n-m)\omega_0 t}dt = \begin{cases} 0, & n \neq m \\ T, & n = m \end{cases}$$

을 이용하면, 식 (2-4)는

$$\int_{-T/2}^{T/2} x(t)e^{-jn\omega_0 t}dt = TC_n \tag{2-5}$$

이 된다. 이 결과는 식 (2-2)와 같음을 알 수 있다. 식 (2-1)의 우변은 모든 시간 구간, 즉 $-\infty < t < \infty$에 대해 정의될 수 있으며, 다음 식에서처럼 주기 T로서 주기적이 됨을 알 수 있다.

$$\sum_{n=-\infty}^{\infty} C_n e^{jn\omega_0(t+T)} = \sum_{n=-\infty}^{\infty} C_n e^{jn\omega_0 t} \tag{2-6}$$

함수 $x(t)$가 주기 T로 주기적이며 모든 t에 대해 정의되어 있으면, 식 (2-1)에서 등식은 모든 t에 대해 성립되나, 그렇지 않은 경우는 $0 \le t \le T$의 구간에 대해서만 성립된다.

예제 2-1 어떤 함수가 $0 \le t \le 1$의 구간에 대해 아래와 같이 정의되어 있다.

$$x(t) = t$$

이 함수의 푸리에 계수들을 구해 보면 다음과 같다.

$$C_0 = \int_0^1 tdt - \frac{1}{2}$$

$$C_n = \int_0^1 te^{-jn\omega_0 t}dt, \quad n \ne 0, \;\; \omega_0 = 2\pi$$

$$= \left[\frac{t}{-jn\omega_0}e^{-jn\omega_0 t} - \frac{1}{(-jn\omega_0)^2}e^{-jn\omega_0 t}\right]_0^1$$

$$= \frac{j}{2\pi n}$$

위의 계수들로부터 $n = -1, 0, 1$로 근사화시키면 함수 $x(t)$는 다음과 같다.

$$x(t) \cong C_{-1}e^{-j\omega_0 t} + C_0 + C_1 e^{j\omega_0 t}$$
$$= \frac{1}{2} + \frac{j}{2\pi}\left[e^{j\omega_0 t} - e^{-j\omega_0 t}\right]$$
$$= \frac{1}{2} + \frac{j}{2\pi}(2j\sin\omega_0 t)$$
$$= \frac{1}{2} - \frac{1}{\pi}\sin 2\pi t$$

여기서 근사화 과정에 포함되는 함수의 수 n을 증가시키면 근사화된 $x(t)$는 원함수에 가깝게 개선될 수 있다. ◀

예제 2-2 그림 2-1에서 보여진 바와 같은 주기함수의 푸리에 급수를 구하라.

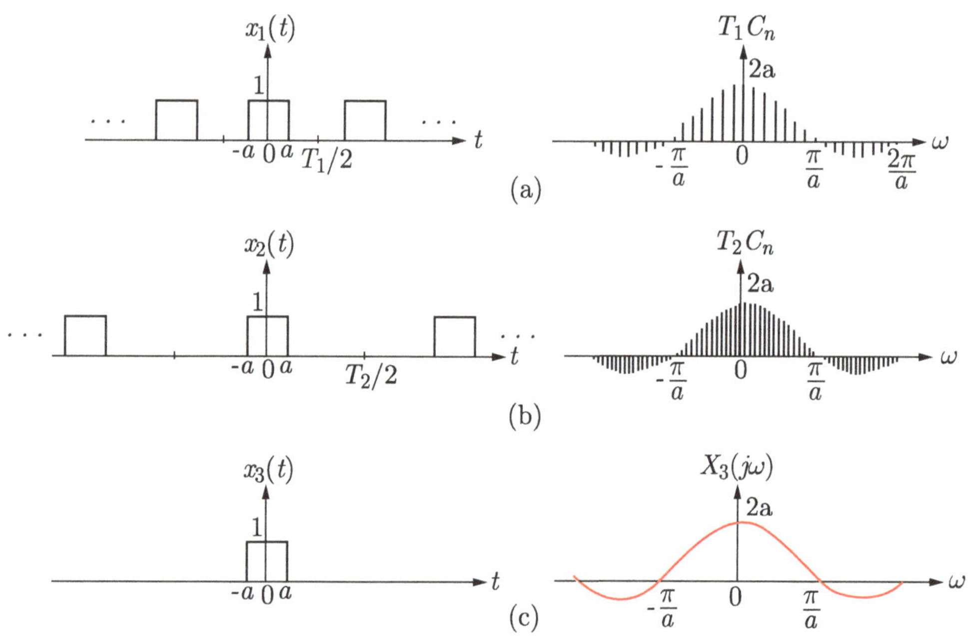

그림 2-1 • 구형 펄스열과 그 푸리에 계수
(a) 주기 T_1, (b) 주기 $T_2 = 2T_1$, (c) 주기 $T_3 = \infty$

먼저, 함수 $x_1(t)$의 푸리에 급수는

$$x_1(t) = \sum_{n=-\infty}^{\infty} C_n e^{jn\omega_0 t}$$

으로 주어진다. 이때 $\omega_0 = 2\pi / T_1$이다. 이 함수의 푸리에 계수는

$$\begin{aligned} C_n &= \frac{1}{T_1}\int_{-a}^{a} e^{-jn\omega_0 t}dt \\ &= \frac{1}{-jn\omega_0 T_1} e^{-jn\omega_0 t}\Big|_{-a}^{a} \\ &= \frac{2\sin(n\omega_0 a)}{T_1 n\omega_0} \end{aligned} \tag{2-7}$$

이다. 여기서 C_n은 모든 n에 대해 실수임을 알 수 있다. 그림 2-1(a)에서 $T_1 C_n$을 $\omega = n\omega_0$의 함수로 도시하였다. 그림 2-1(b)의 구형 펄스열(rectangular pulse train)은 주기 T_2에 대해 2배의 크기를 갖는 것을 제외하면 그림 2-1(a)의 구형 펄스열과 동일하며, 그의 푸리에 급수는 또한 그림 2-1(b)에 나타나있다. 이 예제는 다음 절에 나오는 푸리에 변환을 이해하는 데 유용하다. ◀

푸리에 급수에 관한 몇 가지 유용한 특징들은 다음과 같다.

(1) $x(t) = \sum_{n=-\infty}^{\infty} C_n e^{jn\omega_0 t}$라 정의하면

$$\frac{1}{T}\int_0^T |x(t)|^2 dt = \sum_{n=-\infty}^{\infty} |C_n|^2 \tag{2-8}$$

이 성립된다. 식 (2-8)은 한 주기 동안의 평균전력(average power)을 나타낸다. 따라서 $|C_n|^2$ 은 $x(t)$의 전력 스펙트럼(power spectrum)이라고 불린다.

(2) $x_1(t) = \sum_{n=-\infty}^{\infty} C_n e^{jn\omega_0 t}$이고, $x_2(t) = \sum_{n=-\infty}^{\infty} D_n e^{jn\omega_0 t}$이면

$$\frac{1}{T}\int_0^T x_1(t) x_2(t) dt = \sum_{n=-\infty}^{\infty} C_n D_{-n} \tag{2-9}$$

이 성립된다.

(3) $x(t)=\sum_{n=-\infty}^{\infty} C_n e^{jn\omega_0 t}$이면, 정수 N에 대해 유한급수 $x(t)=\sum_{n=-N}^{N} C_n e^{jn\omega_0 t}$는 최소 평균 제곱오차(least mean square error)의 관점에서 $x(t)$에 가장 근사화된다.

(4) 함수 $x(t)$와 그의 K번째까지의 미분이 연속이고 $K+1$번째 미분이 불연속이면 $1/n^{k+1}$에 대해 $C_n \rightarrow 0$된다.

2-3 푸리에 변환

푸리에 급수는 주기적 신호에 적용이 가능하다. 그러나 실제에 있어 주기적이지 않은 신호를 다룰 때가 많고 이 경우에는 푸리에 변환(Fourier transform)을 사용한다. 이 절에서는 신호가 비주기적일 때 그 신호를 주파수 영역에서 해석하는 데 필요한 방법을 다루기로 한다.

어떤 함수 $x(t)$가 $-\infty < t < \infty$에 대해 단일 값만을 가지며, 또한

$$\int_{-\infty}^{\infty} |x(t)| dt < \infty \tag{2-10}$$

이면, 즉 절대적분 가능하면, 비주기적 신호의 푸리에 변환은 다음과 같이 정의된다.

$$X(j\omega)=\int_{-\infty}^{\infty} x(t) e^{-j\omega t} dt \tag{2-11}$$

그의 푸리에 역변환(inverse Fourier transform)은 다음과 같다.

$$x(t)=\frac{1}{2\pi}\int_{-\infty}^{\infty} X(j\omega) e^{j\omega t} d\omega \tag{2-12}$$

식 (2-11)과 식 (2-12)는 다음의 부호로 간략히 표시할 수 있다.

$$\mathcal{F}\{x(t)\} = X(j\omega)$$
$$\mathcal{F}^{-1}\{X(j\omega)\} = x(t) \tag{2-13}$$

예제 2-3 그림 2-1(c)에 보여진 다음과 같이 정의되는 함수

$$x_3(t) = \begin{cases} 1, & |t| \le a \\ 0, & |t| > a \end{cases}$$

에 대한 푸리에 변환은

$$\begin{aligned} X_3(j\omega) &= \int_{-\infty}^{\infty} x_3(t) e^{-j\omega t} dt \\ &= \int_{-a}^{a} 1 \cdot e^{-j\omega t} dt \\ &= \frac{e^{j\omega a} - e^{-j\omega a}}{j\omega} \\ &= \frac{2\sin\omega a}{\omega} \end{aligned}$$

이다. 이 신호의 진폭 스펙트럼(amplitude spectrum)과 위상 스펙트럼(phase spectrum)을 구해 보면 각각 다음과 같다.

$$|X_3(j\omega)| = \left|\frac{2\sin\omega a}{\omega}\right|$$

$$\angle X_3(j\omega) = \arg\{X_3(j\omega)\} = \tan^{-1}\frac{Im(X_3(j\omega))}{Re(X_3(j\omega))}$$

여기서 Re는 실수부를, Im은 허수부를 나타낸다. $X_3(j\omega)$가 양수이면 위상은 0° 이고, $X_3(j\omega)$가 음수이면 위상은 180° 가 된다. ◀

예제 2-4 다음의 함수를 생각하자.

$$x(t) = \begin{cases} e^{-at}, & t \geq 0 \\ 0, & t < 0 \end{cases}$$

이 함수의 푸리에 변환은 아래와 같다.

$$X(j\omega) = \int_{-\infty}^{\infty} x(t) e^{-j\omega t} dt$$

$$= \frac{1}{a + j\omega}$$

따라서 진폭과 위상 스펙트럼은 다음과 같이 계산된다.

$$|X(j\omega)| = \frac{1}{\sqrt{a^2 + \omega^2}}$$

$$\angle X(j\omega) = -\tan^{-1}(\omega / a)$$ ◀

푸리에 변환에 관한 몇 가지 유용한 특징들은 다음과 같다.

(1) $x(t) \leftrightarrow X(j\omega)$이면

$$\int_{-\infty}^{\infty} |x(t)|^2 dt = \frac{1}{2\pi} \int_{-\infty}^{\infty} |X(j\omega)|^2 d\omega \tag{2-14}$$

이다. 이를 파스발 정리(Parseval's theorem)라고 하며, 신호의 에너지 스펙트럼(energy spectrum)을 나타낸다.

(2) $x_1(t) \leftrightarrow X_1(j\omega)$이고, $x_2(t) \leftrightarrow X_2(j\omega)$이면

$$\int_{-\infty}^{\infty} x_1(t) x_2(t) dt = \frac{1}{2\pi} \int_{-\infty}^{\infty} X_1(j\omega) X_2^*(j\omega) d\omega \tag{2-15}$$

이다. 여기서 *는 켤레 복소수(complex conjugate)를 나타낸다.

(3) $x_1(t) \leftrightarrow X_1(j\omega)$이고, $x_2(t) \leftrightarrow X_2(j\omega)$이면

$$\int_{-\infty}^{\infty} x_1(\tau)x_2(t-\tau)d\tau \leftrightarrow X_1(j\omega)X_2(j\omega) \tag{2-16}$$

가 된다. 식 (2-16)의 좌측 식은 두 시간함수의 상승적분(convolution)을 나타내는 반면, 우측 식은 두 변환식의 곱을 나타낸다. 이 두 식은 선형 시스템 이론의 기본적인 정리 중의 하나이다.

(4) $x(t) \leftrightarrow X(j\omega)$이며, $x(t)x(t+\tau) \leftrightarrow Y(j\omega, \tau)$이면

$$\begin{aligned} Y(0,\tau) &= \int_{-\infty}^{\infty} x(t+\tau)x(t)dt \\ &= \frac{1}{2\pi}\int_{-\infty}^{\infty} |X(j\omega)|^2 e^{j\omega\tau} d\omega \end{aligned} \tag{2-17}$$

가 되며

$$Y(0,0) \leftrightarrow |X(j\omega)|^2 \tag{2-18}$$

이 된다. 여기서 τ는 매개변수(parameter)이다.

(5) $X(j\omega)$의 실수부는 우(even)함수이다.

(6) $X(j\omega)$의 허수부는 기(odd)함수이다.

(7) 진폭 스펙트럼은 우함수이다.

(8) 위상 스펙트럼은 기함수이다.

(9) 시간축에 대한 우함수의 푸리에 변환은 실함수(real function)이다.

(10) 시간축에 대한 기함수의 푸리에 변환은 허함수(imaginary function)이다.

2-4 푸리에 변환의 해석

이 절에서는 푸리에 변환의 기능을 보다 잘 이해하기 위해 다음의 해석을 해 보기로 하자. 먼저 앞의 식 (2-11)로부터 푸리에 변환식을 주파수 f로 다시 나타내 보면

$$X(f)=\int_{-\infty}^{\infty} x(t)e^{-j2\pi ft}dt \tag{2-19}$$

이다. 그러나 위의 식은 물리적 관점에서 해석하기가 용이하지 않으므로 오일러(Euler) 공식을 사용하여 전개하면

$$X(f)=\int_{-\infty}^{\infty} x(t)\cos(2\pi ft)dt - j\int_{-\infty}^{\infty} x(t)\sin(2\pi ft)dt \tag{2-20}$$

로 분리된다. 그리고 $x(t)$를 실수부분과 허수부분으로 나누어, 즉 $x(t)=x_R(t)+jx_I(t)$ 으로 두고 이를 식 (2-20)에 대입하고 전체를 다시 정리하면

$$\begin{aligned} X(f) &= \int_{-\infty}^{\infty} x_R(t)\cos(2\pi ft)dt + \int_{-\infty}^{\infty} x_I(t)\sin(2\pi ft)dt \\ &\quad + j\left[\int_{-\infty}^{\infty} x_I(t)\cos(2\pi ft)dt - \int_{-\infty}^{\infty} x_R(t)\sin(2\pi ft)dt\right] \end{aligned} \tag{2-21}$$

가 된다. 식 (2-21)에서 보듯이 일반적인 푸리에 변환은 4개의 적분으로 구성되어지고 그 결과들을 적절하게 조합함으로써 수행될 수 있다.

문제를 현실적으로 좀 더 쉽게 이해하기 위해 $x(t)$를 실수이며 우함수로 국한시키면 식 (2-21)은 다음과 같이 간략화 할 수 있다.

$$X(f)=\int_{-\infty}^{\infty} x_R(t)\cos(2\pi ft)dt \tag{2-22}$$

즉 실수이고 우함수로 잘 알려져 있는 $x_R(t)=\mathrm{rect}(t)$로 취하면 그의 푸리에 변환은

$$\begin{aligned} X(f) &= \int_{-\infty}^{\infty} \mathrm{rect}(t)\cos(2\pi f)dt \\ &= \mathrm{sinc}(f) \end{aligned} \tag{2-23}$$

가 된다는 것은 이미 알고 있는 사실이다. 어떤 정해진 주파수에서 $X(f)$의 값은 바로 $\mathrm{rect}(t)\cos(2\pi ft)$인 곱의 면적과 같다. 예를 들어 $f = f_1$에서는

$$X(f_1) = \int_{-\infty}^{\infty} \mathrm{rect}(t)\cos(2\pi f_1 t)dt \tag{2-24}$$

이다. 마찬가지로 $f = f_2$에서는

$$X(f_2) = \int_{-\infty}^{\infty} \mathrm{rect}(t)\cos(2\pi f_2 t)dt \tag{2-25}$$

이며, $f = f_3$에서는

$$X(f_3) = \int_{-\infty}^{\infty} \mathrm{rect}(t)\cos(2\pi f_3 t)dt \tag{2-26}$$

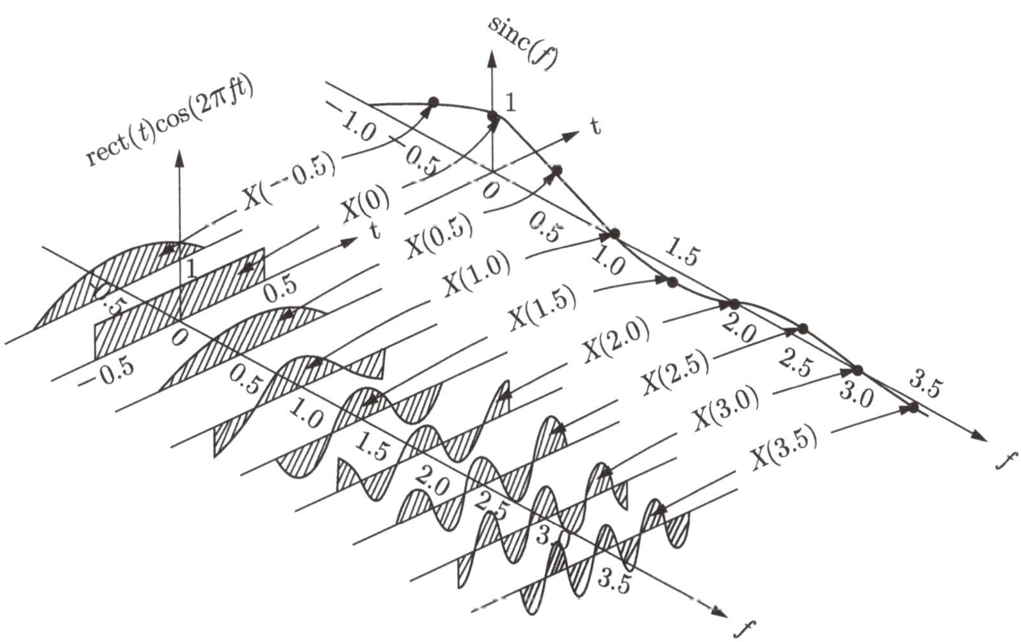

그림 2-2 • 함수 $\mathrm{rect}(t)$의 푸리에 변환을 보여주는 시각적 도시

등과 같이 된다. 즉 $f=0$에서는

$$X(0)=\int_{-\infty}^{\infty} rect(t)\cos(0)dt$$

$$=\int_{-\infty}^{\infty} rect(t)dt=\int_{-\frac{1}{2}}^{\frac{1}{2}} 1dt$$

$$=1$$

이 되며, 이는 또한 dc 성분을 나타내기도 한다. 다음으로 $f=0.5$에서는

$$X(0.5)=\int_{-\infty}^{\infty} rect(t)\cos(\pi t)dt$$

$$=\int_{-\frac{1}{2}}^{\frac{1}{2}} \cos(\pi t)dt$$

$$=\frac{2}{\pi}$$

이며, $f=1$에서는

$$X(1)=\int_{-\infty}^{\infty} rect(t)\cos(2\pi t)dt$$

$$=\int_{-\frac{1}{2}}^{\frac{1}{2}} \cos(2\pi t)dt$$

$$=0$$

등과 같이 계산된다. 이를 $f=1.5, 2.0, 2.5, \cdots$ 에서 계산하여 나타내면 그림 2-2에서와 같다. 그림 2-2는 rect(t)cos$(2\pi ft)$ 적분을 잘 나타낸다. 그림에서 rect 함수는 덮개같이 작용하며 변조 주파수가 $|f|$ 와 선형적으로 증가하는 여현파함수에 의해 변조되고 있음을 알 수 있다.

2-5 라플라스 변환

푸리에 변환이 존재하기 위한 필요조건 중의 하나인 다음 식

$$\int_{-\infty}^{\infty} |x(t)| dt < \infty \tag{2-27}$$

은 단위계단함수(unit step function) 등과 같은 함수군들에 있어서는 제한조건으로 부여된다. 이러한 제한조건을 해결하기 위해 실수값의 σ를 가지는 감쇠지수 $e^{-\sigma t}$를 생각하면 식 (2-10)의 수렴조건을 만족하게 되어 푸리에 변환이 가능하다. 따라서 변형된 함수 $x(t)e^{\sigma t}$의 푸리에 변환은 다음과 같다.

$$\begin{aligned} \mathcal{F}\{x(t)e^{-\sigma t}\} &= \int_{-\infty}^{\infty} x(t)e^{-\sigma t}e^{-j\omega t}dt \\ &= \int_{-\infty}^{\infty} x(t)e^{-(\sigma + j\omega)t}dt \\ &= X(\sigma + j\omega) \end{aligned} \tag{2-28}$$

그리고 역변환공식은 다음과 같이 주어진다.

$$x(t)e^{-\sigma t} = \frac{1}{2\pi}\int_{-\infty}^{\infty} X(\sigma + j\omega)e^{j\omega t}d\omega$$

즉

$$x(t) = \frac{1}{2\pi}\int_{-\infty}^{\infty} X(\sigma + j\omega)e^{(\sigma + j\omega)t}d\omega \tag{2-29}$$

이상에서 언급한 변환과 역변환의 관계는 $s = \sigma + j\omega$로 두면 간편하게 된다.

$$X(s) = \int_{-\infty}^{\infty} x(t)e^{-st}dt \tag{2-30}$$

$$x(t) = \frac{1}{2\pi}\int_{\sigma - j\infty}^{\sigma + j\infty} X(s)e^{st}\left(\frac{ds}{j}\right)$$

$$= \frac{1}{2\pi j}\int_{\sigma - j\infty}^{\sigma + j\infty} X(s)e^{st}ds \tag{2-31}$$

여기서 $X(s)$는 $x(t)$의 양변(two-sided) 라플라스 변환(Laplace transform)이며, 적분은 식 (2-30)을 수렴하는 적절한 σ를 가진 복소 평면상에서 행하여진다.

식 (2-30)과 (2-31)은 다음의 부호로 간략히 표시할 수 있다.

$$\mathcal{L}\{x(t)\} = X(s)$$

$$\mathcal{L}^{-1}\{X(s)\} = x(t) \tag{2-32}$$

라플라스 변환을 나타내는 다음 식

$$X(s) = \int_0^{\infty} x(t)e^{-st}dt \tag{2-33}$$

는 $t \geq 0$에 대해 함수 $x(t)$의 단변(one-sided) 라플라스 변환을 의미한다. $t < 0$에 대해 $x(t) = 0$이면 양변 라플라스 변환은 단변 라플라스 변환과 같아진다. 일반적으로 $t < 0$에 대해 $x(t) = 0$이라고 가정한다. 그러나 단변과 양변 변환에 대한 구별의 필요성은 $t < 0$에 대해 $x(t) \neq 0$인 경우에 고려하여야 한다.

예제 2-5 몇 개의 기본적인 함수들에 대한 라플라스 변환은 다음과 같다.

(1) $\mathcal{L}\{e^{-at}u(t)\} = \int_0^{\infty} e^{-at}e^{-st}dt$

$$= -\frac{e^{-(s+a)t}}{s+a}\Bigg|_0^{\infty}$$

$$= \frac{1}{s+a}$$

(2) $\mathcal{L}\{\delta(t)\} = \int_0^\infty \delta(t) e^{-st} dt$

$= 1$

(3) $\mathcal{L}\{u(t)\} = \int_0^\infty u(t) e^{-st} dt$

$= -\frac{1}{s} e^{-st} \Big|_0^\infty$

$= \frac{1}{s}$ ◀

라플라스 변환에 관한 몇 가지 유용한 기본적인 성질은 다음과 같다.

$$(1)\quad \frac{dx(t)}{dt} \leftrightarrow sX(s) - x(0^+) \qquad (2\text{-}34)$$

시간함수 $x(t)$의 1차 미분의 라플라스 변환을 나타낸다. 이는 $x(t)$의 라플라스 변환에 s를 곱한 것에서 t가 0으로 접근할 때의 $x(t)$의 극한값을 뺀 것과 같다. 이 때 $x(0^+) = \lim_{t \to 0} x(t) = \lim_{s \to \infty} sX(s)$이다.

$$(2)\quad \int_{-\infty}^{t} x(\tau) d\tau \leftrightarrow \frac{X(s)}{s} \qquad (2\text{-}35)$$

시간함수 $x(t)$의 1차 적분의 라플라스 변환은 $x(t)$의 라플라스 변환을 s로 나눈 것과 같다.

$$(3)\quad x(at) \leftrightarrow \frac{1}{a} X\left(\frac{s}{a}\right),\ a > 0 \qquad (2\text{-}36)$$

시간함수 $x(t)$에서 시간축척(time scaling)의 경우에 라플라스 변환을 보여준다.

$$(4)\quad e^{-at} x(t) \leftrightarrow X(s + a) \qquad (2\text{-}37)$$

함수 $x(t)$에 e^{-at}가 곱하여진 것의 라플라스 변환은 라플라스 변환함수 $X(s)$에서 s 대신에 $s+a$를 대입한 것과 같다.

(5) $x(t-t_0)u(t-t_0) \leftrightarrow e^{-st_0}X(s)$ (2-38)

시간 t_0만큼 지연된 함수 $x(t)$의 라플라스 변환은 $x(t)$의 라플라스 변환에 e^{-st_0}를 곱한 것과 같다.

(6) $x_1(t) \leftrightarrow X_1(s)$이고, $x_2(t) \leftrightarrow X_2(s)$이면

표 2-1 • 푸리에 변환과 라플라스 변환

함 수	라플라스 변환	푸리에 변환
$x(t)$	$X(s)$	$X(j\omega)$
$Ax(t)$	$AX(s)$	$AX(j\omega)$
$x(t)+y(t)$	$X(s)+Y(s)$	$X(j\omega)+Y(j\omega)$
$dx(t)/dt$	$sX(s)-x(0^+)$	$j\omega X(j\omega)$
$\int_{-\infty}^{t} x(\tau)d\tau$	$X(s)/s$	$X(j\omega)/j\omega$
$tx(t)$	$-dX(s)/ds$	$jdX(j\omega)/d\omega$
$e^{-at}x(t);\ a>0$	$X(s+a)$	$X(j\omega+a)$
$x(t-a);\ a>0$	$e^{-as}X(s)$	$e^{-j\omega a}X(j\omega)$
$x(t/a);\ a>0$	$aX(as)$	$aX(aj\omega)$
$x(t)+x(-t)$	$-$	$X(j\omega)+X(-j\omega)$
$\delta(t)$	1	1
$u(t)$	$1/s$	$-$
t^n	$n!/s^{n+1}$	$-$
e^{-at}	$1/(s+a)$	$1/(j\omega+a)$
$\sin\alpha t$	$\alpha/(s^2+\alpha^2)$	$-$
$\cos\alpha t$	$s/(s^2+\alpha^2)$	$-$
$e^{-at}\sin\alpha t$	$\alpha/[(s+a)^2+\alpha^2]$	$\alpha/[(j\omega+a)^2+\alpha^2]$
$Ce^{-at}\sin(\alpha t-\psi);$ $C=-\sqrt{a^2+\alpha^2}$ $\psi=\tan^{-1}\alpha/a$	$\alpha s/[(s+a)^2+\alpha^2]$	$\alpha j\omega/[(j\omega+a)^2+\alpha^2]$
$e^{-a\|t\|}$	$-$	$2a/(\omega^2+a^2)$

$$\int_0^t x_1(\tau)x_2(t-\tau)d\tau \leftrightarrow X_1(s)X_2(s) \tag{2-39}$$

이다.

표 2-1은 푸리에 변환과 라플라스 변환의 중요한 여러 가지 예들을 나타내고 있다.

2-6 임펄스 함수

일반적으로 함수의 스펙트럼을 정의하기 위해서는 시간영역에서 절대적분이 가능해야 한다는 조건을 요구한다. 그러나 실제로 신호해석시 정현파 등과 같은 절대적분이 가능하지 않은 함수들을 다룰 때가 많다. 이러한 함수들에 대해 주파수 스펙트럼의 개념을 연장하기 위해 임펄스(impulse), 즉 델타(delta) 함수의 개념을 도입해야 한다.

그림 2-3(a)에 보여진 펄스 함수 $\delta_\Delta(t-t_0)$를 생각하자. 이 펄스는 $(t-t_0)$에 중심이 놓여 있고 그의 폭은 Δ, 높이는 $\frac{1}{\Delta}$이다. Δ가 감소함에 따라 폭은 작아지고 높이는 커지나 펄스의 면적은 1로 지속된다. 따라서 임펄스함수 또는 δ함수는 다음 식과 같이 정의될 수 있다.

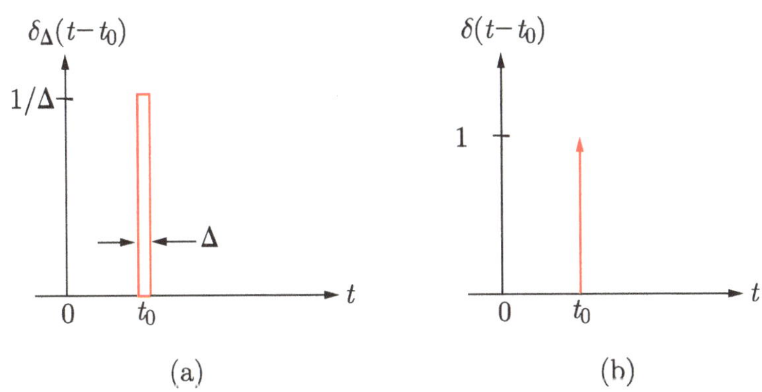

그림 2-3 • 펄스 함수와 임펄스 함수
(a) 펄스 함수, (b) 임펄스 함수

$$\delta(t-t_0) = \lim_{\Delta \to 0} \delta_{\Delta}(t-t_0) \tag{2-40}$$

이 임펄스 함수를 단위 임펄스 함수(unit impulse function) 또는 디락 델타 함수(Dirac delta function)라 하며, 그림 2-3(b)에 보여져 있다.

임펄스 함수가 가지는 기본적인 특징을 살펴보면 다음과 같다.

(1) $\delta(t-t_0) = 0, \qquad t \neq t_0$ (2-41)

(2) $\int_{-\infty}^{\infty} \delta(t-t_0)dt = 1$ (2-42)

(3) $t = t_0$에서 연속인 함수 $x(t)$에 대해

$$\int_{-\infty}^{\infty} x(t)\delta(t-t_0)dt = x(t_0) \tag{2-43}$$

이다. 식 (2-40)에서 사용된 펄스 함수 이외에도 삼각함수(triangular function)나 싱크 함수(sinc function) 등도 임펄스 함수의 정의에 사용될 수 있으며, 모두 식 (2-41), (2-42) 및 (2-43)의 특징들을 잘 만족한다. 다음 식은 그 한 예를 나타낸다.

$$\delta(t-t_0) = \lim_{a \to \infty} \frac{\sin[a(t-t_0)]}{\pi(t-t_0)} \tag{2-44}$$

예제 2-6 모든 t에 대해 $x(t) = 1$인 함수의 푸리에 변환은 다음과 같다.

$$\begin{aligned}\mathcal{F}\{x(t)\} &= \int_{-\infty}^{\infty} x(t)e^{-j\omega t}dt \\ &= \int_{-\infty}^{\infty} 1 \cdot e^{-j\omega t}dt \\ &= \lim_{a \to \infty} \int_{-a}^{a} e^{-j\omega t}dt\end{aligned}$$

$$= \lim_{a \to \infty} 2\pi \frac{\sin a\omega}{\pi\omega}$$

$$= 2\pi\delta(\omega)$$ ◀

예제 2-7 다음의 함수에 대해 푸리에 변환을 구하라.

$$x(t) = e^{j\omega_0 t}$$

$$\mathcal{F}\{x(t)\} = \int_{-\infty}^{\infty} e^{j\omega_0 t} \cdot e^{-j\omega t} dt$$

$$= \int_{-\infty}^{\infty} e^{-j(\omega - \omega_0)t} dt$$

$$= 2\pi\delta(\omega - \omega_0)$$ ◀

예제 2-8 다음의 임펄스 열(impulse train)에 대해 푸리에 변환을 구하라.

$$x(t) = \sum_{n=-\infty}^{\infty} \delta(t - nT) \tag{2-45}$$

이 함수는 주기를 T로 가지는 주기함수이다. 따라서 푸리에 급수 전개인 식 (2-1)을 사용하여 $x(t)$를 다음과 같이 표현할 수 있다.

$$x(t) = \sum_{n=-\infty}^{\infty} C_n e^{jn\omega_0 t}$$

계수 C_n을 구하면

$$
\begin{aligned}
C_n &= \frac{1}{T}\int_{-T/2}^{T/2} x(t)e^{-jn\omega_0 t}dt \\
&= \frac{1}{T}\int_{-T/2}^{T/2} \delta(t)e^{-jn\omega_0 t}dt \\
&= \frac{1}{T}e^{-jn\omega_0 t}\Big|_{t=0} \\
&= \frac{1}{T}
\end{aligned}
$$

로 주어진다. 따라서 식 (2-45)는 다음과 같이 등가적으로 표현할 수 있다.

$$
\sum_{n=-\infty}^{\infty}\delta(t-nT) = \frac{1}{T}\sum_{n=-\infty}^{\infty} e^{jn\omega_0 t} \tag{2-46}
$$

이 식으로부터 식 (2-45)를 푸리에 변환하는 것은 식 (2-46)의 우변을 푸리에 변환하는 것과 같음을 알 수 있다. 그러므로 식 (2-46)을 푸리에 변환하면 다음과 같다.

$$
\begin{aligned}
\mathscr{F}\{x(t)\} &= \mathscr{F}\left\{\frac{1}{T}\sum_{n=-\infty}^{\infty} e^{jn\omega_0 t}\right\} \\
&= \frac{1}{T}\int_{-\infty}^{\infty}\sum_{n=-\infty}^{\infty} e^{jn\omega_0 t}e^{-j\omega t}dt \\
&= \frac{1}{T}\sum_{n=-\infty}^{\infty}\int_{-\infty}^{\infty} e^{-j(\omega-n\omega_0)t}dt \\
&= \frac{2\pi}{T}\sum_{n=-\infty}^{\infty}\delta(\omega-n\omega_0)
\end{aligned} \tag{2-47}
$$

여기서 $\omega_0 = 2\pi/T$이다. 식 (2-47)은 식 (2-45)와 비교할 때 아주 괄목할 만한 결과를 보여준다. 즉 임펄스 열의 푸리에 변환은 또 다른 임펄스 열이 된다. 시간영역에서 임펄스 열이 크기가 1이고 간격이 T이라면, 주파수영역에서의 임펄스 열은 크기가 $2\pi/T$이고 간격이 $2\pi/T$로 됨을 그림 2-4에서 알 수 있다. 이 결과는 제3장에서 다루는 표본화 개념에 필수불가결한 요소이므로

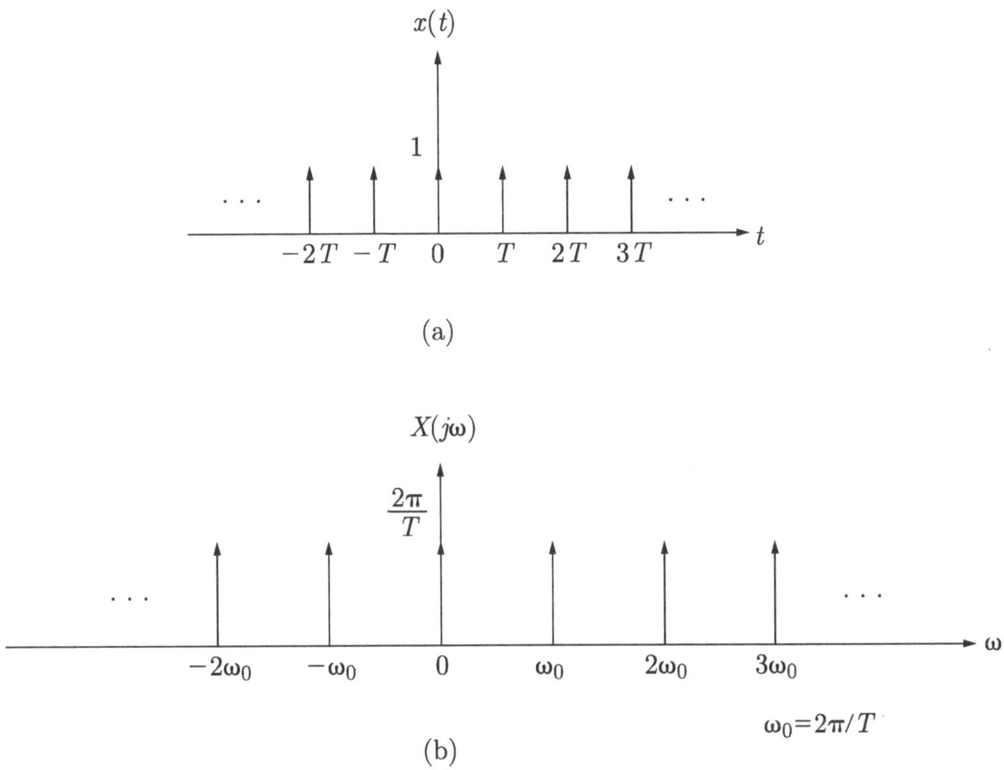

그림 2-4 • 임펄스 열과 그의 푸리에 변환
(a) 임펄스 열, (b) 푸리에 변환

유념하여야 한다. ◀

2-7 전달함수

전달함수(transfer function)의 개념은 입력함수로부터 출력함수를 이끌어내는 시스템의 해석에 매우 유용하며, 일반적으로 선형 시불변 시스템(linear time-invariant system)에 적용된다. 이들 시스템은 선형 미분방정식에 의해 다음과 같이 표현된다.

$$\left[b_m \frac{d^m}{dt^m} + \cdots + b_1 \frac{d}{dt} + b_0\right] y(t) = \left[a_n \frac{d^n}{dt^n} + \cdots + a_1 \frac{d}{dt} + a_0\right] x(t) \tag{2-48}$$

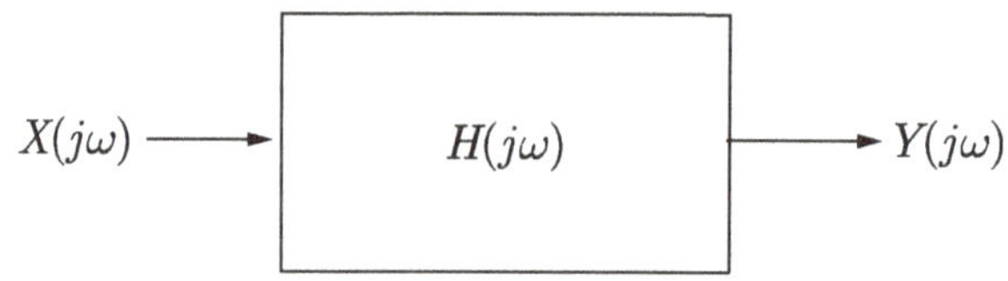

그림 2-5 • 전달함수 $H(j\omega)$를 갖는 시스템

여기서 $a_0, a_1, \cdots, a_n$과 $b_0, b_1, \cdots, b_m$ 들은 상수의 값을 갖는 계수들이다. 푸리에 변환을 통하여 $\frac{d}{dt}$는 $j\omega$로 대체되므로 다음 식을 얻을 수 있다.

$$\left[b_m(j\omega)^m + \cdots + b_1 j\omega + b_0\right] Y(j\omega) = \left[a_n(j\omega)^n + \cdots + a_1 j\omega + a_0\right] X(j\omega) \tag{2-49}$$

따라서 전달함수 $H(j\omega)$는

$$H(j\omega) = \frac{Y(j\omega)}{X(j\omega)} = \frac{\sum_{i=0}^{n} a_i (j\omega)^i}{\sum_{i=0}^{m} b_i (j\omega)^i} \tag{2-50}$$

이며, 그림 2-5에 나타난 바와 같이 입력의 변환에 대한 출력의 변환비로 묘사된다. 식 (2-49)의 라플라스 변환은 모든 초기조건의 값들을 0으로 가정하면 푸리에 변환과 같고, 전달함수 $H(s)$도 $x(t)$와 $y(t)$의 초기값들을 무시하고 같은 방법으로 유도될 수 있다. 즉

$$\left[b_m s^m + \cdots + b_1 s + b_0\right] Y(s) = \left[a_n s^n + \cdots + a_1 s + a_0\right] X(s)$$

전달함수는

$$H(s) = \frac{Y(s)}{X(s)} = \frac{a_n s^n + a_{n-1} s^{n-1} + \cdots + a_1 s + a_0}{b_m s^m + b_{m-1} s^{m-1} + \cdots + b_1 s + b_0} \tag{2-51}$$

이 된다.

예제 2-9 어떤 시스템에 $t = 0$에서 단위계단 입력이 인가되고, 그에 대한 응답은 $y(t) = 2e^{-at}$로

주어진다. 이 입출력 신호를 라플라스 변환으로 나타내면 $X(s)=\dfrac{1}{s}$과 $Y(s)=\dfrac{2}{s+a}$가 되고, 이에 대한 전달함수는 $H(s)=2s/(s+a)$를 구할 수 있다. ◀

전달함수의 크기 $|H(j\omega)|$ 는 시스템의 진폭응답(amplitude response)으로, 그에 대응하는 $\angle H(j\omega)$는 위상응답(phase response)으로 각각 불린다. $H(j\omega)$의 실수부와 허수부를 각각 $R(j\omega)$ 및 $I(j\omega)$라 하면

$$H(j\omega)=R(j\omega)+jI(j\omega) \tag{2-52}$$

로 표현되며 진폭 및 위상응답은 각각 다음과 같다.

$$|H(jw)| = \sqrt{R^2(j\omega)+I^2(j\omega)} \tag{2-53}$$

$$\angle H(j\omega) = \tan^{-1}\frac{I(j\omega)}{R(j\omega)} \tag{2-54}$$

2-8 상승적분

상승적분(convolution)의 개념은 선형 시스템을 해석하고 이해하는 데 아주 중요한 역할을 하며, 전달함수의 개념과 밀접하게 관련되어 있다.

두 함수 $x(t)$와 $h(t)$의 상승적분은

$$y(t)=\int_{-\infty}^{\infty} x(\tau)h(t-\tau)d\tau \tag{2-55}$$

로 주어지며, 이를 다음과 같이 간략히 표현할 수 있다.

$$y(t)=x(t)*h(t) \tag{2-56}$$

상승적분의 연산은 식 (2-55)를 음미해 보면 t가 변화함에 따라 $x(\tau)$와 $h(t-\tau)$의 곱의 면적으로 됨을 알 수 있으며, 이는 그림 2-6으로부터 다음과 같이 단계적으로 설명될 수 있다.

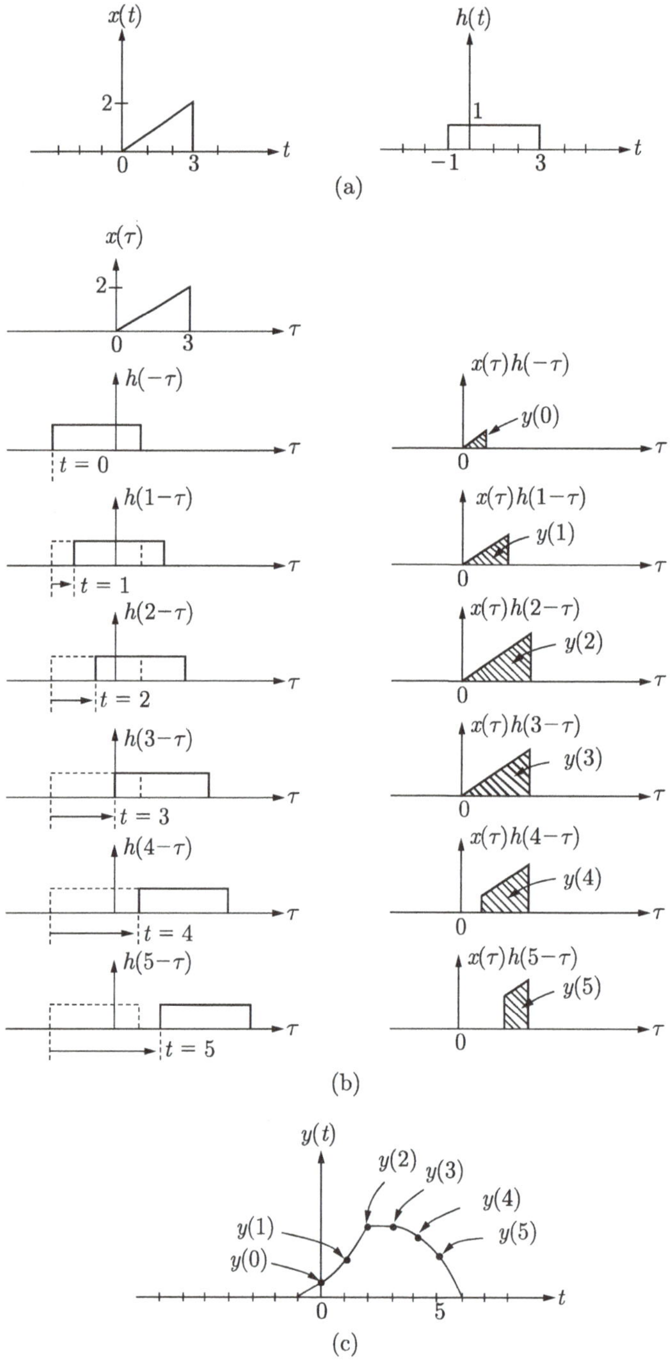

그림 2-6 • 상승 적분

(a) 두 함수 $x(t)$와 $h(t)$, (b) 상승 적분의 단계적 과정, (c) 상승 적분 결과

① 먼저 적분변수 τ를 사용하여 함수 $x(\tau)$를 그린다.

② 다음에 매개변수 t에 대해, 우선 $t=0$에 대해 $h(t-\tau)=h(-\tau)$를 아래에 그린다. 이 과정을 반전(folding)이라 부르는데, 상승적분의 연산이 가지는 중요한 개념이다.

③ $x(\tau)h(t-\tau)=x(\tau)h(-\tau)$의 곱이 그려지고 그 면적이 계산된다.

이 면적은 선택된 t의 한 값에 대한 상승적분의 값과 같은 값을 나타낸다. 즉 $t=0$에 대해

$$\int_{-\infty}^{\infty} x(\tau)h(-\tau)d\tau = y(0)$$

가 주어진다.

④ 과정 ②로 되돌아가서 다음의 새로이 선택된 t의 값, 여기서는 $t=1$이라 할 때 τ에 대한 함수 $h(t-\tau)=h(1-\tau)$ 그려지고 $x(\tau)h(t-\tau)=x(\tau)h(1-\tau)$의 면적이 계산된다. 이는

$$\int_{-\infty}^{\infty} x(\tau)h(1-\tau)d\tau = y(1)$$

이다.

⑤ 위의 과정들이 모든 t의 값에 대해 반복이 된다.

⑥ 계산된 면적은 $y(t)$를 나타내기 위해 그려지고 이는 그림 2-6(c)에 나타나 있다.

2-8-1. 직접계산에 의한 상승적분

앞의 예제를 가지고 상승적분을 직접 적분계산에 의해 구하는 과정을 살펴보기로 한다. 문제를 가능한 한 간단하게 생각하기 위해 독립변수인 t를 다음에 나타난 5개의 구간들로 나누어 생각하자.

① $t \le -1$: $x(\tau)h(t-\tau)$의 곱은 이 구간에서는 명백히 모든 곳에서 0이 되며 따라서 $y(t)=0$이 된다.

② $-1 < t \le 2$: 이 구간에서 상승적분은 다음과 같이 계산될 수 있다.

$$y(t) = \int_{-\infty}^{\infty} x(\tau)h(t-\tau)d\tau$$

$$= \int_{0}^{3} \frac{2\tau}{3} h(t-\tau)d\tau$$

$$= \frac{2}{3}\int_{0}^{t+1} \tau d\tau$$

$$= \frac{(t+1)^2}{3}$$

따라서 $y(t)$는 단순히 포물선의 한 단편을 나타낸다.

③ $2 < t \leq 3$: 여기서 적분의 상한은 상수가 된다. 즉

$$y(t) = \frac{2}{3}\int_{0}^{3} \tau d\tau$$

$$= 3$$

따라서 $y(t)$는 이 구간에서 상수이다.

④ $3 < t \leq 6$: 이 구간에서 적분은 다음의 형태를 갖는다.

$$y(t) = \frac{2}{3}\int_{t-3}^{3} \tau d\tau$$

$$= 3 - \frac{(t-3)^2}{3}$$

$y(t)$는 다시금 포물선처럼 나타난다.

⑤ $t > 6$: 앞의 $t \leq -1$ 구간에서처럼 $x(\tau)h(t-\tau)$의 곱은 여기서도 0이며 따라서 $y(t) = 0$ 이 된다.

이상의 결과를 다시 정리해 보면 다음과 같다.

$$y(t)=\begin{cases}0, & t\le -1\\ \frac{1}{3}(t+1)^2, & -1<t\le 2\\ 3, & 2<t\le 3\\ 3-\frac{1}{3}(t-3)^2, & 3<t\le 6\\ 0, & t>6\end{cases}$$

그리고 이 함수의 도시는 그림 2-6(c)에 나타나 있는 바와 같다.

2-8-2. 상승적분의 이해

앞 절에서는 상승적분이 수식으로 어떻게 표현되며, 연산이 산술적으로 어떻게 이루어지는지를 살펴보았다. 그러면 실제 상승적분이 가지는 의미를 알아보기로 하자.

선형시스템이 있을 때 전달함수를 $h(t)$라 하고 시스템에 들어가는 입력을 $x(t)$하면 그 시스템의 출력 $y(t)$는

$$y(t)=x(t)*h(t)$$

으로 표현된다. 이 식이 가지는 의미를 그림 2-7의 예를 가지고 살펴보기로 하자. 입력 $x(\tau)$를 기차로, 시스템 $h(\tau)$를 터널로 생각해 보자. 그리면 터널 앞부분에 기차의 앞부분이 먼저 진입하려면 $x(\tau)$가 $x(-\tau)$로 되어야 한다. 이것이 상승적분에서 중요한 의미를 갖는 반전(folding)의 개념이다. 이것이 가지는 의미는 먼저 발생한 신호는 시스템 앞단부터 항상 먼저 작용해 들어가야 한다는 것이다. 그러므로 상승적분에서는 $x(t)$이든 $h(t)$이든 간에 어느 한 신호는 반드시 반전이 되어야 한다.

2-8-3. 선형시스템의 상승적분

여기서는 먼저 시스템의 임펄스 응답을 이용하여 입력에 대한 시스템의 출력을 얻는 네 과정을 그림 2-8의 도움을 얻어 이해하기로 하자.

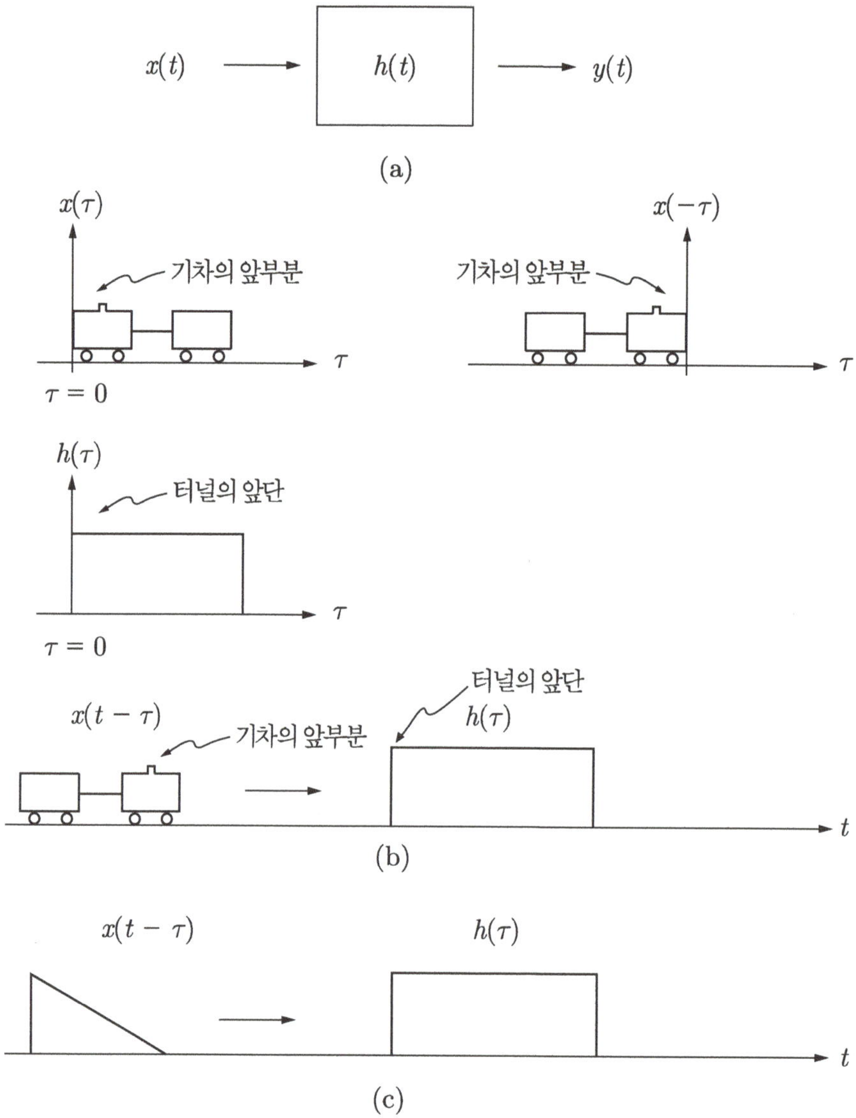

그림 2-7 • 상승적분의 이해
(a) 선형시스템의 기능적 관계, (b) 기차와 터널에 비유된 반전의 개념, (c) 반전된 신호의 상승적분

① 시스템에 가해진 입력이 임펄스 $\delta(t)$이면 이때의 출력은 임펄스 응답이라고 하며 $h(t)$로 정의되어 있다.

② 입력이 τ만큼 시전위(time-shifted)된 임펄스 $\delta(t-\tau)$의 응답은 $h(t-\tau)$이다.

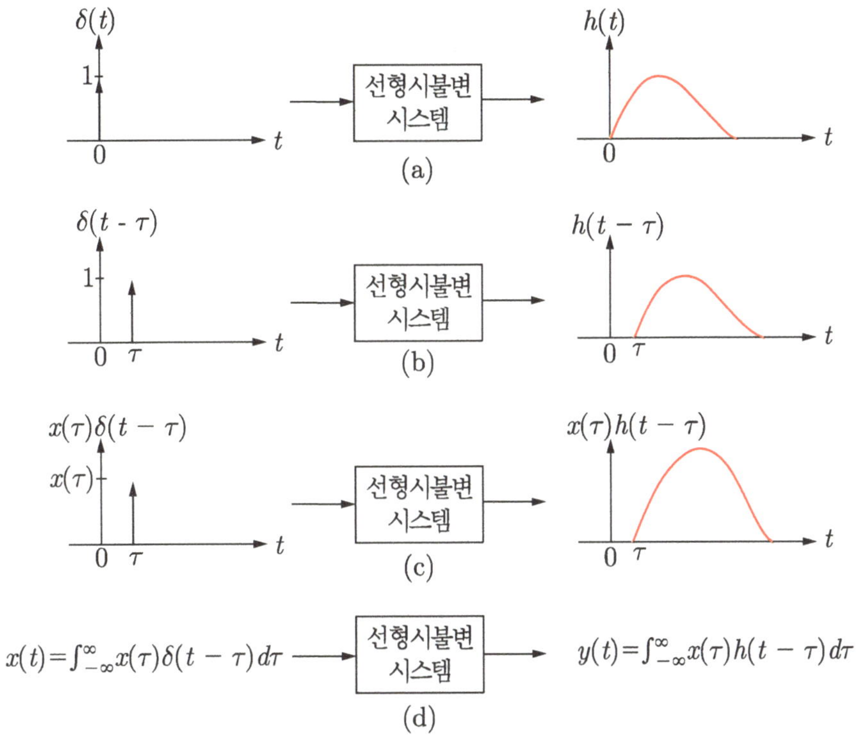

그림 2-8 • 선형시스템의 상승적분을 설명하는 4단계

③ 시스템의 선형성에 의해 상수가 곱해진 δ함수는 같은 상수가 곱해진 임펄스 응답을 가져온다. 어떤 함수 $x(t)$를 주어진 τ에서 고려하면 $x(t=\tau)=x(\tau)$로서 이는 상수로 생각할 수 있다. 따라서 $x(\tau)\delta(t-\tau)$에 대한 시스템의 응답은 $x(\tau)h(t-\tau)$이다.

④ 입력신호 $x(t)$는 마치 매순간마다 연속으로 들어오는 임펄스 입력에 그때그때의 입력신호의 크기에 해당하는 $x(\tau)$가 곱해진 것으로 생각할 수 있다. 따라서 τ를 적분변수로 하고 t를 매개변수로 생각하여 임의의 입력은 다음과 같이 표현할 수 있다.

$$x(t)=\int_{-\infty}^{\infty} x(\tau)\delta(t-\tau)d\tau \qquad (2\text{-}57)$$

이에 대한 시스템의 출력은 $x(\tau)$가 곱해진 연속적인 임펄스 응답으로 되며 당연히 다음과 같이 주어진다.

$$y(t)=\int_{-\infty}^{\infty}x(\tau)h(t-\tau)d\tau \tag{2-58}$$

식 (2-58)은 선형시스템의 상승적분을 나타내는 식이며, 임의의 입력 $x(t)$에 대해 임펄스 응답이 $h(t)$인 시스템의 출력을 구하는 결과이다.

상승적분에 관한 몇 가지 특징들은 다음과 같다.

(1) $y(t)=x(t)*h(t)=h(t)*x(t)$ (2-59)

이는 교환법칙(commutative property)을 나타낸다.

(2) $y(t)=x(t)*h(t)$이면 그의 푸리에 변환은

$$Y(j\omega)=X(j\omega)H(j\omega) \tag{2-60}$$

이다. 시간영역에서 두 함수의 상승적분은 주파수영역에서 두 변환식의 곱으로 됨을 나타낸다. 이는 선형시스템 이론의 기본이 되는 식의 하나이다.

(3) $y(t)=x(t)*h(t)$이면

$$y(t-t_0)=x(t-t_0)*h(t)=x(t)*h(t-t_0) \tag{2-61}$$

이다. 이는 전위불변성(shift-invariance)을 나타낸다.

(4) $[x(t)*y(t)]*h(t)=x(t)*[y(t)*h(t)]$

$$=y(t)*[h(t)*x(t)]$$

$$=h(t)*[x(t)*y(t)] \tag{2-62}$$

이는 결합법칙(associative property)을 나타낸다.

(5) $$\int_{-\infty}^{\infty} x(\tau)\delta(t-\tau)d\tau = x(t) \tag{2-63}$$

즉 $x(t) * \delta(t) = x(t)$이다. 임펄스함수와 어떤 함수를 상승적분한 결과는 그 함수 자신을 가져온다.

(6) $y(t) = x(t) * h(t)$ 이면

$$x(\frac{t}{b}) * h(\frac{t}{b}) = |b|y(\frac{t}{b}) \tag{2-64}$$

가 된다.

2-9 극점과 영점의 표현

식 (2-50)과 식 (2-51)로부터 $H(j\omega)$ 또는 $H(s)$를 다음 식과 같은 다항식의 비로 풀어서 표현할 수 있다.

$$H(s) = \frac{a_0 + a_1 s + \cdots + a_n s^n}{b_0 + b_1 s + \cdots + b_m s^m} \tag{2-65}$$

원리적으로 다항식들은 항상 인수분해가 가능하다. 따라서 $H(s)$는 극점 및 영점의 형태로 표현될 수 있다.

$$H(s) = C\frac{(s-z_1)(s-z_2)\cdots(s-z_n)}{(s-p_1)(s-p_2)\cdots(s-p_m)} \tag{2-66}$$

여기서 C는 비례상수이며, $z_1, z_2, \cdots, z_n$은 $H(s)$의 영점(zero)들을, $p_1, p_2, \cdots, p_m$은 극점(pole)들을 나타낸다. 극점들과 영점들은 실수나 복소수 또는 0이 될 수 있다.

s의 복소평면상에서 $H(s)$의 극점들과 영점들의 도시는 진폭응답과 위상응답에 대한 기하학적인 표현을 보여준다. 식 (2-66)으로부터 $H(j\omega)$의 진폭응답은

$$H(j\omega) = \left| C \frac{(j\omega - z_1)\cdots(j\omega - z_n)}{(j\omega - p_1)\cdots(j\omega - p_m)} \right|$$

$$= |C| \frac{|j\omega - z_1|\cdots|j\omega - z_n|}{|j\omega - p_1|\cdots|j\omega - p_m|} \tag{2-67}$$

이며, 식 (2-67)에서 $|j\omega - x|$ 형태의 각 요소는 허수축 위의 임의의 주파수 ω로부터 x점까지의 거리가 된다. 따라서 진폭응답은 s평면 위의 각 극점들과 영점들로부터 생겨나는 거리들의 곱의 비가 된다. 유사하게 위상응답은 각 극점들과 영점들이 실수축으로부터 반시계 방향으로 만드는 각들의 산술적인 합으로 표현된다.

또한 식 (2-66)에서 $H(s)$가 진분수(proper fraction)이고 중근(multiple poles)을 가지지 않는다면, 다음의 부분분수전개 형태로 표현할 수 있다.

$$H(s) = \frac{C_1}{s - p_1} + \frac{C_2}{s - p_2} + \cdots\cdots + \frac{C_m}{s - p_m} \tag{2-68}$$

여기서 $C_1, C_2, \cdots\cdots, C_m$ 은 상수들이다.

예제 2-10 다음 식에 대해 극점과 영점을 표시하여라.

$$H(s) = \frac{s}{s^2 + 2s + 5} = \frac{s}{(s+1)^2 + 2^2}$$

전달함수는 $s = 0$에서 1개의 영점을, $s = -1 \pm j2$에서 한 쌍의 켤레복소(complex conjugate) 극점들을 가지고 있다. 그림 2-9에 이들의 진폭 및 위상응답이 나타나 있다. 그림에서 동작점이 $j\omega$축 위를 따라 주파수가 증가되는 방향으로 이동해 갈 때 이들 진폭 및 위상응답이 어떻게 변화하는가를 보여준다. 정규화된 진폭특성 $|H(j\omega)|$ 가 극점 및 영점도시로부터 결정되어질 수 있다. 한 예로 $\omega = 3$일 때의 진폭 및 위상응답을 구하면 각각 다음과 같다.

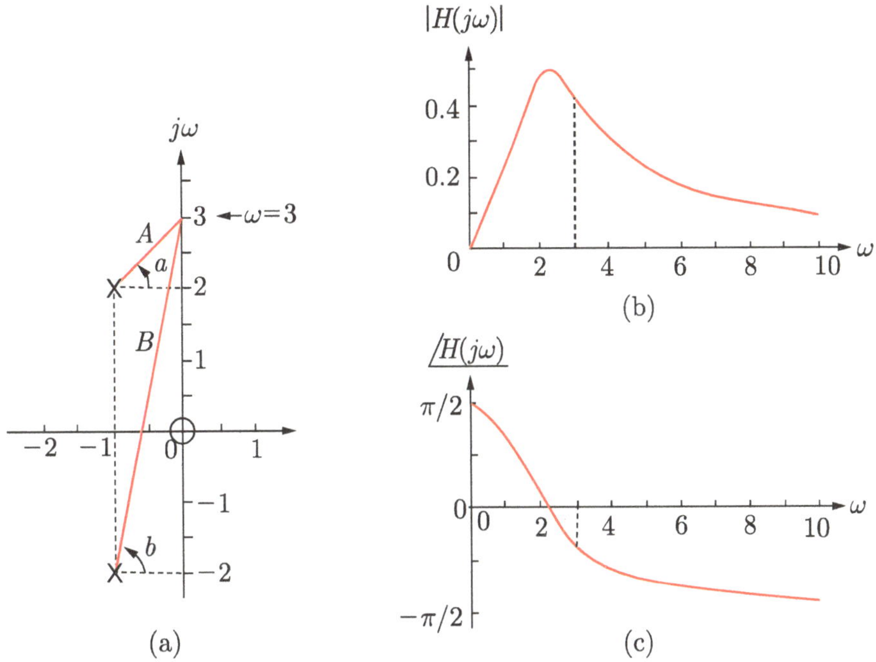

그림 2-9 • 예제 2-10의 시스템의 극점 및 영점과 그들의 진폭 및 위상응답
(a)영점, 극점의 진폭 및 위상응답을 위한 도시, (b) 진폭응답, (c) 위상응답

$$|H(j3)| = \frac{3}{AB}$$
$$\angle H(j3) = \frac{\pi}{2} - a - b$$

◀

2-10 버터워스 필터

아날로그 필터의 설계를 위한 대표적인 저역통과 필터 중의 하나인 버터워스 필터(Butterworth filter)가 그림 2-10에 나타나 있다. 일반적으로 필터의 기본특성을 묘사하는 데 사용하는 매개변수들 중 먼저 필터의 전력이득(power gain) $|H(j\omega)|^2$으로부터 데시벨(dB) 전력이득 $H_{dB}(j\omega)$가 다음의 식으로 표현된다.

$$H_{dB}(j\omega) = 10\ \log_{10}|H(j\omega)|^2 \tag{2-69}$$

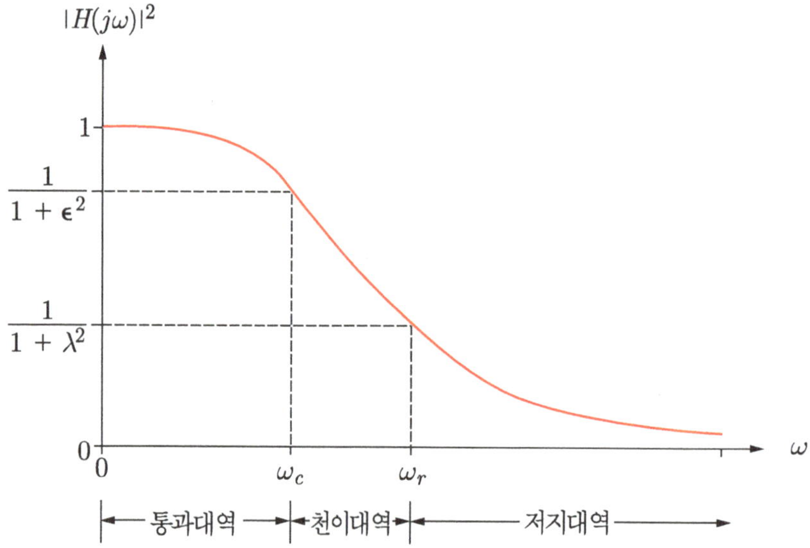

그림 2-10 • 저역통과 필터의 전력이득 특성

또한 통과대역(passband)의 상한인 ω_c는 차단주파수(cutoff frequency), 저지대역(stopband)의 하한인 ω_r은 소거주파수(rejection frequency), 그리고 통과대역과 저지대역의 사이에 전력이득이 급격히 감소하는 중간영역인 천이대역(transition region)이 있다. 이득매개변수인 λ와 ϵ은 다음 식으로 표시된다.

$$\text{통과대역}: |H(j\omega)|^2 > \frac{1}{1+\epsilon^2}, \quad |\omega| < \omega_c \tag{2-70}$$

$$\text{저지대역}: |H(j\omega)|^2 < \frac{1}{1+\lambda^2}, \quad |\omega| > \omega_r \tag{2-71}$$

이상적인 저역통과 필터의 경우는 식 (2-70), 식 (2-71)과 그림 2-10에서 $\epsilon \to 0$, $\lambda \to \infty$ 및 $\omega_r \to \omega_c$로 되면 이상적인 특성으로 접근하게 됨을 알 수 있다.

버터워스 아날로그 필터는 다음 식으로 표현되는 전력이득 형태를 가진다.

$$|H_B(j\omega)|^2 = \frac{1}{1+\epsilon^2 (\frac{\omega}{\omega_c})^{2N}} \tag{2-72}$$

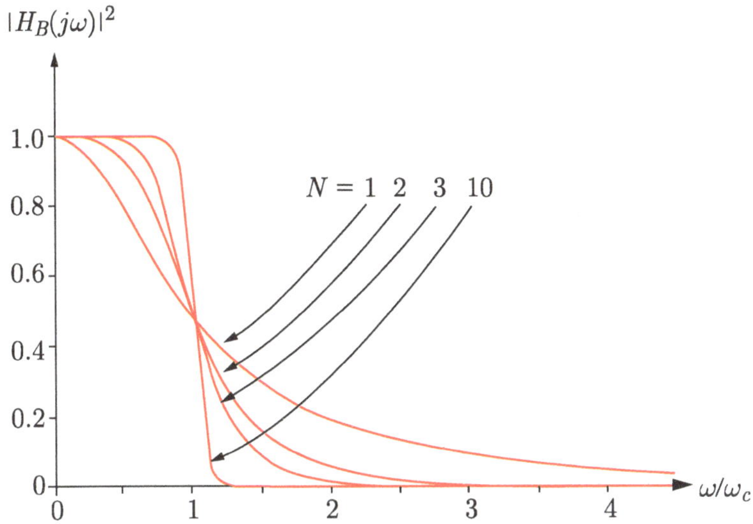

그림 2-11 • 버터워스 필터의 전력이득(ε=1)

여기서 N은 필터의 차수이다. 이러한 형태를 가지는 필터는 $\omega = 0$와 $\omega = \infty$에서 최대로 평탄한(maximally flat) 특성을 나타낸다. 차수 N은 설계매개변수인 λ와 관련하여 다음에서 결정될 수 있다. $\omega = \omega_r$가 될 때 식 (2-72)로부터,

$$|H_B(j\omega_r)|^2 = \frac{1}{1+\lambda^2} = \frac{1}{1+\epsilon^2\left(\dfrac{\omega_r}{\omega_c}\right)^{2N}} \tag{2-73}$$

로 주어지며, 이를 N에 대해 다시 정리하면 N을 결정할 수 있다. 즉

$$N > \frac{\log(\lambda/\epsilon)}{\log(\omega_r/\omega_c)} \tag{2-74}$$

따라서 적절한 N의 선택은 전력이득의 특성, 과도응답시간 등의 필터 특성을 고려해야 한다. $\epsilon = 1$인 경우에 여러 값의 N에 대한 전력이득 특성이 그림 2-11에 나타나 있다. 여기서 N이 클수록 필터의 천이대역이 상대적으로 급격해짐을 볼 수 있다.

일단 N이 결정되고 나면 식 (2-72)를 사용하여 버터워스 필터의 선력이득을 계산할 수 있다. s평면에서 $|H_B(s)|^2$의 극점들은 식 (2-72)에서 $s = j\omega$로 대체하고 분모를 0으로 하여 구한다.

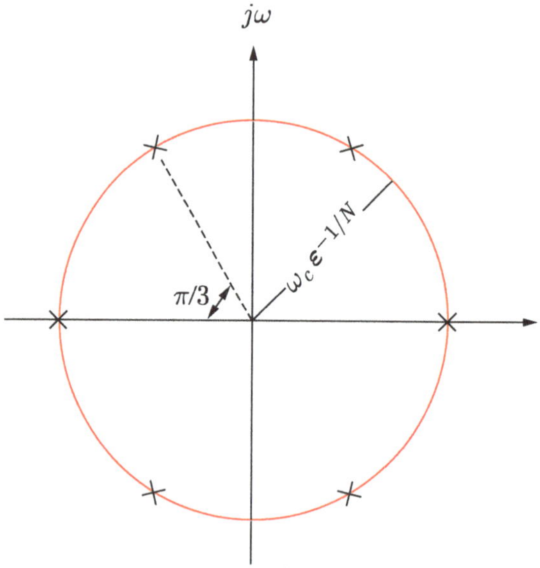

그림 2-12 • s 평면에서 $N=3$일 때 버터워스 필터의 극점들

$$\epsilon^2 \left(-\frac{s^2}{\omega_c^2}\right)^N + 1 = 0 \tag{2-75}$$

이 식을 풀면, 극점들 s_n은 다음과 같이 구해진다.

$$s_n = \omega_c \epsilon^{-1/N} e^{j\pi(2n+N-1)/2N} \tag{2-76}$$

여기서 $n=1,2,3,\cdots,2N$이다. 이를 $N=3$의 경우에 대해 나타내면 그림 2-12에 있으며, 전력 이득함수의 극점들은 s평면에서 반경을 $\omega_c \epsilon^{-1/N}$으로 한 원주상에 놓이게 된다. 전달함수 $H_B(s)$의 극점들은 다음 식에서부터 s의 좌반평면(left-half plane)에 있는 극점들이다.

$$|H_B(s)|^2 = H_B(s) H_B(-s) \tag{2-77}$$

또한 식 (2-76)을 사용하여 $n=1,2,3,\cdots,N$으로 될 때 전달함수의 극점들을 계산할 수 있다.

예제 2-11 최대로 평탄한 버터워스(Butterworth) 아날로그 필터가 아래의 특징을 갖도록 설계하라.

통과대역$(0-\omega_c)$	: 0 − 100k[rad/sec]
ω_c에서의 최소전력이득	: 0.5(−3[dB])
소거주파수(ω_r)	: 150k[rad/sec]
ω_r에서의 최대전력이득	: 0.1(−10[dB])

식 (2-70)과 (2-71)로부터 ϵ과 λ는 각각 1과 3으로 계산된다. 그리고 차수 N은 다음과 같이 구해진다.

$$N > \frac{\log(\lambda/\epsilon)}{\log(\omega_r/\omega_c)} > \frac{\log 3}{\log 1.5} \fallingdotseq 2.71$$

$$\therefore N = 3$$

극점들을 구하기 위해서 식 (2-76)을 사용하고, 이들 중 좌반평면의 극점들을 사용하여 필터의 전달함수를 구하면 다음과 같다.

$$H_B(s) - \frac{-s_1 s_2 s_3}{(s-s_1)(s-s_2)(s-s_3)} \tag{2-78}$$

$$s_n = \omega_c \epsilon^{-1/3} e^{j\pi(n+1)/3}$$

$$-10^5 c^{j\pi(n+1)/3}, \qquad n - 1,\ 2,\ 3$$

전력이득은 그림 2-11에서 $N=3$과 $\epsilon=1$의 경우와 같다. 실제로 $H_B(s)$의 크기는 식 (2-72)에 있는 전력이득의 제곱근임을 유의해야 한다. ◀

$H_B(s)$를 일반화시키면 다음 식과 같이 쓸 수 있다.

$$H_B(s) = \frac{(-1)^N s_1 s_2 \cdots s_N}{(s-s_1)(s-s_2)\cdots(s-s_N)} \tag{2-79}$$

여기서 $|H_B(j\omega)|^2$에서 $\omega=0$로 두면 dc 전력이득이 구해진다. 물론 $s_1,\ s_2,\ \cdots,\ s_N$은 좌반평면에 있는 근들이며, $|H_B(0)|^2=1$ 이 됨은 분명하다.

예제 2-12 아래의 버터워스 필터에 대해 극점들을 도시하고, 또한 전력이득 및 위상응답을 도시하여라.

$$N=2$$
$$\epsilon=1$$
$$\omega_c=100\ [\text{rad/sec}]$$

계산의 결과들은 그림 2-13에 나타나 있다. $N=2$이기 때문에 반경을 100으로 한 원주상에 2개의 극점들이 각 좌우 반평면에 그림 2-13에서와 같이 놓이게 된다. 데시벨 전력이득 $H_{dB}(j\omega)$는 식 (2-69)와 (2-72)로부터 다음과 같이 구해진다.

$$\begin{aligned} H_{dB}(j\omega) &= 10\log|H_B(j\omega)|^2 \\ &= -10\log_{10}\left[1+\left(\frac{\omega}{100}\right)^4\right] \end{aligned} \tag{2-80}$$

식 (2-80)에서 ω가 커지면 데시벨 전력이득 함수의 기울기는 약 12[dB/octave]가 된다. 즉 ω가 두 배가 되면 전력이득은 약 12[dB]가 떨어진다. 이 기울기를 전력이득함수의 롤오프(rolloff)율이라 부르며, 일반적으로는 버터워스 필터에서는 $6N$[dB/octave]가 됨을 알 수 있다.

s평면의 도시에서 전력이득은 ω^2/p_1p_2의 제곱으로 된다. 여기서 p_1과 p_2는 각각의 극점들로부터 동작주파수 ω까지의 거리들이다.

위상성분인 α_1과 α_2는 그림 2-13(a)의 극점 및 영점도시에서 볼 수 있으며 그림의 기하학적 설명으로부터 다음을 알 수 있다.

$$\begin{aligned} \alpha_1 &= \tan^{-1}\left(\frac{\omega+100/\sqrt{2}}{100/\sqrt{2}}\right) \\ \alpha_2 &= \tan^{-1}\left(\frac{\omega-100/\sqrt{2}}{100/\sqrt{2}}\right) \end{aligned} \tag{2-81}$$

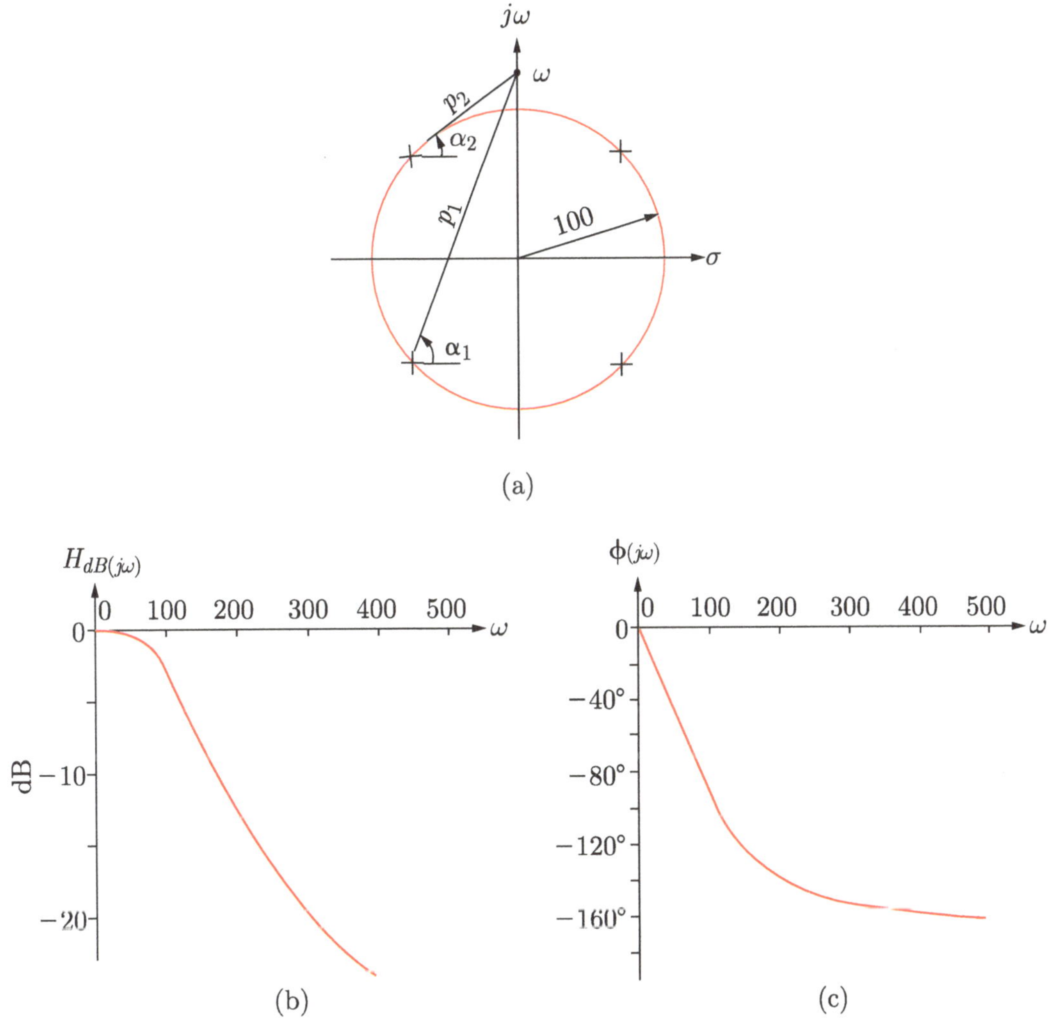

그림 2-13 • $N=2, \omega_c=100$[rad/sec]에 대한 버터워스 필터의 극점들, 전력 및 위상응답

따라서 필터의 위상응답은

$$\phi(\omega) = -(\alpha_1 + \alpha_2) \tag{2-82}$$

가 되며 또한 그림 2-13(c)에 응답특성이 나타나 있다. ◀

일반적으로 버터워스 필터는 통과대역과 저지대역이 최대로 평탄하며, 대체로 완급한 천이대역을 가지는 전력이득특성을 가진다. 한편, 평탄함을 희생하고 보다 많은 파상(ripple)을 통과대역 또는 저지대역에 허용함으로써 같은 수의 극점들을 가지고도 급격한 천이대역을 얻을 수 있다. 체비세프(Chebyshev) 필터가 바로 그러한 필터이다.

예제 2-13 버터워스 아날로그 필터를 $\omega_c = 1$ 과 $\epsilon = 1$로 정규화하면 식 (2-72)는 다음과 같이 쓸 수 있다.

$$|H(j\omega)|^2 = \frac{1}{1+\omega^{2N}} \tag{2-83}$$

$N = 1$인 경우, 즉 1개의 극점만을 가지는 경우는 다음과 같이 전력이득이 표현된다.

$$|H(j\omega)|^2 = \frac{1}{1+\omega^2} \tag{2-84}$$

이 경우로부터 몇 가지 특징을 다음과 같이 요약할 수 있다.

① 응답은 $\omega = 0$에서 1이다.

② 응답은 $\omega = 1$에서 $1/\sqrt{2}$로 떨어진다. 즉 $\omega = 1$은 전력이득이 -3[dB]점이 된다.

③ $\omega \to \infty$함에 따라 응답은 0으로 접근한다.

④ N이 증가함에 따라서 $\omega = 0$ 근처에서 응답은 더욱 평탄해지고 $\omega = 1$에서 차단은 급격해진다. 이는 그림 2-11로부터 또한 설명될 수 있다.

식 (2-75)와 (2-83)으로부터 $\epsilon = 1$과 $\omega_c = 1$ 인 경우의 다항식을 생각하면

$$1 + (-s^2)^N = 0 \tag{2-85}$$

이다. 이 방정식의 해는 $2N$ 개의 근을 가지며 그들은 다음과 같다.

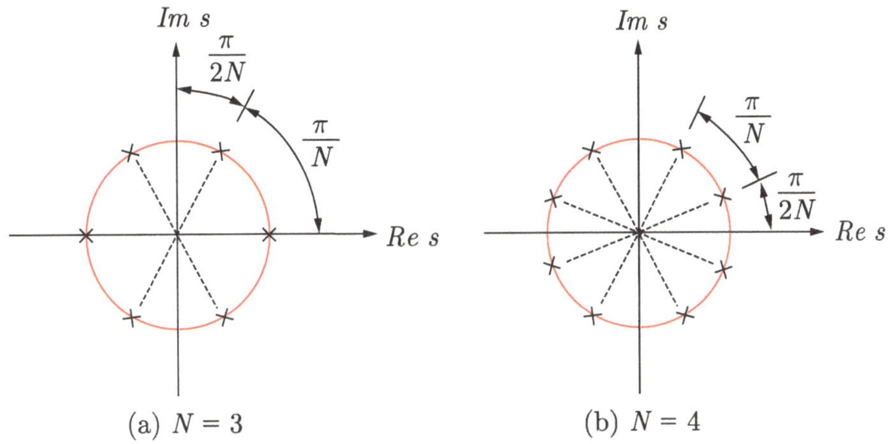

그림 2-14 • 버터워스 필터의 극점분포

$$s_k = e^{j\frac{2k+1}{N}\cdot\frac{\pi}{2}}, \quad N = \text{짝수}$$
$$s_k = e^{j\frac{2k}{N}\cdot\frac{\pi}{2}}, \quad N = \text{홀수} \tag{2-86}$$

여기서 $k=1, 2, 3, \cdots, 2N$이다. 식 (2-86)으로부터 다음의 내용들을 생각할 수 있다.

① 근들은 s평면에서 단위 원주상에 놓여 있고 실수축과 허수축 모두에 대해 대칭이다.
② 홀수의 N에 대해 한 쌍의 근은 항상 실수축 위에 있다. 나머지 근들은 켤레 복소근이다.
③ 짝수의 N에 대한 근들은 결코 실수축 위에도, $j\omega$축 위에도 존재하지 않는다. 이들은 서로 켤레 복소근이다.
④ N개의 근들은 우반평면에, 다른 N개의 근들은 좌반평면에 위치한다.
⑤ $2N$개의 근들은 원주위에 항상 등간격으로 위치한다.

이들을 $N=3$과 4의 경우에 대해 그림으로 나타내면 그림 2-14와 같다. ◀

우반평면의 근들은 무시하고 단지 좌반평면의 근들에 근거하여 다음을 생각할 수 있다.

$$H(s) = \frac{(-s_1)(-s_2)\cdots(-s_N)}{(s-s_1)(s-s_2)\cdots(s-s_N)} \tag{2-87}$$

이 식은 원하는 필터의 전달함수이며, 식 (2-79)와도 잘 일치한다.

예제 2-14 $N=2$의 경우에 식 (2-85)의 근들은 다음과 같다.

$$s_1 = \frac{1}{\sqrt{2}}(1+j)$$

$$s_2 = \frac{1}{\sqrt{2}}(-1+j)$$

$$s_3 = \frac{1}{\sqrt{2}}(-1-j)$$

$$s_4 = \frac{1}{\sqrt{2}}(1-j)$$

이들 중 좌반평면에 위치한 근들은 s_2와 s_3이다. 따라서 원하는 전달함수는

$$H_B(s) = \frac{(-s_2)(-s_3)}{(s-s_2)(s-s_3)} = \frac{1}{1+\sqrt{2}\,s+s^2}$$

이다. ◀

일반적으로 $\omega_c = 1$[rad/sec]로 정규화 되어 있고, ω_c에서 -3[dB] 점을 가지는 N차의 경우에 버터워스 필터의 전달함수는 다음 식으로 주어진다.

$$H_B(s) = \frac{1}{1+a_1 s + a_2 s^2 + \cdots + a_N s^N} \tag{2-88}$$

여기서 a_n은 양의 값을 갖는 계수이며, 표 2-2에 $n = 1, 2, \cdots, 8$ 의 각 경우에 대한 각 계수들이 주어져 있다.

표 2-2 • 버터워스 다항식의 계수들

	a_1	a_2	a_3	a_4	a_5	a_6	a_7	a_8
1	1							
2	1.414	1						
3	2	2	1					
4	2.613	3.414	2.613	1				
5	3.236	5.236	5.236	3.236	1			
6	3.864	7.464	9.141	7.464	3.864	1		
7	4.494	10.103	14.606	14.606	10.103	4.494	1	
8	5.126	13.138	21.848	25.691	21.138	13.138	5.126	1

2-11 체비세프 필터

체비세프(Chebyshev) 필터는 버트워스 필터와는 달리 통과대역이나 저지대역에 파상을 허용함으로서 급격한 천이영역을 얻을 수 있다. 이러한 체비세프 필터설계는 체비세프 다항식(Chebyshev polynomial)의 등파상(equiripple)을 통과대역 또는 소거대역으로 옮기는 것으로 시작한다. 체비세프 다항식, $T_N(x)$의 등파상을 통과대역으로 옮기는 것을 체비세프 1형 필터라

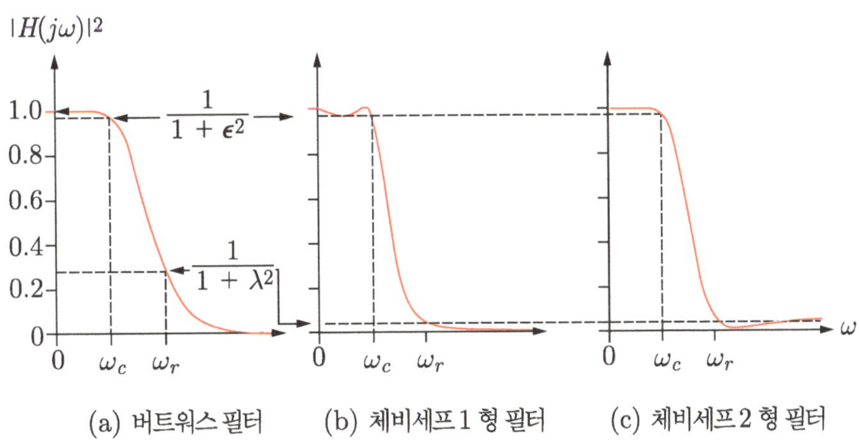

그림 2-15 • 전력이득의 비교($N=3$, $\epsilon=0.2$, $\omega_r=2\omega_c$)
(a) 버트워스 필터, (b) 체비세프 1 형 필터, (c) 체비세프 2 형 필터

부르고, 등파상을 소거대역으로 옮기는 것을 체비세프 2형 필터라 부른다. 즉,

$$1 \text{ 형: } |H_C(j\omega)|^2 = \frac{1}{1+\epsilon^2 T_N^2(\omega/\omega_c)} \tag{2-89}$$

$$2 \text{ 형: } |H_C(j\omega)|^2 = \frac{1}{1+\epsilon^2 T_N^2(\omega/\omega_c)/T_N^2(\omega_r/\omega)} \tag{2-90}$$

식 (2-89)는 식 (2-72)의 버트워스 필터 특성과 유사함을 주목하라. 여기서 함수 $T_N(\omega/\omega_c)$이 1 형의 필터를 만들기 위해 $(\omega/\omega_c)^N$ 대신에 사용되었다. 1 형의 특성은 등파상을 전력 이득 곡선의 통과대역에 싣는 반면, 2 형의 특성은 저지대역에 등파상을 싣는다.

이들의 특성이 $N=3, \epsilon=0.2, \omega_r=2\omega_c$인 경우에 그림 2-15에 나타나 있으며 1 형과 2 형의 체비세프 필터의 전력이득을 버트워스 필터의 전력 이득과 비교하고 있다. 체비세프 필터의 뚜렷한 차단특성은 저지대역에서의 이득이 더욱 낮은 $1/(1+\lambda^2) \approx 0.04$로 설명되며, 버트워스 필터의 경우는 약 0.28이다. 세 필터들의 특성 비교는 표 2-3에서와 같다.

표 2-3 • 버트워스 필터와 체비세프 필터의 비교

필터	통과대역에서 $\|H(j\omega)\|^2$	저지대역에서 $\|H(j\omega)\|^2$
버트워스	최대한 평탄함	최대한 평탄함
체비세프 1 형	1과 $1/(1+\epsilon^2)$사이에 등파상	최대한 평탄함
체비세프 2 형	최대한 평탄함	0과 $1/(1+\lambda^2)$사이에 등파상

연습문제

EX 1 예제 2-1에서 n의 값을 다음과 같이 증가시켰을 때의 근사화된 함수를 구하고, 도시하여라.

(1) $n = 5$

(2) $n = \infty$

EX 2 다음의 함수를 푸리에 급수로 전개하여라.

(1)

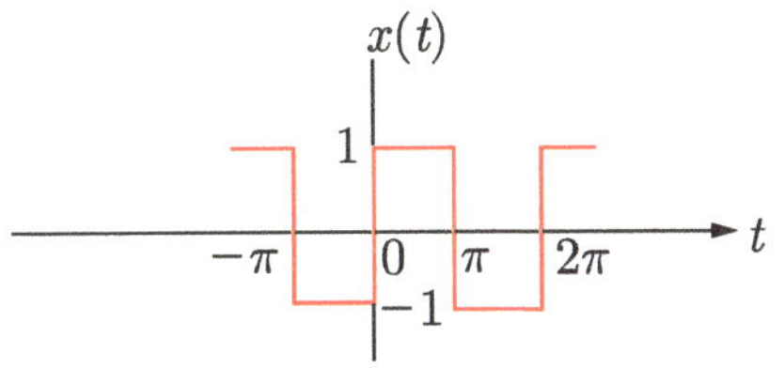

(2)

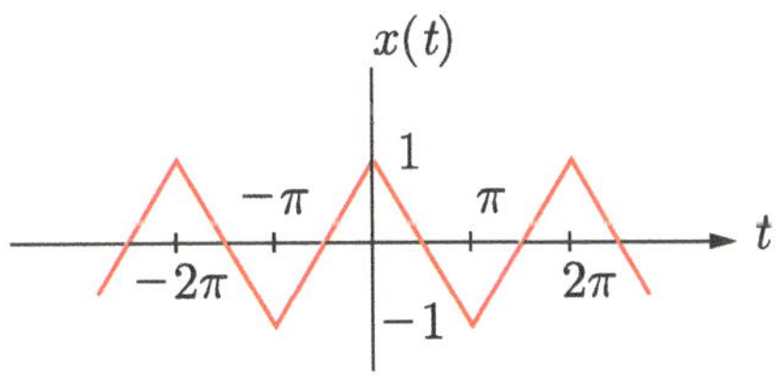

EX 3 식 (2-8) 및 식 (2-9)를 증명하여라.

EX 4 다음 함수들의 푸리에 변환을 구하여라.

(1) 1

(2) e^{-at}

(3) $e^{-\pi t^2}$

EX 5 식 (2-14)를 증명하여라.

EX 6 다음 함수들의 라플라스 변환을 구하여라.

(1) e^{-at} (2) t^n

(3) $\sin\alpha t$ (4) $e^{-at}\cos\alpha t$

EX 7 식 (2-44)를 증명하여라.

EX 8 단위 임펄스 함수가 $t=0$에서 인가되었을 때 시스템의 응답이 $y(t)=Ae^{-at}(t \geq 0)$이면, 이 시스템의 전달함수를 구하라.

EX 9 $t=0$에서 단위 임펄스가 인가되었을 때 전달함수가 $H(j\omega)=\dfrac{1}{(j\omega-\omega^2)}$이면, 이때 시스템의 출력 $y(t)$를 구하라.

EX 10 식 (2-58)을 증명하여라.

EX 11 식 (2-62)를 증명하여라.

EX 12 상승적분 $t^2u(t)*e^{-2t}u(t)$를 직접 계산하여라. 그리고 라플라스 변환을 이용하여 앞의 계산결과가 정확한가를 보여라.

EX 13 함수 $x(t)=e^{-at}\cos\alpha t\, u(t)$에서 $(a,\alpha)=(1,1),\ (2,1),\ (1,2),\ (2,2)$로 두었을 때, 각각의 경우에 대해 진폭 스펙트럼을 구하고 도시하여라. 그리고 a와 α의 변환에 따른 영향을 설명하여라.

EX 14 주어진 전달함수 $H(s)=\dfrac{1}{s^2+as+b}$에 대해 s^2+as+b가 복소근을 가지면 시스템의 임펄스 응답이 진동함을 보여라.

EX 15 다음의 구형함수와 그의 푸리에 변환은 중요한 변환쌍(transform pair)이다. 이 경우 $X(j\omega)$를 구하라.

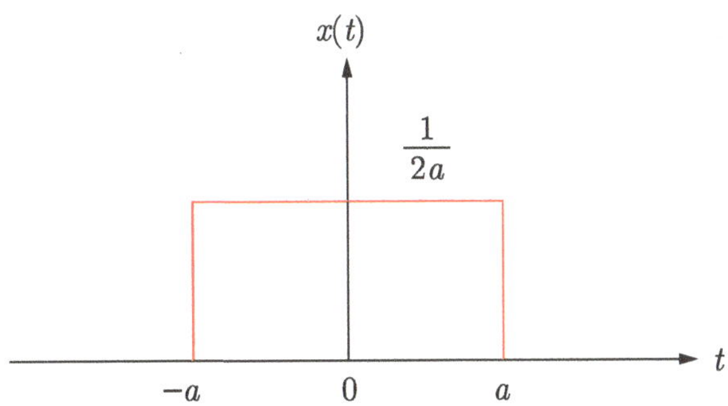

EX 16 차단주파수 10[rad/sec]에서 3[dB] 감쇠를 가지는 버트워스 필터로 저역통과 필터를 설계하라. 이때 40[rad/scc]보다 큰 주파수에서 적어도 40[dB]의 감쇠를 가져야 한다.

EX 17 차단주파수 5[rad/sec]에서 3[dB]이 감쇠를 가지는 버트워스 필터를 설계하라. 이때 15[rad/sec]보다 큰 주파수에서는 적어도 30[dB]의 감쇠를 가져야 한다.

3장

표본화

3-1 서론

디지털 시스템의 다양한 장점에 의해 현재 많은 종류의 신호가 디지털화 되어 처리되고 있으며, 디지털 신호처리 시스템은 그림 3-1의 형태를 취한다. 연속신호 $x(t)$는 이산신호 신호 $x(n)$으로 표본화(sampling)된 후 디지털 신호처리 시스템의 처리과정을 거쳐 출력 신호인 $y(n)$으로 된다.

이 장에서는 연속신호로부터 이산신호 신호로의 표본화와 변환 및 그 복원, 양자화에 대하여 언급하기로 하자.

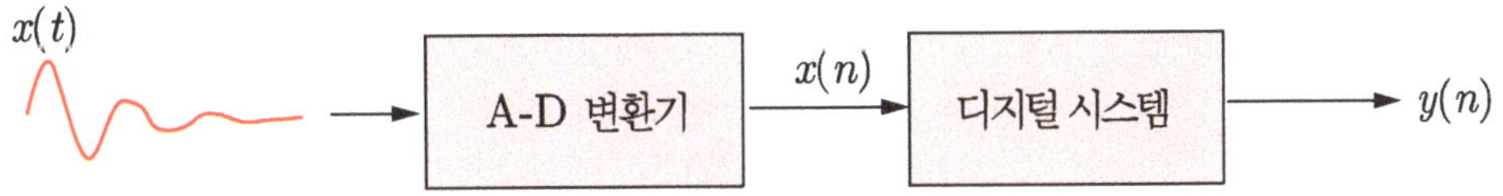

그림 3-1 • 디지털 신호처리 시스템

3-2 표본화 이론

함수 $x(t)$는 그림 3-2에서 보여진 바와 같이 일정하게 T초의 간격으로 표본화된다고 가정하자. 이때 $x(t)$의 표본들은 임펄스 표본들이며, $x(n)$은 단위 임펄스(unit impulse)인 $\delta(t-nT)$를

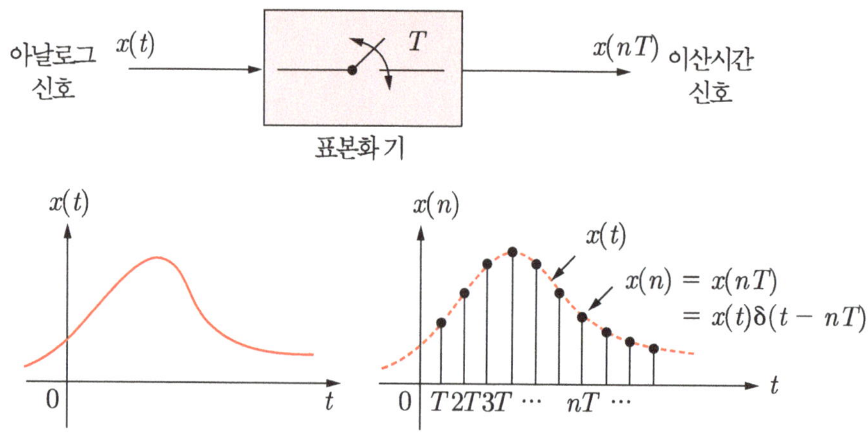

그림 3-2 • $x(t)$의 임펄스 표본들

$x(t)$에 곱함으로써 얻어질 수 있다. 이때 이 경우로부터 생각할 수 있는 중요한 질문 중의 하나는 $x(n)$으로부터 $x(t)$를 복원하기 위해서 표본화 간격 T는 얼마가 되어야 하는가이다. 물론 $x(t)$에 관한 어떠한 제한조건도 두지 않고 부수적인 정보를 가지고 있지 않다면 그 대답은 분명히 T가 0이 되어야 한다. 만약 T가 0보다 큰 값을 갖는다면 그림 3-3에 제시된 바와 같이 모든 표본점들을 지나는 다른 연속함수들을 항상 구성할 수 있다.

다시 말하면, $x(n)$으로부터 $x(t)$를 완전히 표현하기 위해서는 어떤 종류의 제한조건이 $x(t)$에 부가되어야 한다. $x(t)$의 주파수 성분에 대한 이러한 제한조건을 표본화 정리(sampling theorem)라고 부르며, 이는 다음과 같이 설명될 수 있다.

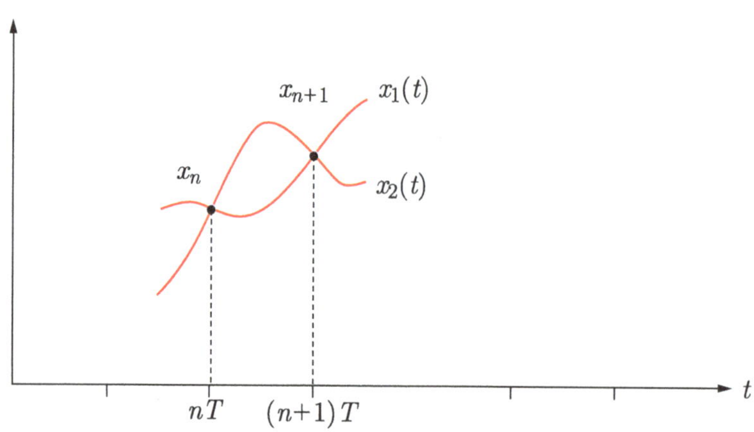

그림 3-3 • 같은 표본점들을 가진 함수들

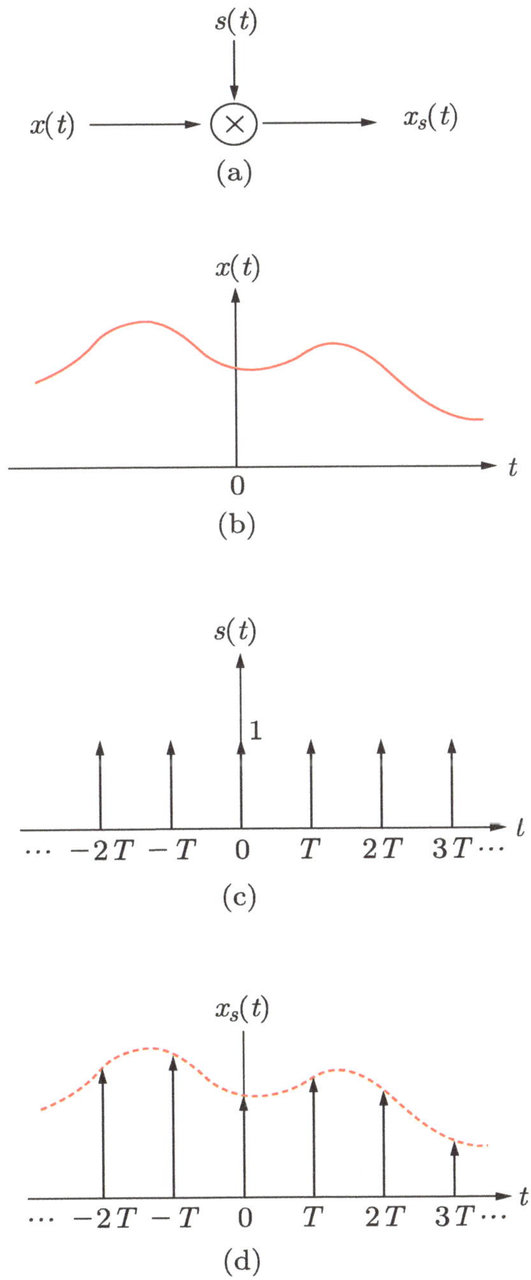

그림 3-4 • 임펄스 열에 의한 표본화

(a) 표본화를 위한 시스템, (b) 입력 신호, (c) 임펄스 열,
(d) 임펄스 열로 표본화된 신호

표본화 이론을 전개하기 위해서, 규칙적인 간격으로 연속 신호를 표본화하고 이를 나타내기 위한 편리한 방법이 필요하다. 이를 위한 유용한 방법은 대역 제한된(band-limited) 연속 신호 $x(t)$에 주기적인 임펄스 열(impulse train)을 곱하는 방법이다. 임펄스 열에 의한 표본화라고 잘 알려진 이러한 기법은 그림 3-4에 잘 표현되어 있다. 주기적인 임펄스 열 $s(t)$는 표본화 함수로 간주되고, 주기 T는 표본화 주기, $s(t)$의 기본 주파수 $\omega_s = 2\pi/T$는 표본화 주파수(sampling frequency)이다. 시간 영역에서 임펄스 열에 의한 표본화는 아래와 같다.

$$x_s(t) = x(t)s(t) \tag{3-1}$$

여기서

$$s(t) = \sum_{n=-\infty}^{\infty} \delta(t - nT) \tag{3-2}$$

단위 임펄스의 표본화 특성에 의해, $x(t)$에 단위 임펄스를 곱하는 것은 임펄스가 위치한 곳의 신호 값을 표본화하는 것과 같다. 즉,

$$x(t)\delta(t-t_0) = x(t_0)\delta(t-t_0)$$

이다. 이것을 식 (3-1)에 적용한 것이 그림 3-4에서와 같다. 여기서 $x_s(t)$는 T간격에서 $x(t)$의 표본들과 동일한 크기를 가지는 임펄스 열이며, 아래와 같다.

$$x_s(t) = \sum_{n=-\infty}^{\infty} x(nT)\delta(t - nT) \tag{3-3}$$

푸리에 변환의 곱셈과 상승적분의 특성을 통해서 식 (3-1)은 다음과 같아짐을 알 수 있다.

$$X_s(j\omega) = \frac{1}{2\pi}[X(j\omega) * S(j\omega)] \tag{3-4}$$

여기서 *는 물론 상승적분을 의미한다. 예제 2-8로부터

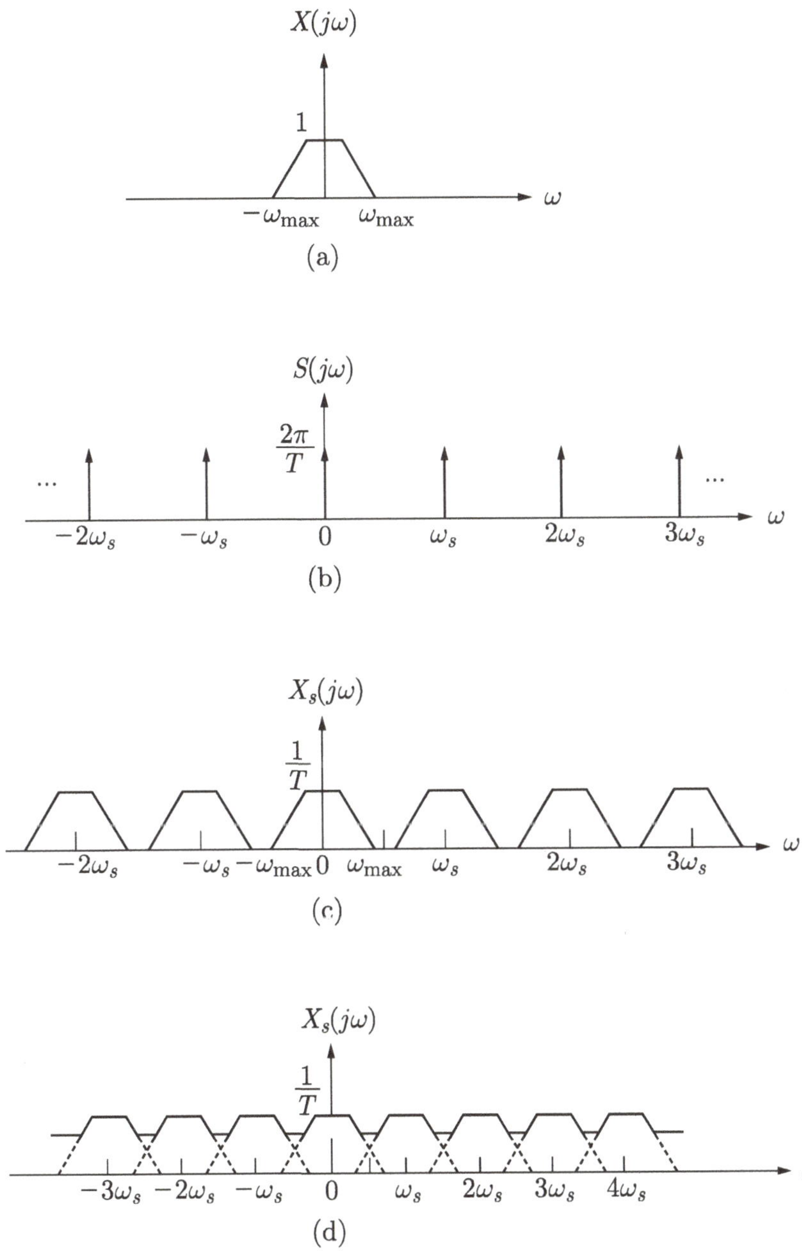

그림 3-5 • 표본화의 주파수영역 표현

(a) 원 신호의 스펙트럼, (b) 표본화 함수의 스펙트럼, (c) $\omega_s > 2\omega_{max}$로 표본화된 신호의 스펙트럼, (d) $\omega_s < 2\omega_{max}$로 표본화된 신호의 스펙트럼

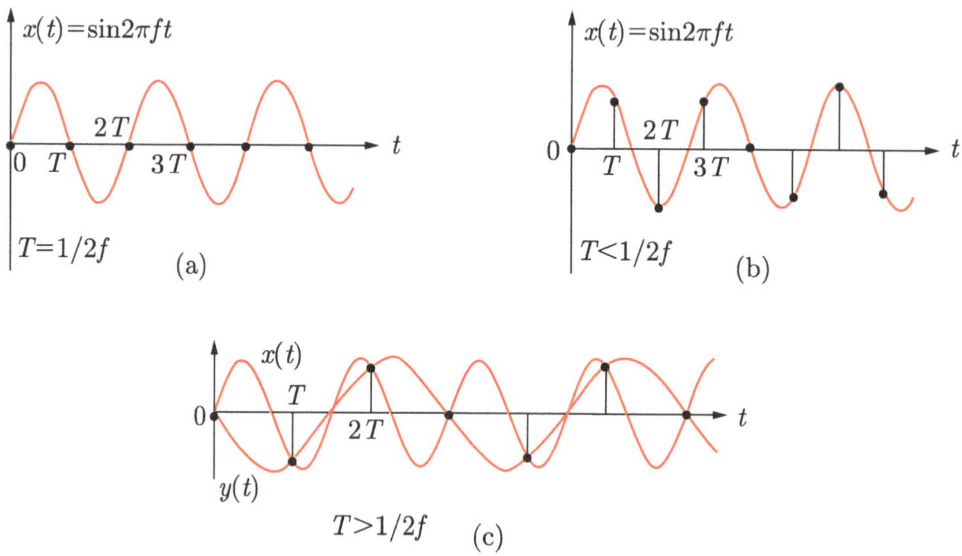

그림 3-6 • (a) 표본화율 $= x(t)$ 의 최대 주파수의 2배, (b) 표본화율 $> x(t)$의 최대 주파수의 2배, (c) 표본화율 $< x(t)$의 최대 주파수의 2배

$$S(j\omega) = \frac{2\pi}{T}\sum_{k=-\infty}^{\infty}\delta(\omega - k\omega_s) \tag{3-5}$$

이다. 어떤 신호와 임펄스의 상승적분은 단순히 신호를 임펄스의 위치로 이동 시킨다. 즉,

$$X(j\omega)*\delta(\omega-\omega_0) = X(j(\omega-\omega_0))$$

이며, 따라서 아래와 같이 된다.

$$X_s(j\omega) = \frac{1}{T}\sum_{k=-\infty}^{\infty}X(j(\omega - k\omega_s)) \tag{3-6}$$

$X_s(j\omega)$는 그림 3-5에서 보여진 바와 같이, $X(j\omega)$가 ω_s의 주기로 반복되어 나타나며, $1/T$로 크기가 조정되었다. 그림 3-5(c)에서는 $\omega_s > 2\omega_{\max}$이기 때문에, $X(j\omega)$의 반복된 신호들이 겹치지 않는다. 반면, $\omega_s < 2\omega_{\max}$일 때는, 신호들이 그림 3-5(d)에서와 같이 겹친다. 그림 3-5(c)의 경우, $X(j\omega)$는 표본화 주파수의 정수 배에서 정확하게 재현된다. 결과적으로 만약

$\omega_s > 2\omega_{\max}$일 때, $x(t)$는 그림 3-7(d)에서와 같이, 이득이 T이고, $\omega_{\max}$보다 크고 $\omega_s - \omega_{\max}$보다 작은 차단 주파수를 가지는 저역 통과 필터를 이용하면 $x_s(t)$로부터 정확하게 복원할 수 있다.

부가적인 설명으로 그림 3-6(a)를 살펴보자. 여기서는 주파수 f를 가진 정현파에 대해 정확하게 두 배의 주파수로 표본화한 경우를 보여 준다. 이 경우 표본화된 모든 값들이 0으로 되어 있으므로 표본값들로 부터 $x(t)$는 복원될 수 없다. 그림 3-6(b)는 표본화율이 $2f$보다 큰 경우를 나타낸다. 이 그림의 경우에 표본화된 값들이 $8T$초의 간격으로 반복되며, 이 간격 내에 8개의 표본들이 있음을 알 수 있다. 한편, 그림 3-6(c)는 표본화율이 $2f$보다 낮았을 때의 모호성을 보여 준다. $x(t)$의 표본들이 보다 낮은 주파수를 갖는 다른 정현파인 $y(t)$의 표본들과 같은 값을 가짐을 알 수 있다. 즉, $x(t)$가 아닌 $y(t)$로 복원될 가능성이 있다. 이런 현상을 에일리어싱(aliasing)이라 부른다.

이상에서 설명한 내용을 정리하면 다음과 같다: 신호 $x(t)$를 정확히 복원하기 위해서는 그 신호가 가지는 최고 주파수보다 두 배 이상의 큰 비율로 표본화하여야 한다. 즉

$$\omega_s > 2\omega_{\max} \tag{3-7}$$

이 만족되어야 한다. 이때 표본화 주파수의 반, 즉

$$\omega_N = \frac{\omega_s}{2} = \frac{\pi}{T}\,[\text{rad/sec}]$$

또는

$$f_N = \frac{1}{2T}\,[\text{Hz}] \tag{3-8}$$

를 나이퀴스트 주파수(Nyquist frequency), 또는 접음 주파수(folding frequency)라고 부른다. 엄격히 구분하자면 $\omega_N = \omega_s/2$는 접음 주파수, 신호의 최고 주파수인 $\omega_{\max}$은 나이퀴스트 주파수이다. 물론 최소 표본화율인 $2\omega_{\max}$는 나이퀴스트율(Nyquist rate)이다. 그러나 대부분의 문헌에서는 접음 주파수와 나이퀴스트 주파수의 두 용어를 특별히 구분하지 않고 식 (3-8)과 같이 정의하고 이를 사용하고 있다.

3-3 표본들로부터 연속신호 복원

앞 절에서 보았듯이, 대역 제한된(band-limited) 신호가 표본화 이론에 따라 표본화가 되었다면, 그 신호는 이상적인 저역통과 필터를 이용하여 정확하게 복원될 수 있다. 이는 그림 3-7에 잘 나타나 있다. 즉

$$X_r(j\omega) = X_s(j\omega)H(j\omega)$$
$$= X(jw)$$

로 되어 연속시간의 원 신호를 복원할 수 있다.

$x(t)$를 복원하는 설명은 저역통과 필터가 시간 영역에서 가지는 효과를 고려할 때 명백해진다. 출력은

$$x_r(t) = x_s(t)*h(t)$$

이며, 식 (3-3)에 의해 다음과 같다.

$$x_r(t) = \sum_{n=-\infty}^{\infty} x(nT)h(t-nT) \tag{3-9}$$

식 (3-9)는 표본들 $x(nT)$사이를 $h(t)$의 연속적인 곡선으로 상승적분하여 어떻게 메꾸어 맞추는지에 대해 설명하고 있으며, 결과적으로 보간(interpolation)처리를 나타낸다. 그림 3-7에서 보여진 이상적인 저역통과 필터, $H(j\omega)$의 임펄스 응답은

$$h(t) = \frac{\omega_c T\sin(\omega_c t)}{\pi\omega_c t} \tag{3-10}$$

이며, 따라서 복원된 연속신호는

$$x_r(t) = \sum_{n=-\infty}^{\infty} x(nT)\frac{\omega_c T}{\pi}\frac{\sin(\omega_c(t-nT))}{\omega_c(t-nT)} \tag{3-11}$$

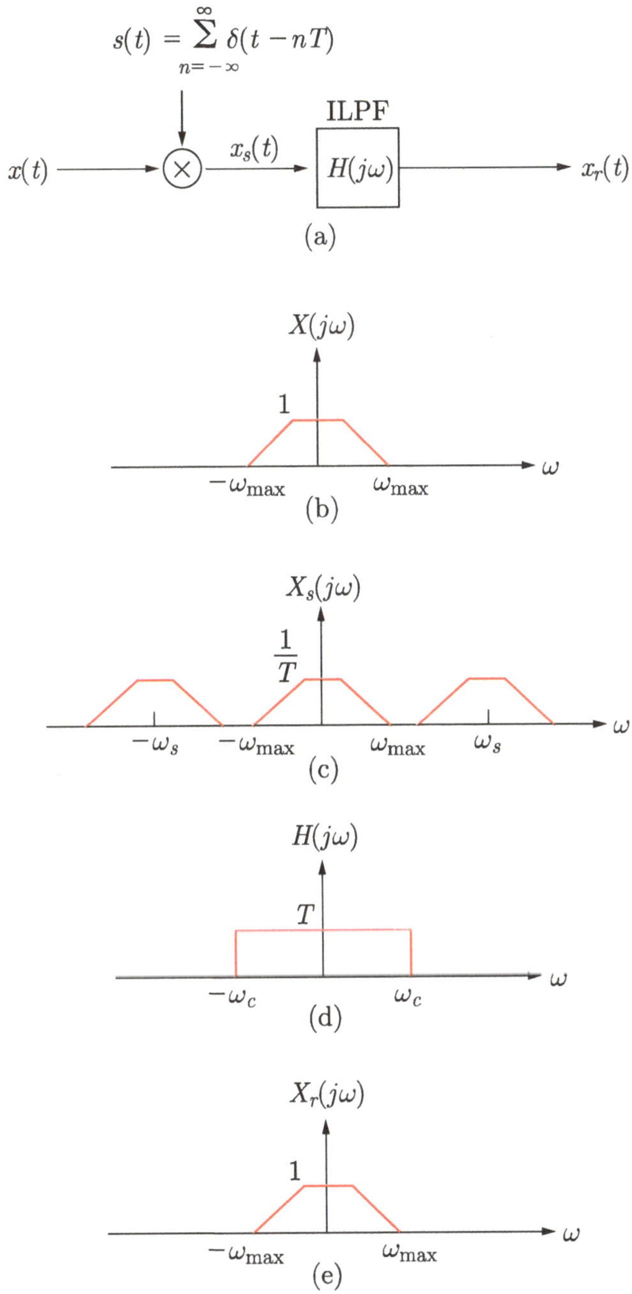

그림 3-7 • 이상적인 저역통과 필터를 이용한 표본들로부터 연속시간 신호의 복원
(a) 표본화와 복원을 위한 시스템, (b) $x(t)$의 스펙트럼, (c) 표본화를 거친 $x_s(t)$의 스펙트럼, (d) 이상적인 저역통과 필터($\omega_{max} < \omega_c < (\omega_s - \omega_{max})$), (e) $x_r(t)$의 스펙트럼

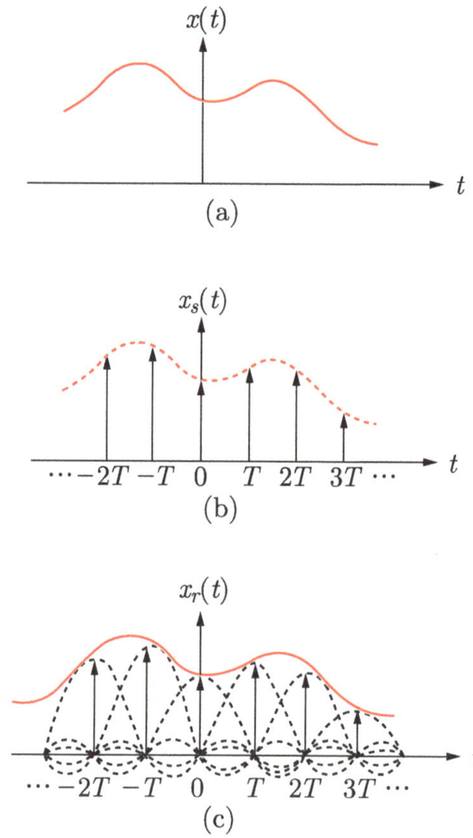

그림 3-8 • Sinc 함수를 이용한 대역 제한 신호의 이상적인 보간
(a) 대역 제한된 신호 $x(t)$, (b) 임펄스 열에 의한 $x(t)$의 표본화, (c) 임펄스 열에 sinc 함수가 상승적분되어 중첩된 대역 제한된 신호의 이상적인 보간

이다.

식 (3-11)에 따라 $\omega_c = \omega_s/2$일 때의 복원은 그림 3-8에 나타나있다. 식 (3-11)에서 $\omega_c = \dfrac{\omega_s}{2} = \dfrac{\pi}{T}$ 이므로

$$x_r(t) = \sum_{n=-\infty}^{\infty} x(nT) \frac{\sin\left(\frac{\pi}{T}(t-nT)\right)}{\frac{\pi}{T}(t-nT)} \tag{3-12}$$

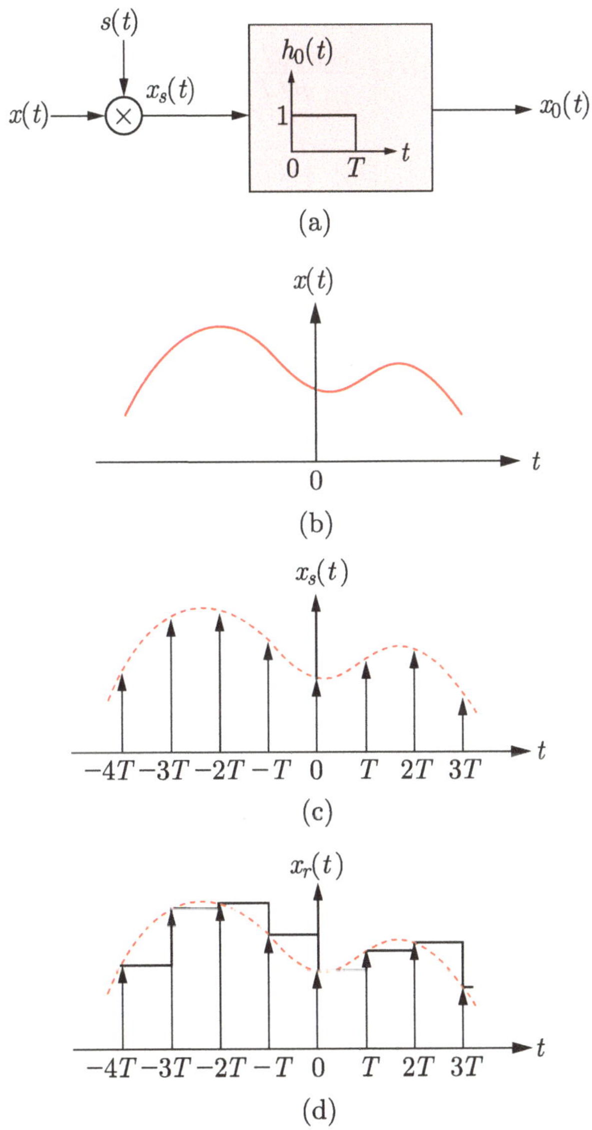

그림 3-9 • 영차 지속형 보간
(a) 표본화와 복원을 위한 시스템, (b) 입력 신호, (c) 표본들의 임펄스 열, (d) 영차 지속형 보간을 통한 신호의 복원

가 된다. 이는 복원 된 신호 $x_r(t)$는 표본들의 임펄스 열인 $x_s(t) = x(nT)$와 차단 주파수를 $\omega_c = \frac{\pi}{T}$로 가지는 이상적인 저역통과필터의 임펄스 응답인 싱크함수

$$h(t) = \frac{\sin(\pi t/T)}{\pi t/T} \tag{3-13}$$

가 상승적분 되어 얻어짐을 의미한다. 그림 3-8(a)는 대역제한 신호 $x(t)$를 나타내고, 그림 3-8(b)는 표본들의 임펄스 열 $x_s(t)$를 나타낸다. 그림 3-8(c)에서는 식 (3-12)에서 각 항들의 중첩, 즉 표본들의 임펄스 열과 이상적인 저역통과 필터(ideal lowpass filter; ILPF)의 시간 영역 표현인 싱크(sinc) 함수가 상승 적분된 결과가 그려져 있다. 여기서 살펴보면 표본들의 임펄스 열에 실린 싱크 함수들의 주엽(main lobe), 부엽(side lobe)들의 값들이 서로 합해져서 표본화 과정에서 잃어버린 신호 값들을 완벽히 복원할 수 있으며, 이때 복원된 원 신호는 포락선의 실선으로 됨을 볼 수 있다. 이 실선은 그림 3-8(a)의 실선과 정확하게 일치한다.

식 (3-11)에서처럼 이상적인 저역통과 필터의 임펄스 응답을 사용하는 복원방법을 흔히 대역제한 보간법이라 한다. 이는 $x(t)$가 대역제한되어 있고 표본화 주파수가 표본화 정리의 조건들을 만족한다면 정확한 복원을 구현 할 수 있기 때문이다. 그러나 실제로 이상적인 저역통과필터의 구현이 현실적으로 불가능하며, 또한 이의 시간영역 함수인 싱크 함수가 모든 시간영역($-\infty < t < \infty$)에서 표본들과 상승적분이 되어야만 되는데 이것은 인과성(causality) $h(t) = 0,\ t < 0$에 위배된다. 따라서 현실적으로 조금은 덜 정확하지만 실제 보간 함수를 사용하여 복원하는 것을 더 선호한다.

보간법(interpolation)은 표본값들로부터 연속적인 신호로 복원하기 위해 흔히 사용되는 기법이다. 간단한 보간법의 한 예로 앞 그림 3-9와 같이 영차 지속형(zero-order hold) 보간법이 있다. 이는 보간 함수 $h(t)$를 그림 3-9에서 제시된 영차 지속형 보간함수 $h_0(t)$를 사용한다. 이 보간법은 또한 최근접 보간법(nearest neighbor interpolation)이라고도 불린다. 주파수 영역에서의 영차 지속형 보간의 전달함수는 싱크함수(sinc function)의 특성을 가지는

$$H_0(j\omega) = e^{-j\omega T/2}\left[\frac{\sin(\omega T/2)}{\omega/2}\right] \tag{3-14}$$

이 되며, 그림 3-10은 주파수 영역에서의 영차 지속형 보간 특성을 보여주고 있다. 보간된 출력 신호의 스펙트럼은 식 (3-14)에 나타나있는 영차 지속형 보간 전달 함수에 의해 저역통과 필터 처리됨과 같다. 이상적인 저역통과 필터에 비해 나이퀴스트 주파수 ω_N을 넘어서도 상당히 많은 스펙트럼을 통과 시킴을 알 수 있으며, 이는 시간영역에서 구형함수(rectangle function)가

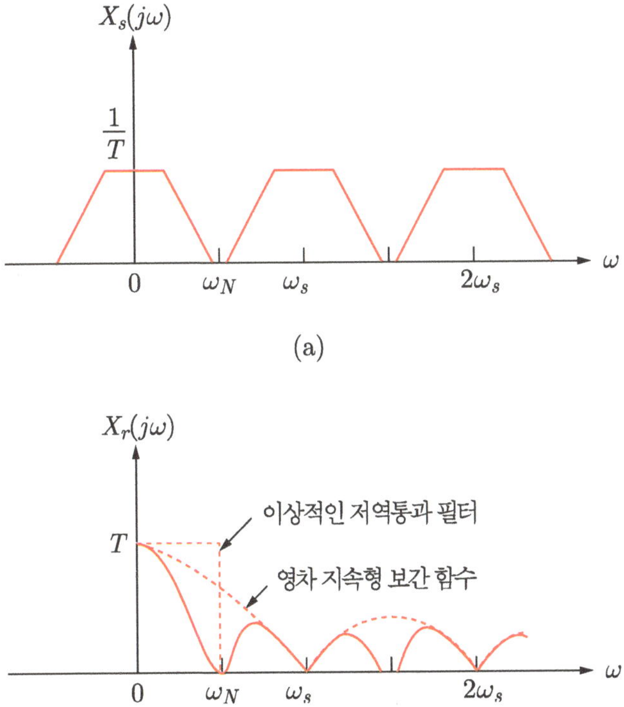

그림 3-10 • 주파수 영역에서의 영차 지속형 보간 특성
(a) 표본화된 신호의 스펙트럼, (b) 영차 지속형 보간에 의해 복원된 신호의 스펙트럼

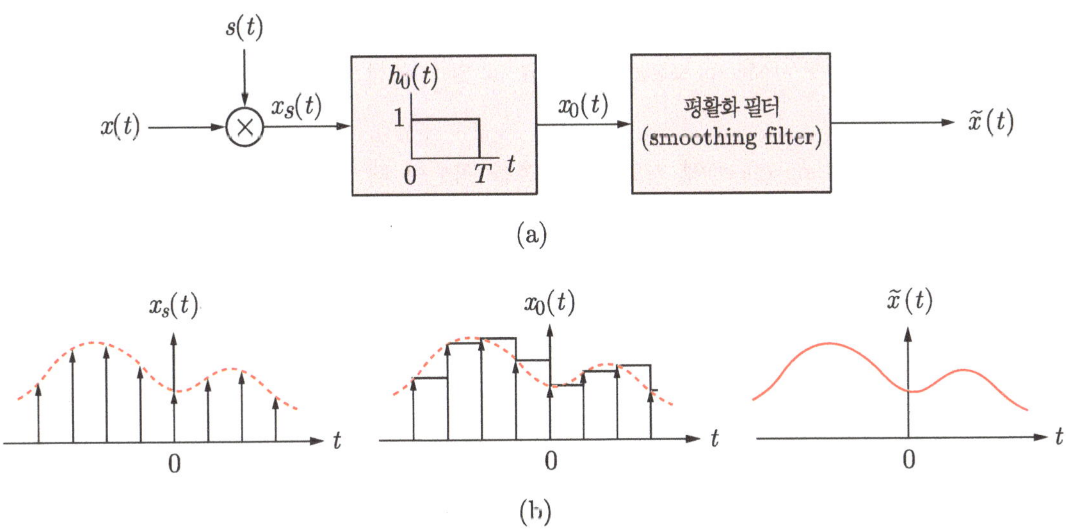

그림 3-11 • 영차 지속형 보간과 평활화 필터
(a) 영차 지속형 보간과 평활화 필터처리, (b) 평활화 필터처리로 부드러워진 복원 신호

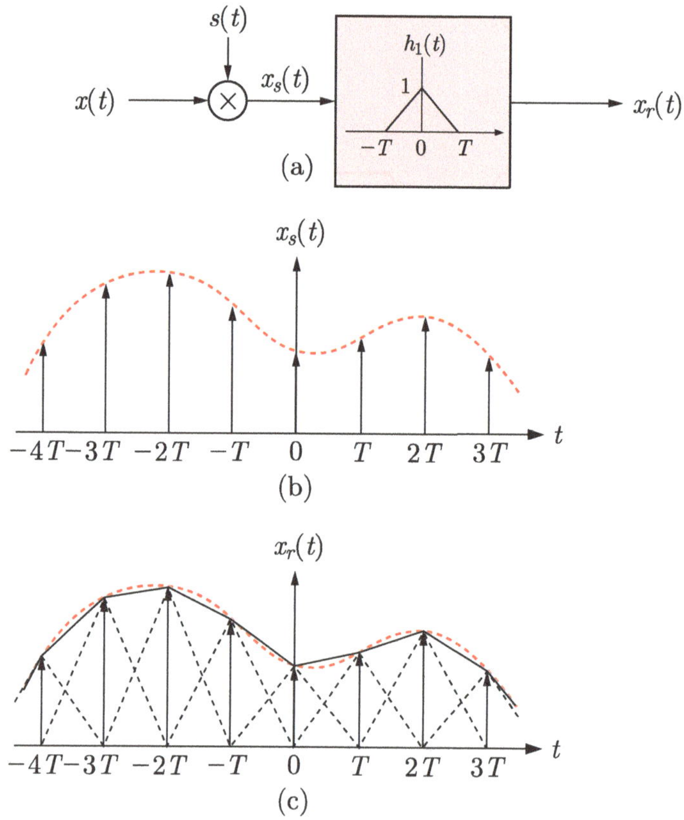

그림 3-12 • 선형 보간

(a) 표본화와 복원을 위한 시스템, (b) 표본들의 임펄스 열, (c) 일차 지속형 보간을 통한 표본화된 신호의 복원

가지는 지속효과(holding effect)에 기인하며 신호를 복원할 때 왜곡을 유발한다.

그림 3-9로부터, 영차 지속형 보간이 비록 일부 경우에서는 충분하다 하더라도 불연속을 보이는 상당히 거친 근사화라는 것을 알 수 있다. 만약 추가적인 평활화(smoothing) 목적의 저역통과 필터링(그림 3-11)이 보간과정 다음에 적용된다면 복원된 신호는 훨씬 부드럽게 향상될 것이다.

만일 영차 지속형 보간이 거친 보간법으로 불충분하다면, 보다 부드러움을 살리는 높은 차수의 보간 전략들을 사용할 수 있다. 그림 3-12에서 보여진 선형(linear) 보간법은 비록 표본들 사이의 경사의 변화로 인하여 불연속적인 부분이 발생하지만 복원된 신호는 영차 지속형 보간법보다는 나은 연속성을 가진다. 때때로 일차 지속형(first-order hold) 보간으로 언급되는 이 선형

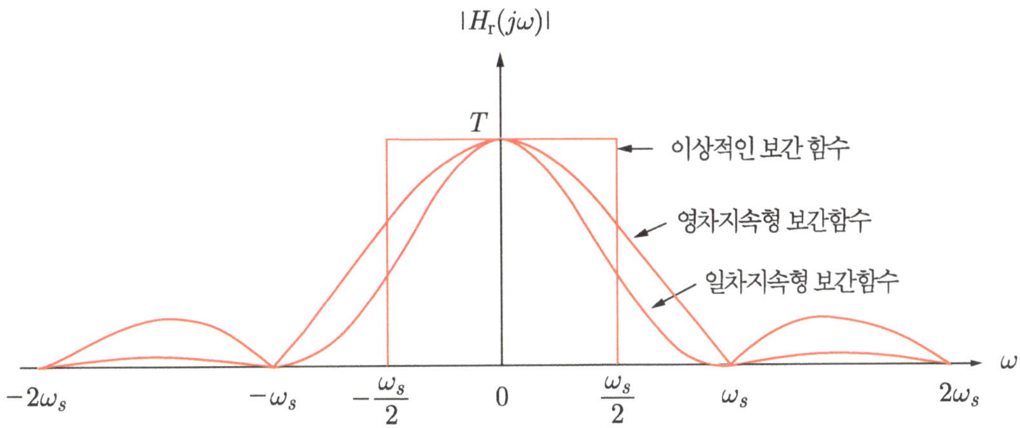

그림 3-13 • 영차지속형 보간 및 일차지속형 보간 함수와 이상적인 보간 함수의 비교

보간은 삼각형의 $h_1(t)$를 이용한 보간법이다. 주파수 영역에서 이의 전달 함수는 다음과 같다.

$$H_1(j\omega) = \frac{1}{T}\left[\frac{\sin(\omega T/2)}{\omega/2}\right]^2 \tag{3-15}$$

그림 3-13에서는 주파수 영역에서의 영차 지속형 보간 및 일차 지속형 보간의 전달함수가 이상적인 보간 함수의 전달함수와 겹쳐 그려져 있다. 그림 3-13에서 서로를 비교하여 보면 선형 보간이 영차 지속형 보간보다 $\omega_s/2$에서 크기 값이 작음을 볼 수 있고, 특히 $\omega_s/2$값을 넘어서는 상당히 작아짐을 일 수 있다. 이는 신호를 복원하는 과정에 불연속성을 많이 줄어 상대적으로 부드러운 보간 결과를 가져온다.

3-4 아날로그에서 디지털로의 변환 (A/D 변환)

실제로 사용되고 있는 디지털처리 과정의 구성이 그림 3-14에 나타나 있다. 아날로그 신호 $x(t)$가 A/D 변환기를 통해 디지털 신호 $x(n)$으로 변환되기 전에 저역통과 필터가 사용된다. 이 저역통과 필터는 아날로그 입력 신호가 표본화 처리되기 전에 향후 발생할지 모르는 에일리어싱을 미리 차단하고 신호를 대역제한 시키는 역할을 한다. 이를 반 에일리어싱(anti-aliasing) 필터라고도 한다. 디지털 처리기에서 처리된 신호는 아날로그 신호로 복원되기 위해 D/A 변환기를 거치며, 이 복원과정에서 발생하는 불연속성은 평활화 필터를 통해 부드러워진다(이 복원화 과정은 앞 절에서 설명하였다).

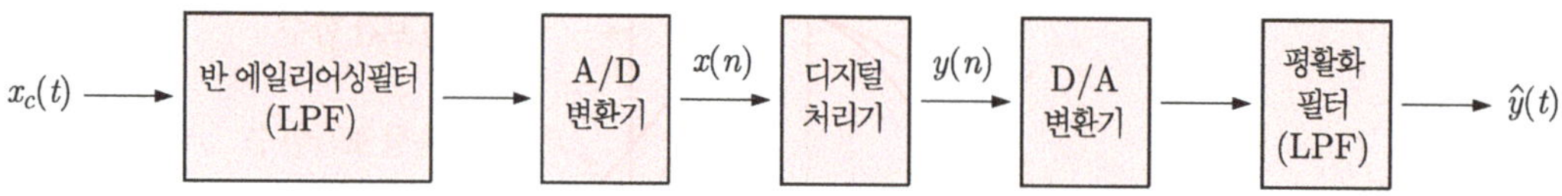

그림 3-14 • 디지털 신호처리 시스템의 일반적인 구성도

반 에일리어싱의 저역통과 필터를 통과한 신호는 먼저 표본화되는데 이는 아날로그 신호를 이산시간신호(discrete-time signal)로 바꿈을 의미한다. 이때 표본화된 신호의 진폭은 아날로그 신호의 크기를 그대로 유지한다. 이 과정은 때때로 C/D(continuous-to-discrete) 변환이라고도 불린다.

다음은 각 표본화된 신호의 크기가 2^B 단계 중의 하나로 양자화(quantized)된다. 이때 B는 비트(bit)의 수이다. 이 양자화된 이산크기의 신호는 B비트의 길이를 가진 이진단어(binary word)로 부호화(encoding)되는데, 이를 비로소 디지털 신호(digital signal)라 부른다. 이 과정들이 그림 3-15의 A/D 변환처리에 나타나 있다.

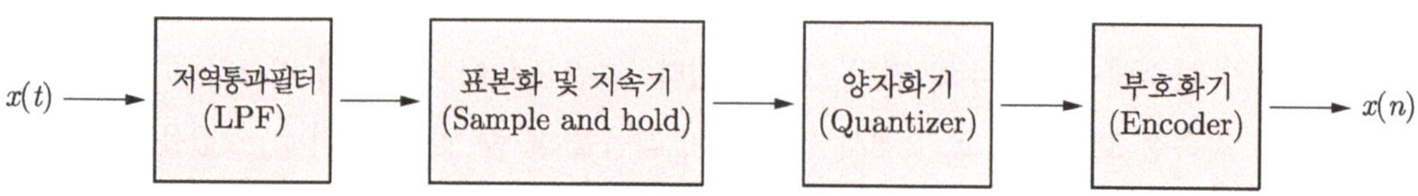

그림 3-15 • A/D 변환 처리과정

그러나 많은 경우, 디지털 신호처리 이론을 설명하는 경우에는 이산시간신호와 디지털 신호를 특별히 구분하지 않고 다같이 $x(nT)$ 나 $x(n)$ 등으로 표현하면서 동일한 의미로 사용하는 경우가 많은데, 이때는 개념적으로는 이산시간신호로 보는 것이 바람직하다.

3-5 양자화

양자화된 표본을 $\hat{x}(n)$이라 하면, 이는 표본 $x(n)$과는 다르다는 것을 미루어 알 수 있다. 그림 3-14에 나타난 바와 같이 $x(t)$의 양자화된 각 표본 $\hat{x}(n)$은 어떤 특정한 시간에서 $x(t)$의 값에

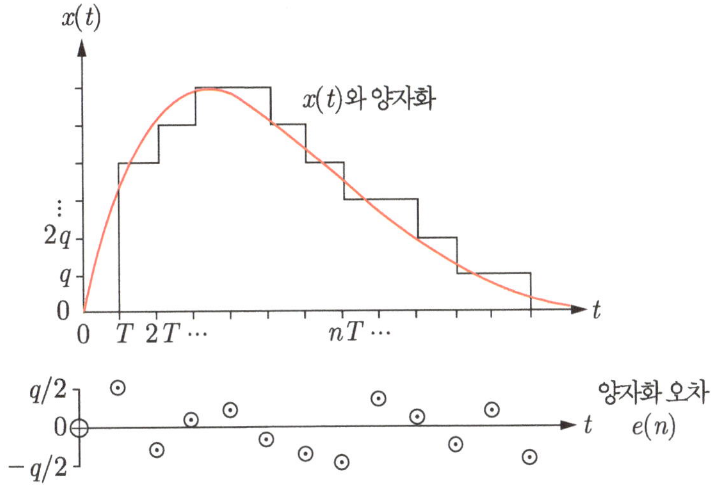

그림 3-16 • A/D 변환기의 양자화 오차

대한 B비트의 정보를 전달하는 한 단어(word)가 된다. 따라서 $x(t)$가 연속적으로 변하는 것이 가정되어 있으므로 그림 3-16에 보여진 것처럼 항상 양자화 오차(quantization error)가 있다. 이 양자화 오차를 $e(n)$이라 하면

$$e(n) = x(n) - \hat{x}(n) \tag{3-16}$$

으로, 이는 부가잡음(additive noise)으로 생각할 수 있다. 이때 q를 계수기의 최하위 자리의 비트(least-significant bit; LSB)라고 하면 최대 양자화 오차는 $q/2$가 된다. 예를 들어 10비트($B=10$)의 범주를 가지는 변환기가 0[V]에서 10.24[V]까지를 나타낸다면 단 한 개의 계수 q는 $10.24/2^{10} = 0.01$[V]이며, 최대 양자화 오차 $q/2$는 0.005[V]가 된다.

일반적으로 양자화 오차 $e(n)$은 그림 3-17의 확률밀도함수(probability density function)로 표현되는 임의의 오차로 취급된다. $e(n)$의 모든 값들이 $-q/2$ 와 $q/2$ 사이에 같은 확률로 발생되며, 이때 그의 평균값 m_e와 분산값 σ_e^2은 각각 다음과 같다.

$$\begin{aligned} m_e &= 0 \\ \sigma_e^2 &= q^2/12 \end{aligned} \tag{3-17}$$

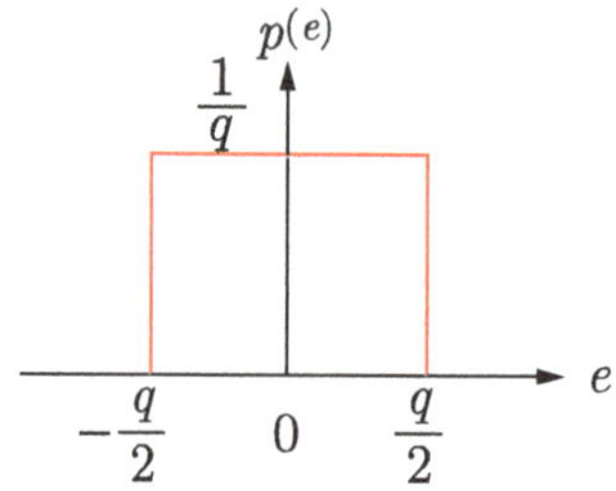

그림 3-17 • 양자화 오차의 확률밀도 함수

예제 3-1 양자화 오차의 분산값이 $q^2/12$가 됨을 보여라.

양자화 오차의 모든 값들이 $-q/2$와 $q/2$ 사이에서 같은 확률로 발생되므로 그의 확률밀도함수는 다음과 같이 쓸 수 있다.

$$p(e)=\begin{cases}\frac{1}{q}, & -\frac{q}{2}\le e\le\frac{q}{2}\\ 0, & \text{이외의 경우}\end{cases}$$

따라서 평균제곱 양자화 오차(mean-square quantization error; MSQE)는

$$\sigma_e^2=\int_{-\infty}^{\infty}e^2p(e)\,de$$

$$=\int_{-\frac{q}{2}}^{\frac{q}{2}}\frac{1}{q}e^2\,de$$

$$=\frac{q^2}{12}$$

이다. ◀

최대 출력 $2X_m$($-X_m$에서 X_m)에 B 비트로 양자화하면, 양자화 간격은

$$q = \frac{2X_m}{2^B} = \frac{X_m}{2^{B-1}} \tag{3-18}$$

로 주어지고, 이에 따라 양자화 오차의 분산은 식 (3-17)로부터

$$\sigma_e^2 = \frac{2^{-2B+2} X_m^2}{12} \tag{3-19}$$

로 얻어진다. 일반적으로 부가 잡음에 의해 신호의 질저하(degradation)현상은 신호대 잡음비(signal-to-noise ratio)로 표현된다. 양자화 오차로 인한 신호대 잡음비를 구해보면

$$\begin{aligned} \text{SNR} &= 10\log_{10}\left(\frac{\sigma_x^2}{\sigma_e^2}\right) \\ &= 10\log_{10}\left(\frac{\sigma_x^2}{2^{-2B+2} X_m^2/12}\right) \\ &= 10\log_{10}\left(\frac{3 \cdot 2^{2B}\sigma_x^2}{X_m^2}\right) \\ &= 6.02B + 4.77 - 20\log_{10}\left(\frac{X_m}{\sigma_x}\right) \end{aligned} \tag{3-20}$$

이다. 이때 σ_x는 신호의 진폭 실효치(rms value)이다. 식 (3-20)에서 신호대 잡음비는 양자화된 표본들의 단어길이(word length)에 부가된 각 비트에 대해 약 6dB 증가하는 것을 알 수 있다.

연습문제

EX 1 주기적인 신호 $x(t)$가 1[kHz]까지의 주파수 성분들을 포함하고 있다. 이 신호를 디지털 신호로 만들기 위해 어떤 표본화율로 표본화하여야 모호성 없이 $x(t)$를 복원할 수 있는가?

EX 2 과도적 신호 $x(t)$를 푸리에 변환한 결과인 $X(j\omega)$가 다음에 그려져 있다.

(1) $X(j\omega)$가 실수가 되기 위해서 어떤 조건이 $x(t)$에 요구되어지는가?
(2) $x(t)$를 완전하게 복원하기 위해 표본화 간격 T는 얼마가 되어야 하는가?
(3) $x(t)$의 함수를 구하라.

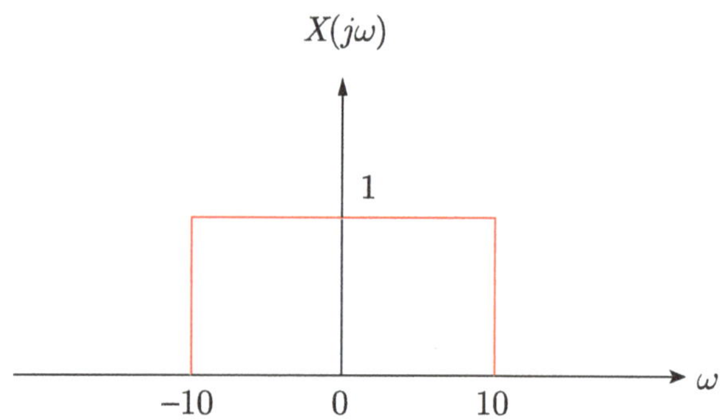

EX 3 10비트 A/D 변환기가 ± 10V의 범위를 가지고 있다. 양자화 오차가 같은 확률로 발생된다고 가정하면 양자화 오차의 실효값을 구하여라.

EX 4 경사(ramp) 함수 $x(t) = 10t$가 임펄스 표본기로 $t = 0$에서 kT까지 표본화된다. 표본기의 출력을 라플라스 변환하여라.

EX 5 문제 4에서 표본기의 출력이 전달함수 $H(s)=\dfrac{1}{s+2}$를 통해 평활화된다. 이때 표본 간격 $T=0.05\,[\mathrm{sec}]$일 때 평활화된 출력을 도시하여라.

EX 6 연속시간 신호의 주파수 스펙트럼이 아래 그림과 같이 주어져 있을 때 각각의 표본화 주파수에 대해 표본화된 신호의 주파수 스펙트럼을 그려라.

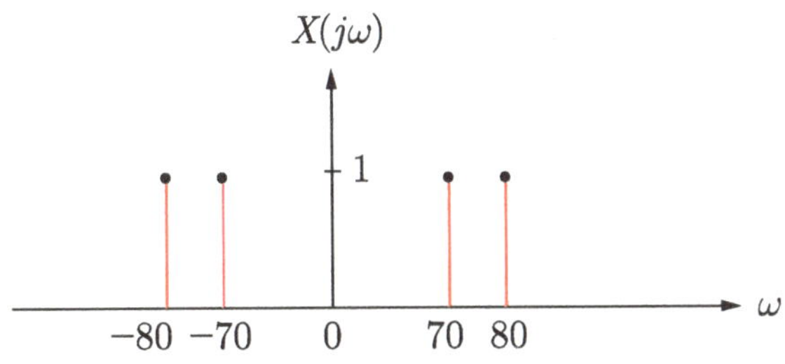

(a) $\omega_s = 170$ [rad/sec]

(b) $\omega_s = 150$ [rad/sec]

(c) $\omega_s - 140$ [rad/scc]

4장

이산시간신호와 변환

4-1 서론

이산푸리에 변환(discrete Fourier transform; DFT)은 디지털 신호처리의 해석에 가장 기본적인 요소이다. 연속함수의 표본들이 존재하는 어떤 곳에도 적용 가능하며 푸리에 변환이 아날로그 시스템에 관한 것과 이산푸리에 변환이 디지털 시스템에 관한 것은 같은 개념으로 생각할 수 있다.

이 장에서는 이산푸리에 변환이 푸리에 적분에 대한 근사화로서 소개되고 나아가서 푸리에 변환과 표본화 정리에 대한 관계를 다루며, 이산푸리에 역변환과 표본화된 파형의 복원도 고려하기로 한다. 또한 표본신호의 스펙트럼 추정에서 절단(truncation)의 효과와 이에 기인한 누출(leakage), 이를 보정하기 위한 데이터 창을 다루고, 나아가 이산상승적분등도 다루기로 한다. 고속 푸리에 변환(fast Fourier transform; FFT)은 새로운 형태의 변환이 아니고, 단지 이산시간 푸리에 변환을 빠르게 계산하는 알고리즘이다. 따라서 이산시간 푸리에 변환을 계산하는데서 야기되는 중복항을 언급하고, 고속 푸리에 변환이 어떻게 이 중복항을 줄일 수 있는가를 보기로 하자.

4-2 이산시간 신호

이산시간 신호는 그림 4-1에서 보는바와 같이 표본화 주기 T로 일정 시간 간격 nT $(n=0,1,2,\cdots)$

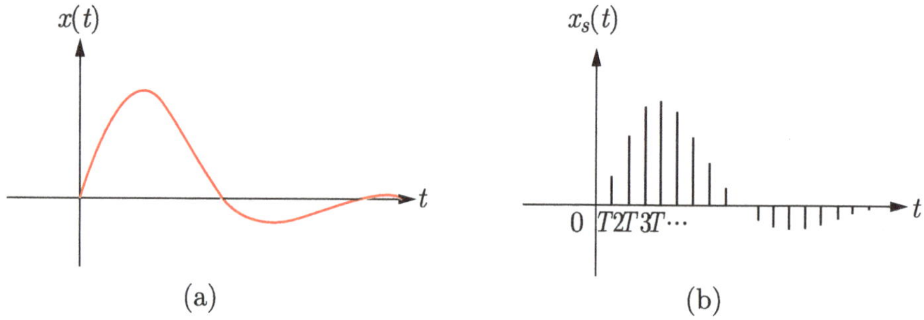

그림 4-1 • 연속시간 신호와 그의 이산시간 신호

에서 연속시간 신호를 표본화함으로서 만들어질 수 있는 신호이다. 이산시간 신호의 크기는 이산 값(이산 시간, 이산 크기)을 가질 수 있거나 혹은 연속적일 수 있다.

관례적으로, 이산시간 신호는 아래와 같이 숫자들의 열(sequence)로 표현된다.

$$x(nT), \qquad n = 0, 1, 2, \cdots$$
$$x(n), \qquad n = 0, 1, 2, \cdots$$
$$x_n, \qquad n = 0, 1, 2, \cdots$$

여기서 $x(nT)$, $x(n)$, 혹은 x_n은 이산 시간 n(혹은 nT)에서 신호의 값을 가리킨다. 이들 간에는 다소의 차이가 있긴 있지만, 통상적으로 같은 의미로 사용된다. 이산 시간 n에서 열의 값과 열 그 자체를 $x(n)$으로 표기하나, 한편으로는 x_n으로도 표기한다. 가끔씩 T는 생략되는데, 이는 표본화 주기가 편리를 위해 1(즉 정규화; normalization)로 가정되기 때문이다.

4-3 이산푸리에 변환

여기서는 이산시간 푸리에 변환을 표본화된 신호의 푸리에 변환으로부터 유도해 보기로 하자. 실수값을 가지는 함수 $x(t)$를 생각하자. 이 함수의 푸리에 변환은

$$X(j\omega) = \int_{-\infty}^{\infty} x(t) e^{-j\omega t} dt \tag{4-1}$$

이다. $x(t)$의 이산시간 형태를 앞장에서 설명한 바와 같이 $x_s(t)$라고 표시하고, 임펄스 열로 표현하면, 다음 식들이 성립된다.

$$\begin{aligned} x_s(t) &= x(t)\,s(t) \\ &= x(t)\sum_{n=-\infty}^{\infty}\delta(t-nT) \\ &= \sum_{n=-\infty}^{\infty}x(nT)\delta(t-nT) \\ &= \sum_{n=-\infty}^{\infty}x(t)\delta(t-nT) \end{aligned} \tag{4-2}$$

이는 $x(t)\delta(t-nT)$가 $t=nT$ 이외의 모든 곳에서는 0이 되기 때문에 세 번째 식이 성립될 수 있다. 따라서 표본화된 신호의 푸리에 변환 $X_s(j\omega)$는 다음과 같이 얻을 수 있다.

$$\begin{aligned} X_s(j\omega) &= \int_{-\infty}^{\infty}x_s(t)e^{-j\omega t}dt \\ &= \int_{-\infty}^{\infty}\sum_{n=-\infty}^{\infty}x(t)\delta(t-nT)e^{-j\omega t}dt \\ &= \sum_{n=-\infty}^{\infty}\int_{-\infty}^{\infty}x(t)\delta(t-nT)e^{-j\omega t}dt \\ &= \sum_{n=-\infty}^{\infty}x(nT)e^{-jn\omega T} \end{aligned}$$

여기서 $x(nT)=x_n$으로 간단히 두면, 이산푸리에 변환은

$$X_s(j\omega) = \sum_{n=-\infty}^{\infty}x_n e^{-jn\omega T} \tag{4-3}$$

이다. 식 (4-3)의 이산푸리에 변환은 ω에 대해서 아직은 연속함수이다.

이산푸리에 변환을 실수부와 허수부로 분리하면

$$X_s(j\omega)=\sum_{n=-\infty}^{\infty}x_n\cos(n\omega T)-j\sum_{n=-\infty}^{\infty}x_n\sin(n\omega T) \tag{4-4}$$

가 되며, 다음의 특징들을 가짐을 알 수 있다.

(1) $x(t)$가 표본점들에서 우함수이면, 즉 $x_n=x_{-n}$이면 $X_s(j\omega)$는 실수이며 우함수이다. 그 역도 성립된다.

(2) $x(t)$가 표본점들에서 기함수이면, 즉 $x_n=-x_{-n}$이면 $X_s(j\omega)$는 허수이며 기함수이다. 마찬가지로 그 역도 성립된다.

(3) $X_s(j\omega)$와 $X_s(-j\omega)$는 켤레복소수(complex conjugate)이다.

(4) $X_s(j\omega)$는 주기 $2\pi/T$로서 ω에 대해 주기적임을 알 수 있다. 즉

$$X_s(j\omega)=X_s(j\omega+jk\frac{2\pi}{T})$$

이다. 처음 세 개의 특징들은 일반적으로 푸리에 적분에서도 성립되나, 네 번째 특징은 이산푸리에 변환에서만 성립된다.

이산푸리에 변환의 계산은 실제로 식 (4-3)에 있는 무한의 합보다는 유한의 합으로 처리해야 한다. 이는 연속함수 $x(t)$가 일시적인 함수일 때는 0이 아닌 모든 부분에서, 그리고 주기적 함수일 때는 절대 필요한 한정된 구간에서만 표본화가 되어야 함을 의미한다. 또한 임의신호 일때는 데이터 창(data window)을 사용하여 유한구간으로 한정해야 한다. 어떤 경우에 있어서도 $x(t)$는 다 합하여 N개로 표본화되고, 이들 표본은 $t=0$에서 시작된다고 가정하면, $x(t)$의 표본들은 0에서 $N-1$까지 이다. 따라서 식 (4-3)은 다음과 같이 쓸 수 있다.

$$X_s(j\omega)=\sum_{n=0}^{N-1}x_ne^{-jn\omega T} \tag{4-5}$$

식 (4-5)에서 주파수 ω가 연속변수라 할지라도 단지 N개의 표본들만이 있기 때문에 $X(j\omega)$의 N개의 부분들만이 실제로 독립적이다. 더구나 특성 (4)에서 제시된 바와 같이 $X_s(j\omega)$의 독

립적인 값들은 그의 한 주기 내, 즉 $\omega T = 0$에서 2π까지만 계산되어야 한다. 그러므로 식 (4-5)에서 ω를 ω_m으로 대체하고

$$\omega_m = \frac{2\pi m}{NT}, \qquad m = 0, 1, \cdots, N-1 \tag{4-6}$$

라 두면, 이산푸리에 변환의 독립적인 값들을 계산하기 위한 유용한 공식은 다음과 같다.

$$X_m = X_s(j2\pi m/NT) = \sum_{n=0}^{N-1} x_n e^{-j2\pi mn/N}, \quad m = 0, 1, \cdots, N-1 \tag{4-7}$$

이것이 이산푸리에 변환이다. 식 (4-7)에서 알 수 있듯이 실제적으로 N개의 X_m값들이 있으며, 따라서 실수부와 허수부 모두 $2N$개의 값들이 있다. 특성 (3)으로부터,

$$X_m = X^*_{-m} \tag{4-8}$$

이다. 여기서 *는 결레복소수임을 나타낸다. 특성 (4)로부터,

$$X_{-m} = X_{m+N} \tag{4-9}$$

이다. 그러므로 식 (4-8)와 (4-9)으로부터,

$$X_m = X^*_{N-m} \tag{4-10}$$

이 성립한다. 이는 $m = 0$에서 $N/2$까지의 X_m값들만 있어도 됨을 의미한다.

이산푸리에 역변환(inverse discrete Fourier transform)은 다음과 같이 정의된다.

$$x_n = \frac{1}{N}\sum_{m=0}^{N-1} X_m e^{j2\pi mn/N}, \qquad n = 0, 1, \cdots, N-1 \tag{4-11}$$

식 (4-7)을 식 (4-11)에 대입함으로써 역변환의 타당성을 보여줄 수 있고 동시에 N개의 독립된 $X_s(j\omega)$의 값들이 표본집합 안에서 원래의 모든 정보를 가지고 있음을 증명할 수 있다. 그렇지

못하면 x_n은 X_m으로부터 복구될 수 없다. 식 (4-11)에서 X_m을 식 (4-7)로 대체하여 정리하면

$$
\begin{aligned}
x_n &= \frac{1}{N}\sum_{m=0}^{N-1}\sum_{k=0}^{N-1} x_k e^{-j2\pi mk/N} e^{j2\pi mn/N} \\
&= \frac{1}{N}\sum_{k=0}^{N-1} x_k \sum_{m=0}^{N-1} e^{j2\pi m(n-k)/N} \\
&= \frac{1}{N}(Nx_n) = x_n \qquad (4\text{-}12)
\end{aligned}
$$

이 된다. 여기서

$$
e^{j2\pi m(n-k)/N} = \begin{cases} 0, & k \neq n \\ 1, & k = n \end{cases} \qquad (4\text{-}13)
$$

이다.

이상을 요약하면 표본집합인 x_n에 대해 이산푸리에 변환쌍은 다음과 같이 주어진다.

$$
X_m = \sum_{n=0}^{N-1} x_n e^{-j2\pi mn/N}, \qquad m = 0, 1, \cdots, N-1 \qquad (4\text{-}14)
$$

$$
x_n = \frac{1}{N}\sum_{m=0}^{N-1} X_m e^{j2\pi mn/N}, \qquad n = 0, 1, \cdots, N-1 \qquad (4\text{-}15)
$$

따라서 m과 관련한 주파수는 $\omega = 2\pi m/NT$이며, N과 T는 각각 표본의 수와 표본사이의 시간 간격을 의미한다. 이산푸리에 변환은 앞에서 언급된 푸리에 변환의 특성들을 가지며, 또한 주기성의 중요한 특성도 가진다. 푸리에 변환에 대한 이산푸리에 변환관계는 다음 절에서 살펴보기로 한다.

예제 4-1 이산시간 신호 열 $\{1, 0, 0, 1\}$ 을 DFT 하라.

식 (4-14)을 이용하여

$$X_m = \sum_{n=0}^{3} x_n e^{-j2\pi mn/4}, \qquad m = 0,1,2,3$$

먼저 $m=0$에 대해 X_0를 구하면

$$X_0 = x_0 + x_1 + x_2 + x_3$$
$$= 1+0+0+1 = 2$$

이고, 다음 $m=1$에 대해 X_1을 구하면

$$X_1 = x_0 + x_1 e^{-j\frac{\pi}{2}} + x_2 e^{-j\pi} + x_3 e^{-j\frac{3\pi}{2}}$$
$$= 1+0+0+1 \cdot e^{-j\frac{3\pi}{2}}$$
$$= 1+\cos\left(\frac{3}{2}\pi\right) - jsin\left(\frac{3}{2}\pi\right) = 1+j$$

이다. 이와 같이 하여 X_2와 X_3를 구하면

$$X_2 = 0$$
$$X_3 = 1-j$$

이 된다. 따라서 이산시간 푸리에 변환은 $\{2, 1+j, 0, 1-j\}$이다. ◀

예제 4-2 그림 4-2에 주어진 이산시간 신호에 대해 DFT를 구하고 그의 스펙트럼을 구하라.

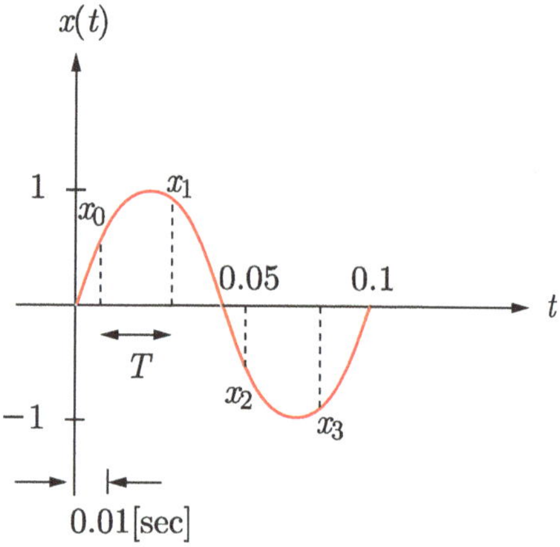

$T = 0.025\,[\text{sec}]$
$N = 4$
$\omega_s = 2\pi \times 40\,[rad/\text{sec}]$
$x_0 = 0.6,\ x_1 = 0.8,\ x_2 = -0.6,\ x_3 = -0.8$

그림 4-2 • 정현파 이산시간 신호

식 (4-14)를 이용하여 $N = 4$에 대해 이산푸리에 변환을 쓰면

$$X_m = \sum_{n=0}^{3} x_n e^{-j2\pi mn/4}, \qquad m = 0,1,2,3$$

이 된다.

(a) $m = 0$일 때

$$X_0 = x_0 + x_1 + x_2 + x_3$$
$$= 0.6 + 0.8 - 0.6 - 0.8 = 0$$

(b) $m=1$ 일 때

$$\begin{aligned} X_1 &= x_0 + x_1 e^{-j\frac{\pi}{2}} + x_2 e^{-j\pi} + x_3 e^{-j\frac{3\pi}{2}} \\ &= 0.6(1-0) + 0.8(0-j1) - 0.6(-1-0) - 0.8(0+j1) \\ &= 1.2 - j1.6 \end{aligned}$$

(c) $m=2$와 $m=3$일 때 X_2와 X_3를 구하면 각각 다음과 같다.

$$X_2 = 0$$
$$X_3 = 1.2 + j1.6$$

(d) 식 (4-6)을 이용하여 이산 주파수를 구하면

$$\omega_0 = 0,\ \omega_1 = 2\pi 10,\ \omega_2 = 2\pi 20,\ \omega_3 = 2\pi 30$$

가 구해진다. 구해진 값들로 스펙트럼을 계산하여 그리면 그림 4-3과 같다. ◀

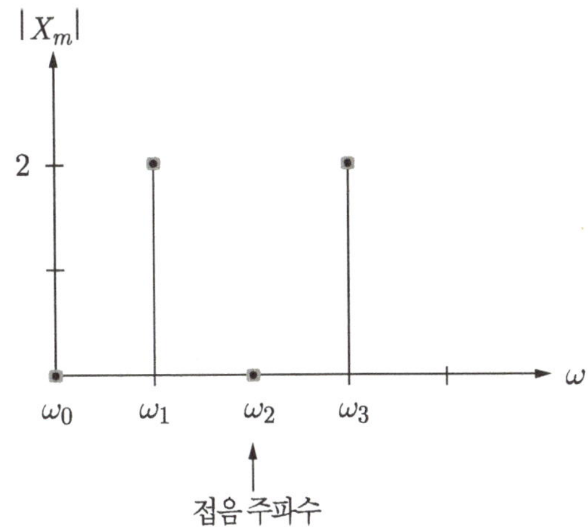

그림 4-3 • 이산푸리에 변환 스펙트럼

4-4 푸리에 변환과의 관계

일반적으로 푸리에 변환 $X(j\omega)$가 존재하는 경우는 언제든지 $X_s(j\omega)$에 대한 무한의 합은 수렴한다. $X_s(j\omega)$가 $X(j\omega)$에 대한 근사화로서 여겨진다면 이 근사화의 정확성에 대해 미심쩍어하는 경향이 있다. 적분 기호 안의 $e^{-j\omega t}$항은 ω가 커짐에 따라 급격히 값이 변화하고, 따라서 표본화 간격 T는 정확성을 기하기 위해 매우 작아져야 하는 듯 여겨진다. 다른 한편으로는 $1/T$이 $x(t)$의 최고 주파수보다 적어도 2배가 되도록 충분히 작은 T가 되어야 함을 표본화 정리는 요구한다.

이러한 문제들을 만족하기 위해서는 $X(j\omega)$와 $X_s(j\omega)$사이에 명백한 관계가 필요하다. $X_s(j\omega)$의 푸리에 역변환(이산푸리에 역변환이 아님)은 이러한 목적에 유용하다. 표본 x_n을 앞에서와 같이 $x(t)$의 표본값들이라 하고, $x(t)$의 표본함수를 $x_s(t)$로 그림 4-1에서와 같이 정의하자. 여기서 $x_s(t)$는 각 임펄스가 x_n과 같은 크기를 가지는 임펄스 함수들로 이루어져 있다. 따라서 $x_s(t)$는

$$x_s(t) = \sum_{n=0}^{N-1} x_n \delta(t - nT) \tag{4-16}$$

이며, 이는 임펄스 표본화가 가정된 식 (3-3)과 식 (4-2)에서의 $x_s(t)$와 같다.

먼저 $x(t)$를 사용하여 다음과 같이 표현해도 식 (4-16)은 변화가 없다.

$$\begin{aligned} x_s(t) &= x(t) \sum_{n=0}^{N-1} \delta(t - nT) \\ &= x(t)s(t) \end{aligned} \tag{4-17}$$

여기서 $s(t)$는 N개의 단위 임펄스 열(unit impulse train)을 나타낸다. $s(t)$는 $t=0$에서부터 NT까지의 범위에 걸쳐 임펄스가 주기적으로 나타나 있는 주기 함수이므로 $s(t)$를 푸리에 급수로 표현할 수 있다.

$$s(t) = \sum_{n=-\infty}^{\infty} c_n e^{j2\pi nt/T} \tag{4-18}$$

계수 c_n은 다음과 같이 구해진다.

$$
\begin{aligned}
c_n &= \frac{1}{T}\int_{-T/2}^{T/2} s(t)e^{-j2\pi nt/T}dt \\
&= \frac{1}{T}\sum_{m=-\infty}^{\infty}\int_{-\frac{T}{2}}^{\frac{T}{2}}\delta(t-mT)e^{-j2\pi nt/T}dt \\
&= \frac{1}{T} \qquad (4\text{-}19)
\end{aligned}
$$

그러므로 식 (4-18)과 (4-19)로부터

$$
s(t) = \frac{1}{T}\sum_{n=-\infty}^{\infty} e^{j2\pi nt/T} \qquad (4\text{-}20)
$$

가 얻어진다. 이를 식 (4-17)의 $s(t)$에 관한 표현에 대입하면 $x_s(t)$는 다음과 같다.

$$
x_s(t) = \frac{1}{T}\sum_{n=-\infty}^{\infty} x(t)e^{j2\pi nt/T} \qquad (4\text{-}21)
$$

그러므로 $x_s(t)$에 대한 푸리에 변환 $X_s(j\omega)$는 다음과 같다.

$$
\begin{aligned}
X_s(j\omega) &= \int_{-\infty}^{\infty} x_s(t)e^{-j\omega t}dt \\
&= \frac{1}{T}\int_{-\infty}^{\infty}\sum_{n=-\infty}^{\infty} x(t)e^{j2\pi nt/T}e^{-j\omega t}dt \\
&= \frac{1}{T}\sum_{n=-\infty}^{\infty}\int_{-\infty}^{\infty} x(t)e^{-j(\omega-\frac{2\pi n}{T})t}dt \\
&= \frac{1}{T}\sum_{n=-\infty}^{\infty} X(j\omega - j\frac{2\pi n}{T}) \qquad (4\text{-}22)
\end{aligned}
$$

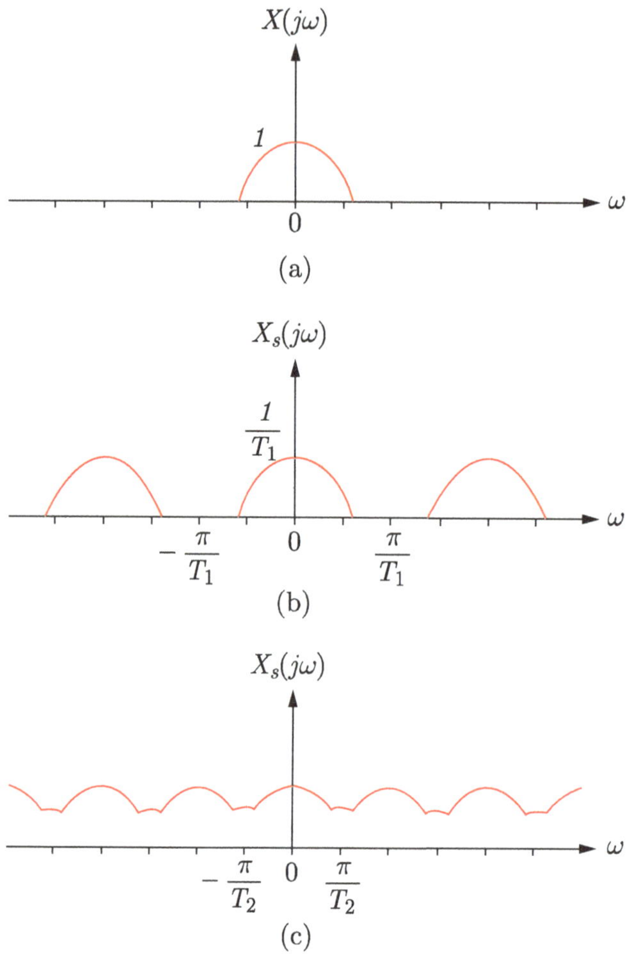

그림 4-4 • 2개의 T 값에 대한 이산푸리에 변환
(a) $x(t)$의 푸리에 변환, (b) $T = T_1$ 일 때의 이산푸리에 변환,
(c) $T = T_2 (T_2 = 2T_1)$ 일 때의 이산푸리에 변환

이 식은 푸리에 변환과 이산푸리에 변환 사이의 명백한 관계를 나타내는 중요한 결과이다. 이산푸리에 변환은 크기가 $1/T$로 곱해진 푸리에 변환이 무한 개수로 중첩되어 있음을 알 수 있다.

위의 결과는 그림 4-4에서 2개의 T값에 대해 $X(j\omega)$를 나타냄으로 설명할 수 있다. 첫 번째 경우에 T는 중첩함수들, 즉 식 (4-22)에 있는 항들이 명백히 구분될 수 있도록 충분히 작다. 그러나 두 번째 경우는 그렇지 않고 중복이 된다. 그림 4-4에서도 알 수 있는 바와 같이 이러한 중복이 생길 때 푸리에 변환은 $|\omega| < \pi/T$ 의 바깥 구간에 있는 이산푸리에 변환을 제거하더라

도 복원이 될 수 없다. $X(j\omega)$가 $X_s(j\omega)$로부터 복원될 수 없다면 $x(t)$ 또한 x_n으로부터 복원될 수 없다. 이것은 3장에서 언급한 표본화 정리의 다른 측면에서 본 설명이 된다. 표본 스펙트럼에 관한 에일리어싱(aliasing) 효과는 그림 4-4(c)에 잘 표현되어 있다.

4-5 절단 및 스펙트럼 누출

지수적으로 감소하는 일시적인 자연 현상들을 이론적으로 무한대의 시간에서 영이 아닌 전 구간을 표본화 처리함은 실용적이 아닐 수도 있다. 때때로 그림 4-5에서와 같이 $x(t)$의 한 부분을 소거시키는 것이 편리할 때가 있다. 즉 신호의 스펙트럼에 크게 영향을 받지 않는 범위내에서 절단(truncation)하여 처리함이 때때로 필요하다. 그러나 이러한 경우 이산푸리에 변환은 분명히 영향을 받을 것이며, 영향의 범위는 $x(t)$의 성질과 절단의 정도에 따라 달라진다.

이산푸리에 변환에서 절단효과를 살펴보기 위해 $x(t)$를 다음과 같이 두자.

$$x(t) = Ae^{-\alpha t} \tag{4-23}$$

여기서 살펴보면 절단된 또는 잃어버린 부분은 $x(t)$의 감소하는 지수함수의 곡선부분이다. 절단에 의해 야기된 오차를 조사하기 위하여 이산푸리에 변환보다는 푸리에 변환을 고려함이 편리하다. 그림 4-5에 있는 바와 같이 표본화의 전체 주기를 $t = NT$에서 끝난다고 하면 다음과 같이 쓸 수 있다.

$$\begin{aligned} X(j\omega) &= \int_0^{NT} x(t)e^{-j\omega t}dt + \int_{NT}^{\infty} x(t)e^{-j\omega t}dt \\ &= X_1(j\omega) + X_e(j\omega) \end{aligned} \tag{4-24}$$

단지 N개의 표본들이 취해졌을 때 이산푸리에 변환과 관련되는 것은 $X(j\omega)$의 앞부분인 $X_1(j\omega)$이며, 따라서 $X_e(j\omega)$는 $X(j\omega)$와 $X_1(j\omega)$의 차이로서 오차항이 된다. 그림 4-5를 살펴보면, 식 (4-24)의 설명에서처럼 절단에 의해 오차가 나타남을 알 수 있다. 절단이 없을 때의 스펙트럼인 그림 4-5(b)에 비해 $x(t)$를 $t = 2(NT = 2)$[sec]로 절단했을 때의 스펙트럼인 그림 4-5(c)의 스펙트럼에 파상(ripple)이 나타남을 볼 수 있다. 이는 절단이 그림 4-6에서 보듯이 표본 개수의 폭에 해당하는 구형함수(rectangle function)를 곱한 것으로 설명할 수 있다. 이 구형

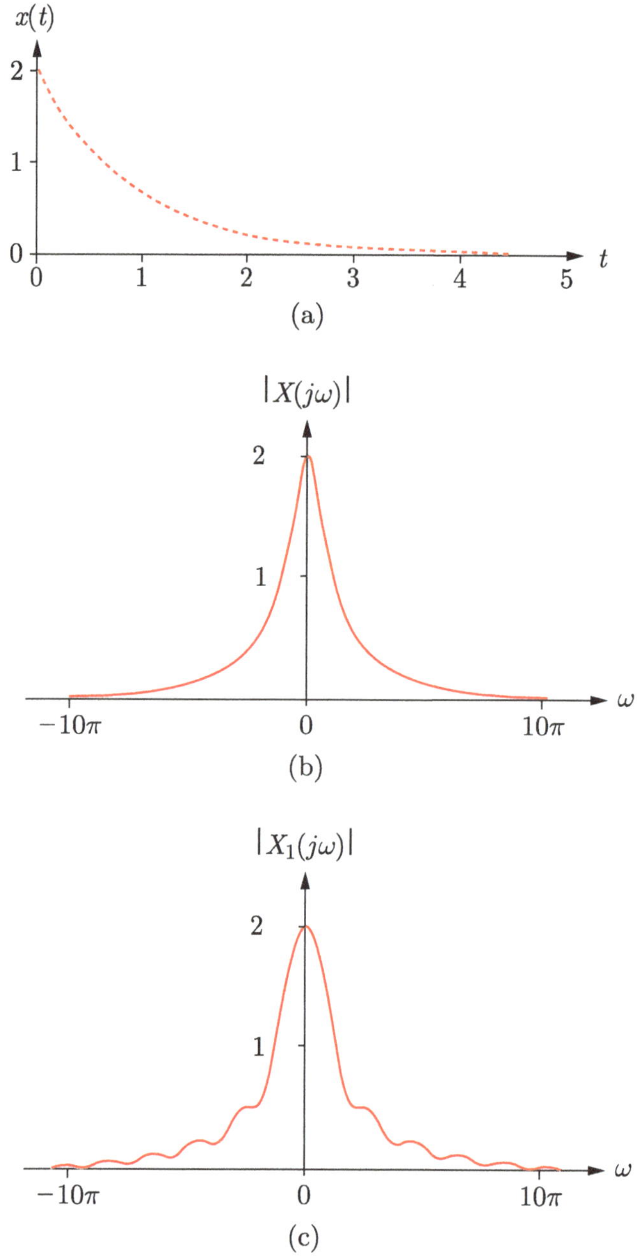

그림 4-5 • 절단의 영향

(a) $x(t)=2e^{-t}$의 표본들, (b) $x(t)$의 진폭 스펙트럼,
(c) $NT=2$[sec]로 절단했을 때의 진폭 스펙트럼

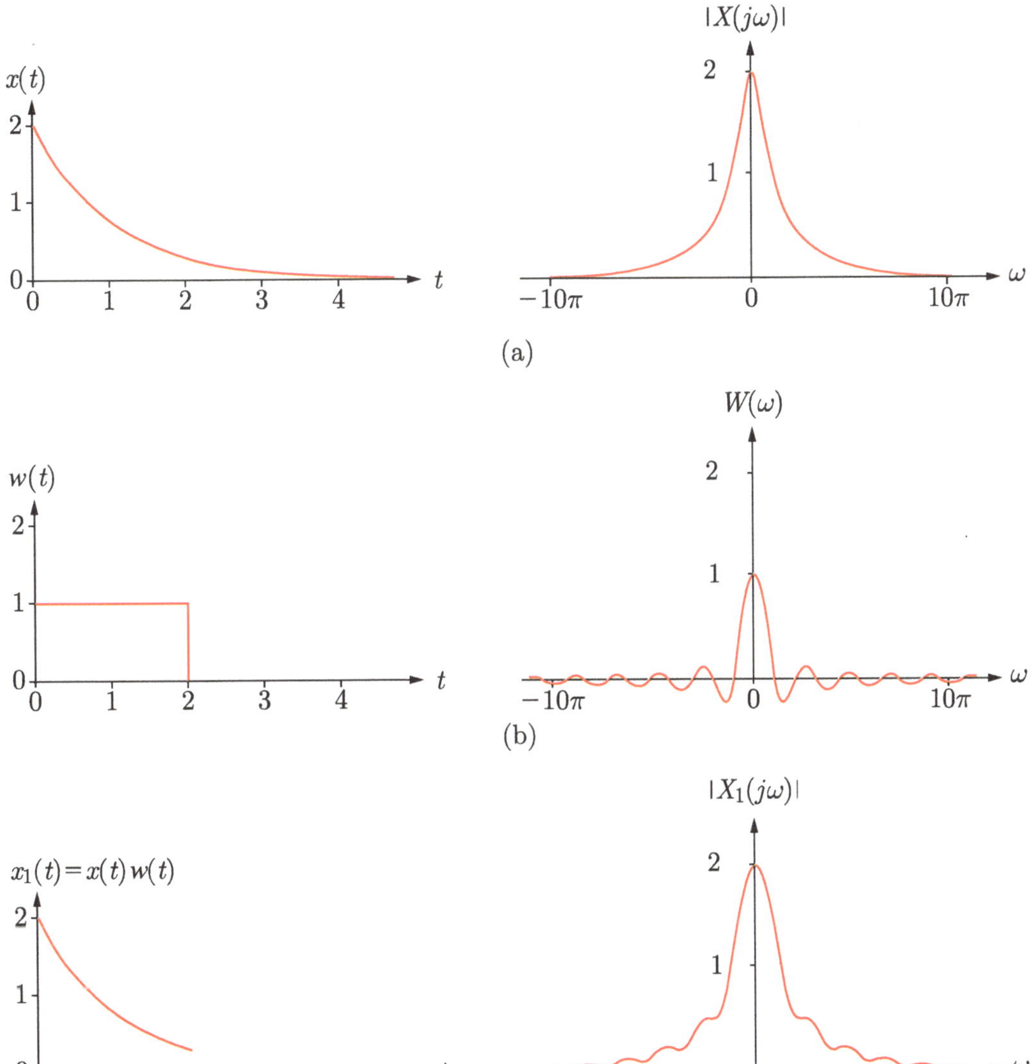

그림 4-6 • 시간영역과 주파수 영역에서의 절단의 영향

(a) $x(t)$와 그의 진폭 스펙트럼, (b) $NT=2$의 크기에 해당하는 구형함수 $w(t)$와 그의 스펙트럼, (c) 구형함수 $w(t)$가 곱해진 $x(t)$와 그의 스펙트럼

함수가 주파수 영역에서는 싱크함수(sinc function)로 표현되고, 이 싱크함수로 $X(j\omega)$를 상승적분한 것과 같다. 따라서 그림 4-6(c)에 보여지는 파상들은 싱크함수의 부엽(side lobe)들이 가지

고 있는 파상에 의한 영향이 크기 때문에 생겨난다. 이러한 절단의 영향은 뒷부분에서 설명되는 데이터 창(data window)들을 사용하여 개선할 수 있다.

4-6 스펙트럼 누출의 감소를 위한 창 함수의 역할

그림 4-5와 4-6에서 언급한 현상은 누출(leakage)로 알려져 있으며, 누출은 절단(truncation)의 직접적인 결과이다. 즉 계산된 이산푸리에 변환은 푸리에 급수의 계수들이 아니라 $x(t)$에 폭이 NT인 구형창(rectangular window)을 곱한 것의 푸리에 변환이다. 계산된 스펙트럼에서 누출에 기여하는 것은 구형창의 급격한 변화가 있는 모서리 부분이다.

누출의 원인에 관한 이러한 설명으로부터 그것을 감소시키는 간단한 한 방법은 구형창의 급격한 변화부분을 부드럽게 하는 것이다. 이를 위한 과정은 모서리 부분을 부드럽게 한 창으로, 이를 $w(t)$라 하면, 먼저 $x(t)$에 곱하고 이를 이산푸리에 변환하면 된다. 즉 x_n이 아닌 $x_n w_n$의 이산푸리에 변환을 계산하면 된다.

데이터 창 $w(t)$에 관한 많은 종류들이 제안되어 사용되고 있으며, 표 4-1에 여러 가지 종류의 창함수와 그들의 스펙트럼이 나타나 있다.

그림 4-7에서 누출을 감소시키는 한 예로서 사용된 창은 해닝(Hanning)창이며 다음과 같이 정의된다.

$$w(t) = \frac{1}{2}\left(1 - \cos\frac{2\pi t}{NT}\right), \qquad 0 \le t \le NT \tag{4-25}$$

여기서 해닝창과 그의 미분들은 $t=0$에서 $t=NT$까지의 구간에서 연속적이며, 첫 번째 미분은 양 끝점에서 0이 된다. 또한 이 창함수는 $x(t)$의 중간부분을 강조하는 경향이 있는데 이는 대부분의 창함수가 나타나는 잠재적인 결점이기도 하다.

해닝창의 영향은 그림 4-7에 나타나 있는 예에서 볼 수 있다. 계산된 스펙트럼은 먼저 단순히 구형창을 사용하였고 그 아래는 해닝창을 사용하여 구한 값들이다. 이 예에서 보듯이 해닝창은 누출을 감소시켜 스펙트럼에 나타나 있는 파상을 상당히 감소 시킴을 알 수 있다.

해닝창의 효과를 살펴보기 위해, 해닝창을 이산시간 신호로 나타내면

표 4-1 • 창함수와 그의 스펙트럼

창 종 류	창 함 수	창스펙트럼 함수
구형창 (Rectangular)		$W(f)=\dfrac{\sin(\pi f)}{\pi f}$
바틀렛창 (Bartlett)		$W(f)=\dfrac{1}{2}\left[\dfrac{\sin(\pi f/2)}{\pi f/2}\right]^2$
해닝창 (Hanning)		$W(f)=\dfrac{\sin(\pi f)}{2\pi f(1-f^2)}$
해밍창 (Hamming)		$W(f)=\dfrac{(1.08-0.16f^2)\sin(\pi f)}{2\pi f(1-f^2)}$
파풀리스창 (Papoulis)		$W(f)=\dfrac{2+2\cos(\pi f)}{\pi^2(1-f^2)^2}$
블랙멘창 (Blackman)	$w(t)=\begin{cases}0.42+0.5\cos(2pt)+0.08\cos(4pt), & \lvert t\rvert\le\frac{1}{2}\\ 0, & \lvert t\rvert>\frac{1}{2}\end{cases}$	$W(f)=\dfrac{(0.18f^2-1.68)\sin(\pi f)}{\pi f(1-f^2)(f^2-4)}$
파젠창 (Parzen)		$W(f)=\dfrac{3}{8}\left[\dfrac{\sin(\pi f/4)}{(\pi f/4)}\right]^4$

$$
\begin{aligned}
w_n &= \frac{1}{2}\left(1-\cos\frac{2\pi n}{N}\right)\\
&= \frac{1}{2}-\frac{1}{4}\left[e^{j2\pi n/N}+e^{-j2\pi n/N}\right]
\end{aligned}
\tag{4-26}
$$

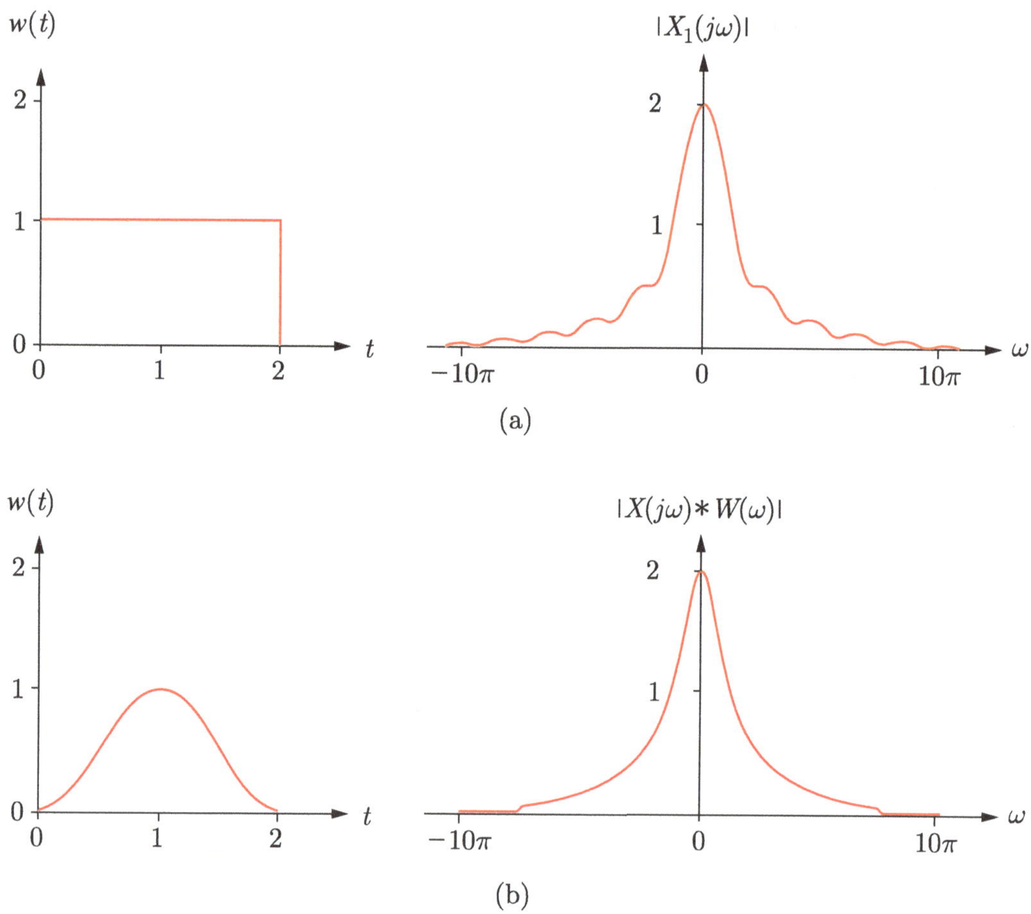

그림 4-7 • 표본들로부터 계산된 스펙트럼과 창함수의 영향
(a) 창함수가 단순한 구형창일 때(절단의 효과), (b) 해닝 창함수를 사용하였을 때의 효과

이 되고, 따라서 그의 이산푸리에 변환은

$$
\begin{aligned}
W_m &= \sum_{n=0}^{N-1} w_n e^{-j2\pi mn/N} \\
&= \frac{1}{2}\sum_{n=0}^{N-1} e^{-j2\pi mn/N} - \frac{1}{4}\sum_{n=0}^{N-1}\left(e^{-j2\pi(m-1)n/N} + e^{-j2\pi(m+1)n/N}\right) \quad (4\text{-}27)
\end{aligned}
$$

이다. 여기서 $m=-1, 0, 1$ 에 대해

$$W_m = \left(-\frac{N}{4},\ \frac{N}{2},\ -\frac{N}{4}\right) \tag{4-28}$$

이 되며, 이 이산푸리에 변환은 그림 4-8에 나타나 있다. 당연히 주기 N으로 주기적이다. 해닝창의 영향은 구형창의 부엽들을 억제하는 효과가 있음을 볼 수 있다.

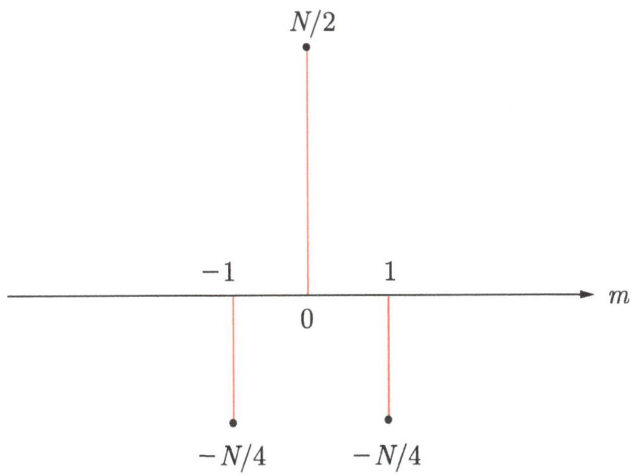

그림 4-8 • 해닝창의 이산푸리에 변환

4-7 이산상승적분

연속상승적분의 경우에서와 마찬가지로 시간영역에서의 이산상승적분(discrete convolution)도 일반적으로 출력열을 얻기 위해 입력열로 임펄스 응답(시스템의 전달함수) 상승적분하는 것이며, 또한 주파수영역에서 이들 각 이산푸리에 변환들의 곱을 의미한다. 마찬가지로 주파수 영역에서 이산푸리에 변환의 상승적분은 시간영역에서의 곱을 의미한다.

시간영역에서의 이산상승적분정리는 연속신호의 푸리에 변환곱들과 이산푸리에 변환곱들 사이에 중요한 차이를 가지고 있으며, 여기에서 강조하고자 한다. 2장에서 곱 $X(j\omega)H(j\omega)$의 역변환은 $x(t)$와 $h(t)$의 상승적분으로 나타났으나, 여기서 이산푸리에 변환곱 $X_m H_m$의 역변환은 한 표본집합인 x_n과 다른 표본집합의 주기적 연장인 h_n의 상승적분으로 나타난다. 여기서 h_n은 주기적인 표본집합이며 다음과 같다.

$$h_{n+kN} = h_n, \qquad n = 0, 1, \cdots, N-1$$
$$k = 0, \pm 1, \cdots, \pm \infty \tag{4-29}$$

4-7-1. 시간영역에서의 이산상승적분

두 개의 이산푸리에 변환들의 곱으로부터 얻어지는 이산푸리에 역변환은 주기적 상승적분(periodic 또는 circular convolution)이다. 즉

$$Y_m = X_m H_m, \qquad m = 0, 1, \cdots, N-1 \tag{4-30}$$

이면

$$\begin{aligned} y_n &= \sum_{m=0}^{N-1} x_m h_{n-m} \\ &= \sum_{m=0}^{N-1} h_m x_{n-m} \end{aligned} \tag{4-31}$$

이 된다. 이 정리의 증명은 식 (4-11)에 있는 이산푸리에 역변환공식으로부터 전개될 수 있다.

$$\begin{aligned} y_n &= \frac{1}{N} \sum_{i=0}^{N-1} Y_i e^{j2\pi ni/N} \\ &= \frac{1}{N} \sum_{i=0}^{N-1} X_i H_i e^{j2\pi ni/N} \end{aligned} \tag{4-32}$$

다음, 이산푸리에 변환식을 X_i와 H_i에 대해 각각 대체하고 합(Σ)을 재배치하면

$$\begin{aligned} y_n &= \frac{1}{N} \sum_{i=0}^{N-1} \left[\sum_{m=0}^{N-1} x_m e^{-j2\pi mi/N} \sum_{k=0}^{N-1} h_k e^{-j2\pi ki/N} \right] e^{j2\pi ni/N} \\ &= \frac{1}{N} \sum_{m=0}^{N-1} \sum_{k=0}^{N-1} x_m h_k \sum_{i=0}^{N-1} e^{-j2\pi(m+k-n)i/N} \end{aligned} \tag{4-33}$$

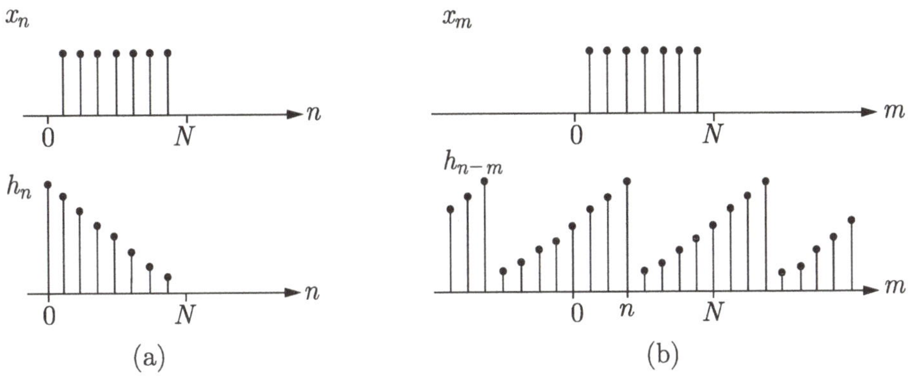

그림 4-9 • 주기적 상승 적분
(a) 두 표본집합 x_n과 h_n (b) 주기적인 상승적분을 위한 두 표본집합 x_m과 h_{n-m}

이 되고, 여기서

$$\sum_{i=0}^{N-1} e^{-j2\pi(m+k-n)i/N} = \begin{cases} 0, & m+k-n \neq 0 \\ N, & m+k-n = 0 \end{cases} \tag{4-34}$$

이므로 $k = n - m$이 되고, 따라서 h_k를 h_{n-m}으로 대체함으로써 두 합은 한 개의 합으로 된다. 즉

$$y_n = \sum_{m=0}^{N-1} x_m h_{n-m} \tag{4-35}$$

이 되어 정리가 증명됨을 알 수 있다.

주기적 상승적분은 그림 4-9에 나타나 있다. 왼쪽에 두 표본집합 x_n과 h_n이 있으며, 오른쪽에 주기적 상승적분인 식 (4-35)에서의 x_m과 h_{n-m}항들이 있다. 따라서 주기적 상승적분은 오른쪽에 있는 두 표본집합들의 곱으로 m에 대해 합하여진 것이다.

이해를 돕기 위해 식 (4-35)로부터 $N=4$에 대해 식을 전개해 보면

$$y_0 = x_0 h_0 + x_1 h_{-1} + x_2 h_{-2} + x_3 h_{-3}$$
$$y_1 = x_0 h_1 + x_1 h_0 + x_2 h_{-1} + x_3 h_{-2}$$

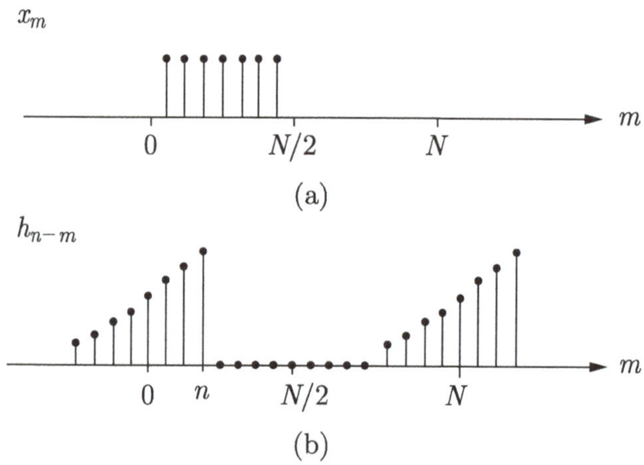

그림 4-10 • 표본집합에 영의 값을 첨가함으로써 얻어진 연속상승적분의 추정
(a) 입력 표본집합 x_n, (b) 영이 첨가된 주기적 표본집합 h_n

$$y_2 = x_0h_2 + x_1h_1 + x_2h_0 + x_3h_{-1}$$
$$y_3 = x_0h_3 + x_1h_2 + x_2h_1 + x_3h_0$$

으로 h_{-1}, h_{-2}, h_{-3}의 표본값들이 요구된다. 표본집합의 주기성으로 인해 $h_{-1} = h_3$, $h_{-2} = h_2$, $h_{-3} = h_1$으로 둘 수 있으므로 이산상승적분 결과는 h_n을 지속적으로 반복 사용하는 것과 같은 결과를 가져온다. 즉

$$y_0 = x_0h_0 + x_1h_3 + x_2h_2 + x_3h_1$$
$$y_1 = x_0h_1 + x_1h_0 + x_2h_3 + x_3h_2$$
$$y_2 = x_0h_2 + x_1h_1 + x_2h_0 + x_3h_3$$
$$y_3 = x_0h_3 + x_1h_2 + x_2h_1 + x_3h_0$$

위의 상승적분 정리 형태로부터 하나의 가능한 문제점을 생각할 수 있다. 즉 이산푸리에 변환들의 곱을 취함으로써 $x(t)$와 $h(t)$의 연속상승적분을 추정하고자 한다고 가정하자. 그림 4-9에서 보여진 주기성에 의해서 나타나는 오차를 어떻게 피할 수 있는가? 그 대답은 그림 4-10에서처럼 h_n에 0을 첨가(zero padding)함으로써 해결될 수 있다. 따라서 통상적인 상승적분은 입력표본집합 x_n, 영이 첨가된 필터의 임펄스 응답 h_n에 의해 구할 수 있다. 이때 첨가되는 0의

개수는 상승적분하고자 하는 상대의 표본 개수보다 1개가 적은 수를 택하면 된다.

예제 4-3 다음 두 표본 값들에 대해 통상적인 상승적분을 구하라. 한편, 이들로부터 주기적인 상승적분을 구하고 서로 비교하라.

$$x_n = \{4,\ 5\},\ \ h_n = \{1,\ 2,\ 3\}$$

먼저 통상적인 상승적분을 아래와 같이 구하면

	1	2	3	
5	4	→		
	4	13	22	15

$y_n = \{4,\ 13,\ 22,\ 15\}$을 얻는다.

한편, 주기적 상승적분은 그림 4-9에 보여진 바와 같이 아래에서 구하면

1	2	3	1	2	3	1	2	3	
		5	4	→					
		⋯	19	13	22	19	13	22	⋯

$y_n = \{19,\ 13,\ 22\}$을 얻게 된다. 이는 통상적인 상승적분의 결과와는 다른 결과를 얻게 된다. 앞서 본문에서 설명된 것 같이 이산 상승적분으로부터 통상적인 상승적분을 얻고자 한다면 0을 첨가하여 계산하면 된다. 즉

1	2	3	0	1	2	3	0	1	2	3	0	
			5	4		→						
			⋯	4	13	22	15	4	13	22	15	⋯

따라서 $y_n = \{4,\ 13,\ 22,\ 15\}$를 얻을 수 있다.

4-7-2. 주파수영역에서의 이산상승적분

두 개의 표본집합들의 곱의 이산푸리에 변환은 이들 각 이산푸리에 변환의 주기적 상승적분이 된다. 즉

$$y_n = x_n h_n, \qquad n = 0, 1, \cdots, N-1 \tag{4-36}$$

이면

$$\begin{aligned} Y_m &= \frac{1}{N}\sum_{n=0}^{N-1} X_n H_{m-n} \\ &= \frac{1}{N}\sum_{n=0}^{N-1} H_n X_{m-n} \end{aligned} \tag{4-37}$$

이다. 이 정리의 증명은 시간영역 상승적분에 관한 식 (4-32)에서부터 (4-33)까지 나타난 바와 같이 전개될 수 있다.

$$\begin{aligned} Y_m &= \sum_{i=0}^{N-1} y_i e^{-j2\pi m i/N} \\ &= \sum_{i=0}^{N-1}\left[\frac{1}{N^2}\sum_{n=0}^{N-1}\sum_{k=0}^{N-1} X_n H_k\right] e^{-j2\pi(m-n-k)i/N} \\ &= \frac{1}{N^2}\sum_{n=0}^{N-1}\sum_{k=0}^{N-1} X_n H_k \sum_{i=0}^{N-1} e^{-j2\pi(m-n-k)i/N} \\ &= \frac{1}{N}\sum_{n=0}^{N-1} X_n H_{m-n} \end{aligned} \tag{4-38}$$

4-8 고속푸리에 변환

4-8-1. 서론

고속푸리에 변환(fast Fourier transform; FFT)은 새로운 형태의 변환 방법이 아니고 단지 앞장에서 설명된 유한의 이산푸리에 변환을 빠르게 계산하는 하나의 알고리즘이다. 이는 이산푸리에 변환공식에서 반복계산을 제거함으로써 이산푸리에 변환을 보다 빠르게 한다. 고속푸리에 변환은 또한 일반적으로 반올림의 오차를 줄임으로써 이산푸리에 변환의 계산을 보다 정확하게 할 수 있다.

고속푸리에 변환은 디지털 신호처리에서 다양하게 응용된다. 음성통신, 진동역학, 지진학 등의 분야에서는 가끔 많은 양의 데이터로부터 스펙트럼의 직접적인 계산이나 반복계산을 요구한다. 이러한 경우에 고속푸리에 변환은 제한된 시간과 계산비용을 줄이면서 스펙트럼 계산을 가능케 한다. 고속푸리에 변환 알고리즘은 범용의 컴퓨터나 특수목적 하드웨어의 한 구성으로서 프로그램으로 실현될 수 있다.

4-8-2. 이산푸리에 변환에서의 중복항

이산푸리에 변환의 계산을 위한 식은 앞장에서 주어진 바와 같이 다음으로 표현된다.

$$X_m = \sum_{n=0}^{N-1} x_n e^{-j2\pi mn/N}, \qquad m = 0, 1, \cdots, N-1 \tag{4-39}$$

여기서 m은 주파수를 나타내는 상수의 지수로서 $\omega = 2\pi m/NT$ [rad/sec]을 나타내는데 사용되며, x_n은 $x(t)$의 n번째 표본을, N은 표본의 개수를 나타낸다. 식 (4-39)에서 m의 범위는 $x(t)$가 실수일 때 0에서 $N/2$까지만 필요하지만, 앞장에서 설명된 것과 같이 $X_0, X_1, \cdots, X_{N-1}$의 모든 값을 계산함을 가정한다.

식 (4-39)에서 필요한 곱의 계산 양은 표본집합과 지수항이 곱해지는 복소곱의 수와 m의 범위로 알 수 있다. N개의 곱을 가진 N개의 합, 즉 N^2개의 곱이 X_m의 집합을 계산하는 데 필요하다. 지수함수의 주기적 특성 때문에 이들 곱의 일부는 전체 계산과정에서 한 번 또는 그 이상의 중복(redundancy) 계산으로 됨을 알 수 있다.

식 (4-39)에서 부호를 간단하게 나타내기 위해 지수항의 변하지 않는 부분을 W_N으로 나타내

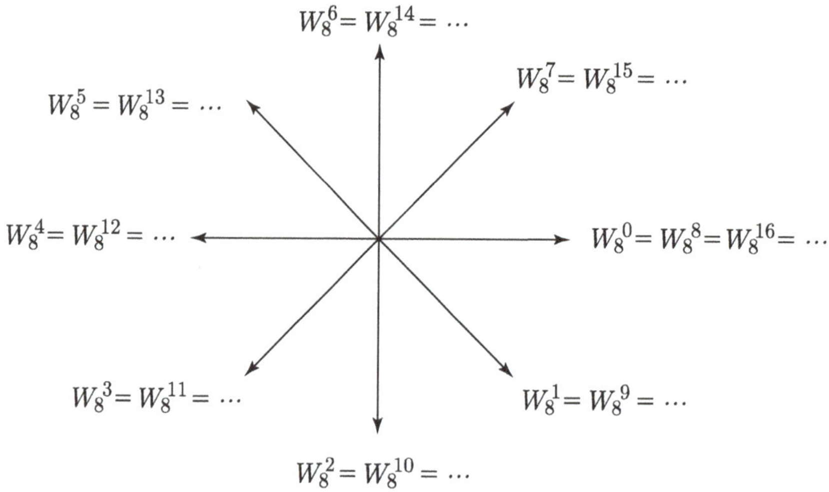

그림 4-11 • $N = 8$인 경우 W_N의 주기적 특성

자. 즉

$$W_N = e^{-j2\pi/N} \tag{4-40}$$

따라서 이산푸리에 변환은

$$X_m = \sum_{n=0}^{N-1} x_n W_N^{mn}, \qquad m = 0, 1, \cdots, N-1 \tag{4-41}$$

으로 표현된다. X_m의 각각은 계수집합이 되는 W_N^{mn}과 표본집합인 x_n의 선형조합으로 간주될 수 있다.

계수들의 주기적 특성은 식 (4-40)의 정의로부터 쉽게 알 수 있으며, $N = 8$의 경우에 대해 그림 4-11에 나타나 있다. W_N의 다른 멱(power)값에 대해 등가성을 정확하게 설명하기 위해서는 $N = 8$의 경우에 대해 고속푸리에 변환의 일반성을 설명하기로 하자.
식 (4-41)에 나타나 있는 N^2개의 곱의 일부분을 제거하기 위해 W_N^{mn}의 주기적 특성을 어떻게 이용해야 하는가? 이 질문에 대한 간단한 첫 번째 단계는 x_n을 짝수항과 홀수항의 두 부분집합들로 분해하면,

$$X_m = \sum_{n=0}^{N/2-1} x_{2n} W_N^{2mn} + \sum_{n=0}^{N/2-1} x_{2n+1} W_N^{(2n+1)m}$$
$$= \sum_{n=0}^{N/2-1} x_{2n} W_N^{2mn} + W_N^m \sum_{n=0}^{N/2-1} x_{2n+1} W_N^{2mn} \qquad (4\text{-}42)$$

이 된다. m의 범위는 여전히 0에서 $N-1$ 까지 이다. 따라서 식 (4-42)에서의 각 합은 $N/2$개의 곱을 가지며, 각 m에 대해 $N+1$개의 곱(두 번째 합 앞에 있는 W_N^m의 곱도 포함)이 필요하게 되어 모두 N^2+N개의 곱을 요구한다.

그러나 자세히 살펴보면 식 (4-42)에서의 각 합은 이산푸리에 변환의 형태로 쓸 수 있다. 짝수항 및 홀수항의 표본을 각각 X_m^e 와 X_m^o 라 두고 $p = N/2$으로 두면, 이들의 이산푸리에 변환은 각각 다음 식과 같다.

$$X_m^e = \sum_{n=0}^{p-1} x_{2n} W_p^{mn}$$
$$X_m^o = \sum_{n=0}^{p-1} x_{2n+1} W_p^{mn}, \qquad m = 0, 1, \cdots, p-1 \qquad (4\text{-}43)$$

여기서 오른쪽 어깨 위에 쓴 'e'와 'o'는 각각 짝수항과 홀수항을 나타낸다. 식 (4-40)으로부터

$$W_p = e^{-j2\pi/p}$$
$$= e^{-j2\pi \cdot 2/N}$$
$$= (e^{-j2\pi/N})^2$$
$$= W_N^2 \qquad (4\text{-}44)$$

으로 됨은 명백하다. 그러므로 $W_N^{2mn} = W_p^{mn}$이며, $m < p$에 대해 식 (4-42)는 X_m^e 와 X_m^o 으로 표현하여 다음 식과 같이 쓸 수 있다.

$$X_m = X_m^e + W_N^m X_m^o, \qquad m = 0, 1, \cdots, p-1, \qquad (4\text{-}45)$$

그러나 $m \geq p$일 때 식 (4-43)에서의 이산푸리에 변환들은 단순히 반복되므로 식 (4-9)와 같이 다음의 표현이 가능하다.

$$
\begin{aligned}
X_m^e &= X_{m+p}^e \\
X_m^o &= X_{m+p}^o
\end{aligned}
\tag{4-46}
$$

따라서 식 (4-43)에서 m은 $N-1$까지 확장될 수 있으며, N개의 표본들에 대한 완전한 이산푸리에 변환은 다음 식과 같이 표현된다.

$$
X_m = X_m^e + W_N^m X_m^o, \qquad m = 0, 1, \cdots, N-1 \tag{4-47}
$$

이 결과에 관한 중요한 것은 N개의 표본들의 이산푸리에 변환은 각각 $N/2$개의 표본들을 가진 2개의 작은 이산푸리에 변환들의 선형조합이 된다는 것이다. 각각의 이산푸리에 변환들은 $(N/2)^2$의 곱을 요구하며, 따라서 식 (4-47)은 모두 $2 \times (N/2)^2 + N = N(N/2+1)$의 곱을 필요로 한다. 이는 N이 큰 경우에 원래의 N^2의 곱으로부터 연산량을 상당히 줄일 수 있음을 알 수 있다.

만약 N이 4로 나누어지면, 즉 p가 2로 나누어지면, 2개의 작은 이산푸리에 변환들인 X_m^e 와 X_m^o 는 각각 2개의 더 작은 이산푸리에 변환들로 분해가 되며, 원래의 이산푸리에 변환으로부터 더욱 더 중복된 곱들을 제거시킬 수 있다.

4-8-3. 시간 영역 분해의 고속푸리에 변환

이상에서 설명한 내용들을 $N=8$의 경우로 예를 들어 다시 설명해 보기로 하자. 식 (4-41)을 풀어서 쓰면

$$
\begin{aligned}
X_m &= \sum_{n=0}^{7} x_n W_8^{mn}, \qquad m = 0, 1, 2, \cdots, 7 \\
&= x_0 W_8^{0m} + x_1 W_8^{1m} + x_2 W_8^{2m} + x_3 W_8^{3m} + x_4 W_8^{4m} + x_5 W_8^{5m} + x_6 W_8^{6m} + x_7 W_8^{7m}
\end{aligned}
\tag{4-48}
$$

이 된다. 이를 짝수항과 홀수항으로 나누면

$$X_m = x_0 W_8^{0m} + x_2 W_8^{2m} + x_4 W_8^{4m} + x_6 W_8^{6m}$$
$$+ W_8^m (x_1 + x_3 W_8^{2m} + x_5 W_8^{4m} + x_7 W_8^{6m})$$

이 되어, 다음과 같이 둘 수 있다.

$$X_m = X_m^e + W_8^m X_m^o \tag{4-49}$$

즉

$$\begin{aligned} X_m^e &= x_0 + x_2 W_8^{2m} + x_4 W_8^{4m} + x_6 W_8^{6m} \\ X_m^o &= x_1 + x_3 W_8^{2m} + x_5 W_8^{4m} + x_7 W_8^{6m} \end{aligned} \tag{4-50}$$

위의 식들은 각각 또 다른 짝수항과 홀수항으로 분해가 더 가능하다. 여기서는 식 (4-49)의 짝수항만 우선 생각하자. 식 (4-49)의 짝수항 X_m^e 를 다시 짝수항과 홀수항으로 나누어 정리하면

$$X_m^e = x_0 + x_4 W_8^{4m} + W_8^{2m}(x_2 + x_6 W_8^{4m})$$

이 되고, 앞에서와 마찬가지로

$$X_m^e = X_m^{ee} + W_8^{2m} X_m^{eo} \tag{4-51}$$

로 두면

$$\begin{aligned} X_m^{ee} &= x_0 + W_8^{4m} x_4 \\ X_m^{eo} &= x_2 + W_8^{4m} x_6 \end{aligned} \tag{4-52}$$

이다. 식 (4-52)는 더 이상 분해 할 수 없음을 알 수 있다.

이제, X_m^{ee}를 생각해 보자. 여기서 $m = 0, 1, 2, \cdots, 7$ 이므로 식 (4-52)의 X_m^{ee}에 대입하여 계

산하고, 그림 4-11도 같이 고려해 보자. 그러면

$$
\begin{aligned}
&X_0^{ee} = x_0 + x_4 \\
&X_1^{ee} = x_0 + W_8^4 x_4 \\
&X_2^{ee} = x_0 + W_8^8 x_4 = x_0 + x_4 = X_0^{ee} \\
&X_3^{ee} = x_0 + W_8^{12} x_4 = x_0 + W_8^4 x_4 = X_1^{ee} \\
&X_4^{ee} = x_0 + W_8^{16} x_4 = x_0 + x_4 = X_0^{ee} \\
&\vdots \qquad \vdots \qquad \vdots \qquad \vdots
\end{aligned}
\tag{4-53}
$$

과 같이 되어 X_m^{ee}은 $m = 0, 1, 2, \cdots, 7$ 에 대해 전부를 다 계산할 필요 없이 주기성을 이용하여 X_0^{ee}와 X_1^{ee} 만을 계산하여 사용하면 된다. 마찬가지로 X_m^{eo}에 대해서도 같은 개념이 성립한다. 즉

$$
\begin{aligned}
&X_0^{eo} = x_2 + x_6 \\
&X_1^{eo} = x_2 + W_8^4 x_6 \\
&X_2^{eo} = X_0^{eo} \\
&X_3^{eo} = X_1^{eo} \\
&\vdots \qquad \vdots
\end{aligned}
\tag{4-54}
$$

다음은 윗 단계인 식 (4-51)에 있는 X_m^e 를 $m = 0, 1, 2, \cdots, 7$ 에 대해 생각해 보자.

$$
\begin{aligned}
&X_0^e = X_0^{ee} + X_0^{eo} \\
&X_1^e = X_1^{ee} + W_8^2 X_1^{eo} \\
&X_2^e = X_2^{ee} + W_8^4 X_2^{eo} = X_0^{ee} + W_8^4 X_0^{eo} \\
&X_3^e = X_3^{ee} + W_8^6 X_3^{eo} = X_1^{ee} + W_8^6 X_1^{eo} \\
&X_4^e = X_4^{ee} + W_8^8 X_4^{eo} = X_0^{ee} + X_0^{eo} = X_0^e \\
&X_5^e = X_5^{ee} + W_8^{10} X_5^{eo} = X_1^{ee} + W_8^2 X_1^{eo} = X_1^e \\
&\vdots \qquad\qquad \vdots \qquad\qquad \vdots \qquad\qquad \vdots
\end{aligned}
\tag{4-55}
$$

와 같이 되어, X_m^e 도 $m = 0, 1, 2, \cdots, 7$ 에 대해 다 계산 할 필요 없이 X_0^e, X_1^e, X_2^e 및 X_3^e만을 계산하고 주기성을 이용하면 된다.

마찬가지로 홀수항 X_m^o 에 대해서도 같은 개념으로 생각할 수 있다. 즉

$$
\begin{aligned}
&X_0^o = X_0^{oe} + X_0^{oo} \\
&X_1^o = X_1^{oe} + W_8^2 X_1^{oo} \\
&X_2^o = X_2^{oe} + W_8^4 X_2^{oo} = X_0^{oe} + W_8^4 X_0^{oo} \\
&X_3^o = X_3^{oe} + W_8^6 X_3^{oo} = X_1^{oe} + W_8^6 X_1^{oo} \\
&X_4^o = X_0^o \\
&X_5^o = X_1^o \\
&\vdots \qquad \vdots
\end{aligned}
\tag{4-56}
$$

물론 여기서도 짝수항에서와 마찬가지로

$$X_0^{oe} = x_1 + x_5$$

$$X_1^{oe} = x_1 + W_8^4 x_5$$

$$X_2^{oe} = X_0^{oe}$$

$$X_3^{oe} = X_1^{oe}$$

$$\vdots \qquad \vdots \tag{4-57}$$

이며,

$$X_0^{oo} = x_3 + x_7$$

$$X_1^{oo} = x_3 + W_8^4 x_7$$

$$X_2^{oo} = X_0^{oo}$$

$$X_3^{oo} = X_1^{oo}$$

$$\vdots \qquad \vdots \tag{4-58}$$

이다.

지금까지 설명한 표본집합 분해의 예를 신호 흐름도(signal-flow graph)를 이용해 나타낼 수 있다. 그림 4-12는 출력신호들의 집합이 입력신호의 집합을 어떻게 결합하는지를 보여준다. 흐름은 왼쪽에서 오른쪽으로, 선분위의 숫자는 W_N의 멱의 지수를 나타내고, 끊어지지 않는 선분은 영의 지수를 나타낸다. 그림 4-13의 흐름도는 식 (4-43)이 원래의 이산푸리에 변환공식으로 3번 적용된 후에 함축된 모든 합과 곱들을 명백히 보여준다.

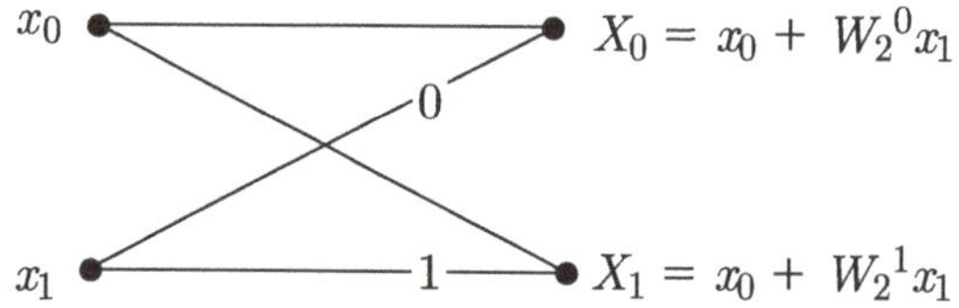

그림 4-12 • $N = 2$인 경우의 이산푸리에 변환 또는 고속푸리에 변환을 위한 신호 흐름도

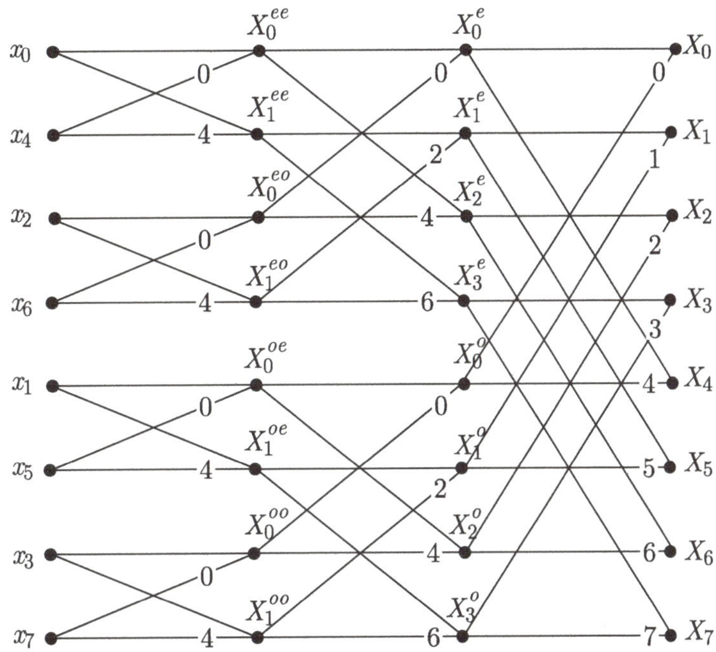

그림 4-13 • 입력 비트 역전의 시간영역분해를 사용한 고속푸리에 변환($N=8$)

그림 4-13이 정확한가를 증명하기 위해 신호통로를 추적하여 각 이산푸리에 변환합이 정확한가를 볼 수 있다. 즉 $m=1$에 대해 $X_1 = x_0 + x_1 W_8^1 + \cdots + x_7 W_8^7$인가를 살펴보면 된다. 이와 같이 $m = 2, 3, \cdots$ 등에 대해서도 마찬가지로 살펴볼 수 있다.

신호 흐름도 그림 4-13에서 살펴보면 입력표본들은 짝수항과 홀수항으로 나누어지고, 그 안에서 또 짝수항과 홀수항으로 나누어지고,... 이렇게 해서 마지막 두개의 쌍이 남을 때까지 완전분해(decomposition)를 하게 되는데, 어떻게 짝을 지을까하는 방법이 $N=8$인 경우에 대해 그림 4-14에 나타나 있다. 여기서 정수값들은 기호들을 간략화하기 위해서 단지 표본의 위치를 나타내고 있다. 그러나 N의 개수가 큰 경우는 이렇게 완전분해 된 짝을 짓기가 쉽지 않다.

N의 개수가 큰 이러한 경우는 그림 4-15에서와 같은, 소위 비트 역전(bit reversal)이라고 불리는 방법으로 쉽게 얻어질 수 있다. 분해과정은 일반적으로 N이 2의 멱이 되는데 기초를 둔다. 즉 $N=2^K$이다. 여기서는 $N=8$, $K=3$인 경우의 분해를 나타낸다. 표본들의 순서는 분해과정 동안은 원래의 2진수가 역전된 것처럼 된다. 예를 들면 0의 위치 (000)에서 2진수는 그대로 (000)이지만 1의 위치 (001)에서 2진수는 (001)의 비트를 역전시킨 (100)으로 되어 4가 된다.

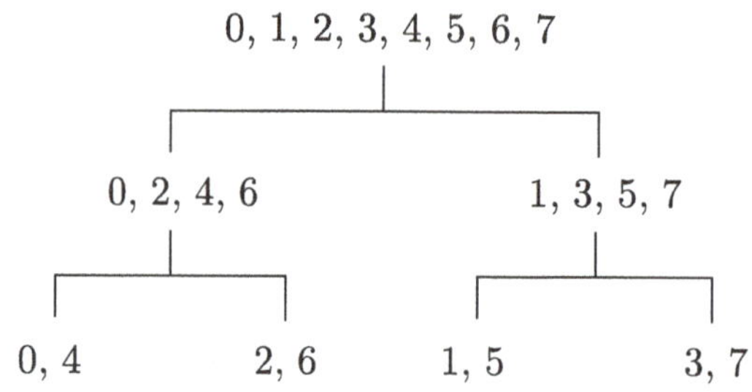

그림 4-14 • 표본들의 분해

비트 역전은 K의 모든 값들에 대해 같게 일어나며, 표본들의 순서에 의한 완전분해의 결과를 기억하는 편리한 방법이기도 한다.

그림 4-13을 기초로 하여 다른 값의 K에 대해 고려해 보는 것은 어렵지 않다. 예를 들면 K를 3에서 4로 증가시키는 경우, 그림 4-13에 있는 각 지수들을 두 배로 하고 현재의 신호도 옆과 밑에 같은 신호도를 그대로 반복하고 오른쪽 끝에 네번째 구간을 넣고 4개의 신호도를 앞 절에서 설명한 것과 같은 방법으로 연결하면 된다. 또 K를 3에서 2로 감소시키는 경우 단순히 4개의 절점과 3개의 행(column)을 갖는 위쪽 좌측 신호도 망을 취하고 지수의 각각을 2로 나누면 된다. 이 모든 경우들에 있어서도 물론 입력들은 비트 역전이 되어야 한다. 지금까지 설명한 고속푸리에 변환은 2를 기반(radix-2)으로 한 시간영역분해(time decomposition)의 고속푸리에 변환 방법이다.

고속푸리에 변환에서 각 복소곱(complex multiplication)은 신호도에서 하나의 지수로 표현되

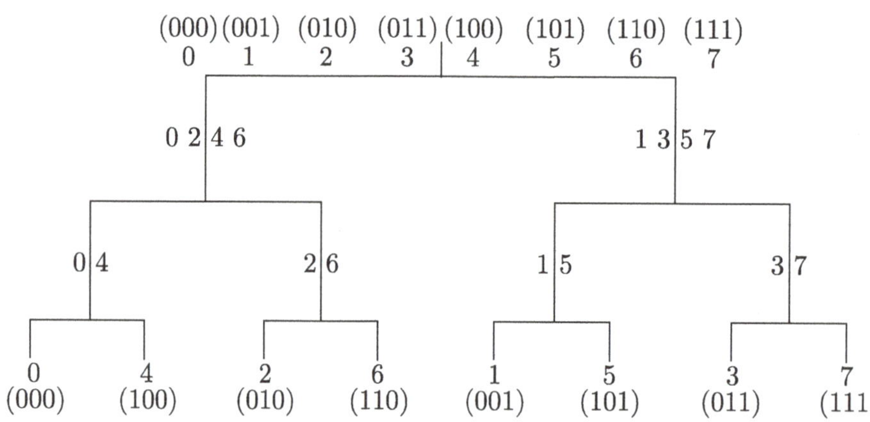

그림 4-15 • 비트 역전을 보여주는 표본들의 완전분해($N=8$의 경우)

기 때문에 각 행에서 N개의 곱을 갖는 K행의 곱들이 중복되어 있음을 쉽게 알 수 있다. 그러나 또한 그림 4-11로부터, $n \geq N/2$일 때 $W_N^n = -W_N^{n-N/2}$이기 때문에 각 행에서 곱들의 반은 중복된다. 따라서 각각 $N/2$개의 유일한 곱들을 가진 K개의 곱들이 있으며 이는 다음 식으로 나타난다.

$$\text{복소곱들의 수} = \frac{NK}{2} = \frac{N}{2}\log_2 N \tag{4-59}$$

이를 이산푸리에 변환에서 복소곱의 개수인 N^2과 비교하면 다음 식으로 주어진다.

$$\frac{\text{고속푸리에 변환곱의 수}}{\text{이산푸리에 변환곱의 수}} = \frac{1}{2N}\log_2 N \tag{4-60}$$

N이 증가함에 따라 식 (4-60)은 현저히 작은 값을 가진다. 예를 들면 $N = 512$에 대해 비율은 1% 이하로 떨어지며, 따라서 연산시간에서 현저한 절약을 가져온다. 표 4-2에 이들의 복소곱 연산에 관한 비교가 나타나 있다.

표 4-2 • 복소곱 연산수의 비교

N	이산푸리에 변환	고속푸리에 변환
2	4	1
8	64	12
32	1024	80
64	4096	192
512	262144	2304
1024	1048576	5120

연습문제

EX 1 함수 $x(t)$가 다음의 스펙트럼 값을 갖는다.

$$X(j\omega)=\begin{cases}1-\left|\dfrac{\omega}{4\pi}\right|, & |\omega|< 4\pi \\ 0, & |\omega|\geq 4\pi\end{cases}$$

0이 아닌 전체의 구간에서 $x(t)$를 다음과 같이 T초의 간격으로 표본화 할 때 각각의 이산 푸리에 변환을 계산하여라.

(1) $T=0.5$

(2) $T=0.3$

(3) $T=0.2$

EX 2 다음에 주어진 표본함수에서,

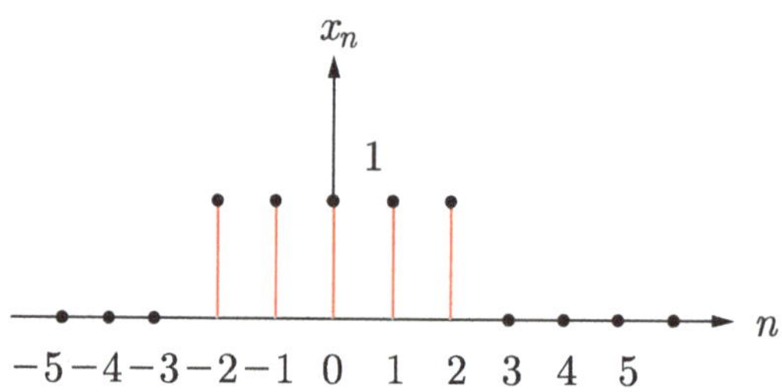

(1) 0이 아닌 5개의 표본을 사용하여 DFT를 구하라.

(2) 0을 포함한 11개의 표본을 사용하여 DFT를 구하라.

(3) (1)과 (2)의 계산결과에 차이가 있는가? 있다면 설명하라.

EX 3 함수 $x(t)=e^{-t}(t \geq 0)$로부터 0이 아닌 부분에 대해 $t=0$에서 시작하여 T의 간격으로 효과적으로 표본들을 추출한다. 진폭 스펙트럼 $|X(j\omega)|$ 를 도시하고, $T=0.1$과 0.2에 대해 각각 구한 이산푸리에 변환 결과의 진폭 스펙트럼 $|X_s(j\omega)|$ 을 도시하여 서로 비교하라.

EX 4 그림 4-5에 나타난 함수 $x(t)$에 대해 절단의 오차를 계산하여라.

EX 5 x_n의 이산푸리에 변환을 X_m이라 할 때 이산푸리에 변환에 대한 파스발(Parseval)의 정리를 증명하여라.

$$\sum_{n=0}^{N-1}|x_n|^2 = \frac{1}{N}\sum_{m=0}^{N-1}|X_m|^2$$

EX 6 편의상 $x_m(0 \leq m \leq 2M-1)$이 실수라고 할 때, 이산푸리에 변환의 전력 스펙트럼, 진폭 스펙트럼 및 위상 스펙트럼을 구하여라.

EX 7 주기가 4인 $x(n)$의 이산푸리에 변환이 $X(0)=5,\ X(1)=2+j,\ X(2)=-5,$ $X(3)=2-j$ 이라면 이들로부터 $x(n)$을 구하여라.

EX 8 신호 $x(t)$의 푸리에 변환 $X(f)$가 다음 그림과 같다. 만약 $x(t)$가 $\frac{1}{8000}$[sec]로 표본화되었다면 이산신호 $x(n)$의 푸리에 변환 $X(f)$를 그려라. 여기서 f는 주파수이다.

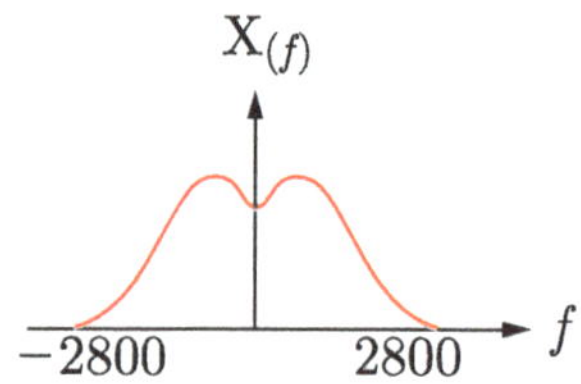

EX 9 $N=4$인 경우 입력 비트 역전된 시간영역분해를 사용한 고속푸리에 변환의 신호 흐름도를 그려라.

EX 10 (1) 4096개의 표본을 가지고 고속푸리에 변환을 계산할 때 몇 개의 복소곱이 필요한가?
(2) 이때 이산푸리에 변환에 비해 계산율은 얼마나 되는가?

EX 11 $N=16$인 경우 입력 비트 역전된 시간영역분해를 사용하여 고속푸리에 변환의 신호 흐름도를 그려라.

EX 12 $N=4$인 경우 식 (4-39)를 이용, 이산푸리에 변환의 공식을 나열하여라.

EX 13 x_n이 다음과 같을 때 시간영역분해를 사용한 고속푸리에 변환 알고리즘에 의해 X_m을 계산하여라.

$$x_n = \begin{cases} 1+j, & n=0 \\ 1-j, & n=1 \\ 1+j, & n=2 \\ 1-j, & n=3 \\ 0, & n<0,\ n \geq 4 \end{cases}$$

EX 14 x_n이 다음과 같을 때 시간영역 분해를 이용, 고속푸리에 변환하여라.

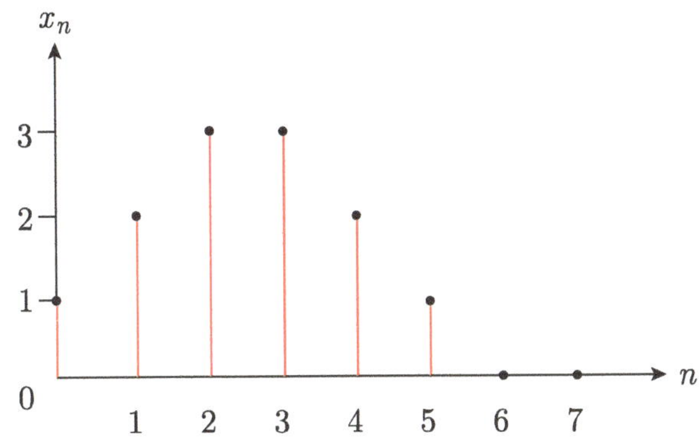

5장

Z 변환

5-1 서론

z 변환은 이산시간 신호와 시스템을 표현하고, 분석하고, 설계에 사용하기 편리한 수단이다. z 변환은 연속 시간의 라플라스 변환과 비슷한 역할을 이산시간에서 하며, 이산시간 푸리에 변환을 일반화시킨 것으로 디지털 신호를 주파수 영역으로 변환시키는 방법이다. 이번 장에서는 z 변환과 역 z 변환의 특성을 다룬다.

5-2 z 변환

지금까지의 디지털 신호 및 시스템은 여러 표본늘 $x(n)$, $y(n)$ 등의 사용을 포함해 왔다. 이들 표본들이 $x(t)$, $y(t)$ 등의 포락선, 즉 표본들에 실제적으로 포함되어 있지 않은 정보를 첨가하지 않고도 함수의 형태로 표현된다면 편리할 것이다.

표본에 대한 이러한 표현이 z 변환(z-transform)이며, 다음과 같이 정의된다. 함수 $x(t)$의 표본 열 $x(n)$의 z 변환은

$$\begin{aligned} X(z) &= \mathfrak{Z}\{x_n\} \\ &= \sum_{n=-\infty}^{\infty} x(n) z^{-n} \end{aligned} \tag{5-1}$$

이다. 여기서 z는 복소 변수이다. 식 (5-1)은 양변(two-sided) z 변환이며, 만약 $n<0$에 대해 $x(n)=0$ 이면 다음과 같다.

$$X(z)=\sum_{n=0}^{\infty}x(n)z^{-n} \tag{5-2}$$

식 (5-2)는 $n\geq 0$인 표본 열 $x(n)$의 단변(one-sided) z 변환이라고 한다. 그러나 $n<0$에 대해 $x(n)=0$ 이라는 가정을 가지면 두 변환은 같은 결과를 가져온다.

$x(n)$의 z변환인 $X(z)$는 식 (5-1)과 (5-2)에서 보듯이 무한급수이므로 $n\to\infty$로 될 때 그 합이 유한하지 않으면 무의미해 진다. $X(z)$는 z의 모든 값에 대해 항상 수렴하지는 않는다. z 변환이 수렴하는 영역은 수렴영역(region of convergence; ROC)으로 알려져 있고, 이 영역에서 $X(z)$의 값들은 유한하다. 수렴영역은 다음의 예제들에서 알 수 있듯이 $x(n)$ 또는 $X(z)$의 특성들에 의해 결정될 수 있다.

예제 5-1 다음의 이산시간 열(sequence)로부터 z 변환을 찾고, 각각에 대한 수렴 영역을 구하라.

(1) 그림 5-1(a)의 열은 비인과성(non-causal)이다. 왜냐하면 $x(n)$이 $n<0$에서 0이 아니며, $x(-6)=0,\ x(-5)=1,\ x(-4)=2,\ x(-3)=2, x(-2)=2,\ x(-1)=1,\ x(0)=0$ 인 유한 지속기간(duration)의 열이다. 이들의 z 변환은

$$X(z)=\sum_{n=-\infty}^{\infty}x(n)z^{-n}=z^5+2z^4+2z^3+2z^2+z$$

이다. $z=\infty$일 때, $X(z)$의 값들이 무한하게 된다는 것은 쉽게 알 수 있다. 따라서 수렴영역은 $z=\infty$에서를 제외하고 z 영역 모든 곳이 된다.

(2) 그림 5-1(b)의 열도 비인과성이다. $n<0$에서 $x(n)$이 값을 가지고 있다. $x(-3)=0$, $x(-2)=1, x(-1)=2, x(0)=2, x(1)=2, x(2)=1, x(3)=0$인 유한 지속기간의 열이다. 식 (5-1)로부터, z 변환은

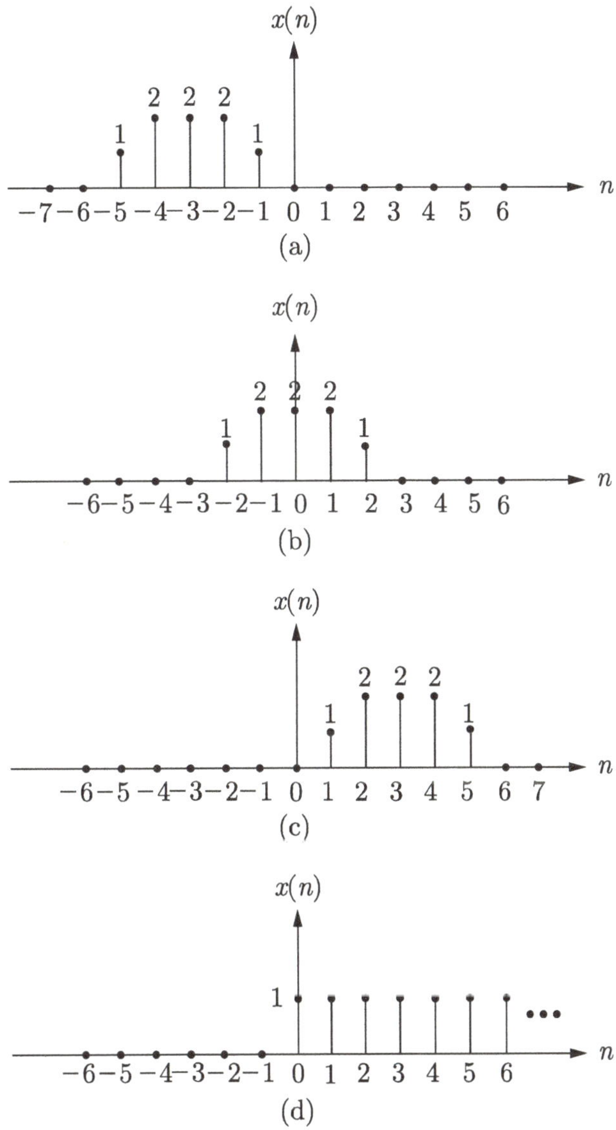

그림 5-1 • 인과성 및 비인과성 이산 시간 열

$$X(z)=\sum_{n=-\infty}^{\infty}x(n)z^{-n}=z^2+2z+2+2z^{-1}+z^{-2}$$

이다. $X(z)$의 값들이 $z=0$이거나 혹은 $z=\infty$일 때 무한한 것은 확실하다. 따라서 수렴 영역은 $z=0$에서와 $z=\infty$에서를 제외하고 모든 영역이 된다.

(3) 그림 5-1(c)는 인과성이고, $x(0)=0$, $x(1)=1$, $x(2)=2$, $x(3)=2$, $x(4)=2$, $x(5)=1$, $x(6)=0$의 값을 가지는 유한 지속기간의 열이다. 그의 z 변환은

$$X(z)=\sum_{n=-\infty}^{\infty} x(n)z^{-n}=z^{-1}+2z^{-2}+2z^{-3}+2z^{-4}+z^{-5}$$

이다. 이 경우 $z=0$에서 $X(z)=\infty$이다. 따라서 수렴 영역은 $z=0$을 제외하고 모든 영역이다.

(4) 그림 5-1(d)에서 이산시간 신호는 수학적으로 다음과 같이 정의 된다.

$$x(n)=\begin{cases}1, & 0\le n\le\infty \\ 0, & n<0\end{cases}$$

명확하게 무한 지속기간의 인과성 열이다. z 변환은 다음과 같이 주어진다.

$$X(z)=\sum_{n=-\infty}^{\infty} x(n)z^{-n}=\sum_{n=0}^{\infty} z^{-n}=1+z^{-1}+z^{-2}+\cdots$$

이것은 z^{-1}의 공통 비(比)를 가지는 기하급수이다. 만약 $|z^{-1}|<1$ 이면, 즉 $|z|>1$ 이면 이 급수는 수렴한다. 따라서 $X(z)$는 $|z|>1$ 에서 다음과 같이 표현할 수 있다.

$$\begin{aligned} X(z)&=1+z^{-1}+z^{-2}+\cdots \\ &=1/(1-z^{-1})=z/(z-1) \end{aligned} \tag{5-3}$$

이러한 경우 z 변환은 그 중심이 원점에 있는 단위원의 바깥쪽 어디에든 유효하다. 원 밖은 수렴영역이며, 그림 5-2에 나타나 있다. 여기서 $|z|>1$ 일 때 $X(z)$는 수렴하고, $|z|<1$ 에서 발산하는 것을 쉽게 알 수 있다. 예를 들어, 만약 $z=2$(단위 원 밖)로 둔다면, 식 (5-3)의 우변의 급수는 합계가 2로 된다는 것을 알 수 있다. 즉

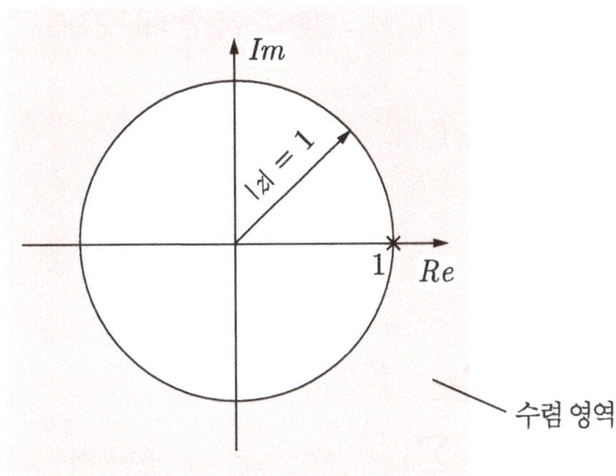

그림 5-2 • 예제 5-1의 (4)에 대한 수렴 영역

$$X(z) = 1 + 1/2 + (1/2)^2 + (1/2)^3 + \cdots$$
$$= 2/(2-1) = 2$$

이는 첫 번째 항목이 1이고 공통비가 1/2인 기하급수로 합이 $2/(2-1) = 2$ 로 됨으로부터 확실히 알 수 있다. 반면에, 만약 $z = 1/2$(단위 원 안)이면 식 (5-3)의 급수는 다음과 같이 되어

$$X(z) = 1 + 1/0.5 + (1/0.5)^2 + (1/0.5)^3 + \cdots$$
$$= 1 + 2 + 4 + 8 + \cdots$$

따라서 발산함을 알 수 있다. 그림 5-2에서, 수렴영역은 $X(z)$의 극점의 반경인 $|z| = 1$ 의 원에 둘러지는 것을 볼 수 있다. $X(z) = \infty$에 대한 z의 값은 $X(z)$의 극점들이 되고, $X(z) = 0$에 대한 z의 값은 $X(z)$의 영점들이 된다. ◀

위의 예제로부터 유한 지속기간의 인과성 열에 대하여 z 변환은 $z = 0$에서를 제외하고는 모든 영역에 수렴하는 것을 알 수 있다. 인과성 무한 지속기간 열에 대하여 z 변환은 가장 큰 반경을 가지는 극점으로 만들어지는 원의 바깥 어느 곳에서나 수렴한다. 안정된 인과성 시스템에 대하여 수렴영역은 항상 단위원을 에워싸고 있다.

예제 5-2 다음의 이산시간 신호 $x(n)$의 z변환과 수렴영역을 구하라.

$$x(n)=\begin{cases}0 & ,n\geq 0\\ -b^n & ,n<0,\quad b>0\end{cases}$$

이들의 z변환은

$$\begin{aligned}X(z)&=\sum_{n=-\infty}^{-1}(-b^n)z^{-n}\\&=1-\sum_{n=0}^{\infty}\left(\frac{z}{b}\right)^n=\frac{z}{z-b}, \qquad |z|<|b|\end{aligned}$$

$|z|<|b|$ 이 외의 영역에서는 위의 무한급수가 수렴하지 않으므로 $|z|<|b|$ 의 조건이 필요하다. 따라서 $X(z)$의 수렴영역은 그림 5-3에서와 같이 원점을 중심으로 반지름이 b인 원의 안쪽영역이 된다. ◀

z 변환은 식 (5-1)로부터 다음의 특징들을 가지고 있음을 알 수 있다.

(1) $X(z)$는 z의 다항식이며 표본들 $x(n)$으로부터 결정된다.

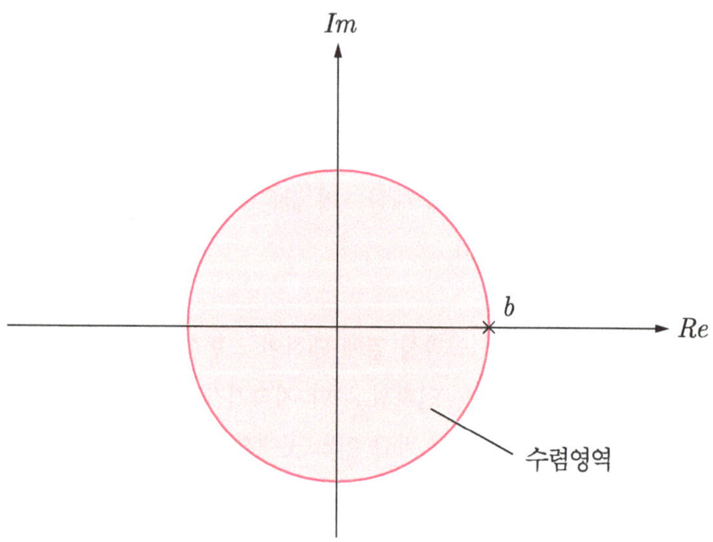

그림 5-3 • 예제 5-2에 대한 수렴 영역

(2) $X(z)$가 주어질 때 각 인자 z^{-n}을 제거하면 표본열 $x(n)$이 복원될 수 있다.

(3) $X(z)$는 표본화 간격 T와는 독립적이다.

(4) 만약 신호 $x(n)$의 z 변환이 $X(z)$이라면, m 표본들에 의해 지연된 신호의 z 변환은 $z^{-m}X(z)$이다. 즉 z^{-m} 인자는 시간 mT와 대응되며, 이런 관점에서 z^{-m}은 $t=0$ 으로부터 mT만큼의 지연을 의미한다. 이 특징은 이산시간 시스템의 z 변환 함수를 시간 영역의 차분 방정식으로 변환하는데 넓게 사용된다. 또한, 그 역에 대해서도 적용된다.

$$x(n) \rightarrow X(z)$$

$$x(n-m) \rightarrow z^{-m}X(z)$$

즉

$$\mathfrak{Z}\{x(n-m)\} = \sum_{n=-\infty}^{\infty} x(n-m)z^{-n}$$

여기서 $n-m=k$라 두고 다시 정리하면

$$\begin{aligned} \sum_{n=-\infty}^{\infty} x(n-m)z^{-n} &= \sum_{k=-\infty}^{\infty} x(k)z^{-(k+m)} \\ &= z^{-m}\sum_{k=-\infty}^{\infty} x(k)z^{-k} \\ &= z^{-m}X(z) \end{aligned}$$

로 됨을 알 수 있다.

(5) $X(z)$에서 z가 $e^{j\omega T}$로 대체되면 결과는 이산푸리에 변환이 된다. 즉,

$$X_s(j\omega) = X(e^{j\omega T}) \tag{5-4}$$

이다. 이 관계는 다음 절에서 자세히 살펴볼 수 있다.

표 5-1 • 자주 사용되는 이산 시간 열의 z 변환

	이산시간 열 $x(n), n \geq 0$	z 변환	수렴영역
1	$k\delta(n)$	k	모든 영역
2	k	$\frac{kz}{z-1}$	$\lvert z\rvert > 1$
3	kn	$\frac{kz}{(z-1)^2}$	$\lvert z\rvert > 1$
4	kn^2	$\frac{kz(z+1)}{(z-1)^3}$	$\lvert z\rvert > 1$
5	$ke^{-\alpha n}$	$\frac{kz}{z-e^{-\alpha}}$	$\lvert z\rvert > e^{-\alpha}$
6	$kne^{-\alpha n}$	$\frac{kze^{-\alpha}}{(z-e^{-\alpha})^2}$	$\lvert z\rvert > e^{-\alpha}$
7	$1-e^{-\alpha n}$	$\frac{z(1-e^{-\alpha})}{z^2-z(1+e^{-\alpha})+e^{-\alpha}}$	$\lvert z\rvert > e^{-\alpha}$
8	$\cos(\alpha n)$	$\frac{z(z-\cos\alpha)}{z^2-2z\cos\alpha+1}$	$\lvert z\rvert > 1$
9	$\sin(\alpha n)$	$\frac{z\sin\alpha}{z^2-2z\cos\alpha+1}$	$\lvert z\rvert > 1$
10	$e^{-\alpha n}\sin(\alpha n)$	$\frac{ze^{-\alpha}\sin\alpha}{z^2-2e^{-\alpha}z\cos\alpha+e^{-2\alpha}}$	$\lvert z\rvert > e^{-\alpha}$
11	$e^{-\alpha n}\cos(\alpha n)$	$\frac{ze^{-\alpha}(ze^{\alpha}-\cos\alpha)}{z^2-2e^{-\alpha}z\cos\alpha+e^{-2\alpha}}$	$\lvert z\rvert > e^{-\alpha}$
12	$\cosh(\alpha n)$	$\frac{z^2-z\cosh\alpha}{z^2-2z\cosh\alpha+1}$	$\lvert z\rvert > \cosh\alpha$
13	$\sinh(\alpha n)$	$\frac{z^2-z\sinh\alpha}{z^2-2z\cosh\alpha+1}$	$\lvert z\rvert > \sinh\alpha$
14	$k\alpha^n$	$\frac{kz}{z-\alpha}$	$\lvert z\rvert > \alpha$
15	$kn\alpha^n$	$\frac{k\alpha z}{(z-\alpha)^2}$	$\lvert z\rvert > \alpha$
16	$2\lvert c\rvert\lvert p\rvert^n\cos(n\angle p+\angle c)$	$\frac{cz}{z-p}+\frac{c^*z}{z-p^*}$	

여기서 k와 α는 상수들이며, c는 복소수이다.

예제 5-3 다음의 열에 대한 z 변환을 구하여라.

(1) $x(n) = \delta(n), \quad X(z) = 1$

(2) $x(n) = u(n)$

$$X(z) = \sum_{n=0}^{\infty} z^{-n}$$

$$= 1 + z^{-1} + z^{-2} + \cdots$$

$$= \frac{1}{1 - z^{-1}}, \quad |z^{-1}| < 1$$

(3) $x(n) = e^{-anT}, \quad n \ge 0$

$$X(z) = \sum_{n=0}^{\infty} e^{-anT} z^{-n}$$

$$= 1 + e^{-aT} z^{-1} + e^{-2aT} z^{-2} + \cdots$$

$$= \frac{1}{1 - e^{-aT} z^{-1}}, \quad |e^{-aT} z^{-1}| < 1$$

◀

위의 예들 외에도 자주 사용되는 이산시간 열의 z의 변환은 표 5-1에 나타나 있으며, 이러한 표는 역 z 변환을 찾는데도 유용하게 사용된다.

5-3 z 변환과 라플라스 변환의 관계

이상적으로 표본화된 함수 $x_s(t)$는 식 (4-2)로부터 $n \ge 0$인 경우에 대해서 다음과 같이 쓸 수 있다.

$$x_s(t) = \sum_{n=0}^{\infty} x(t) \delta(t - nT) \tag{5-5}$$

그의 라플라스 변환은

$$\begin{aligned} X_s(s) &= \int_0^{\infty} x_s(t) e^{-st} dt \\ &= \int_0^{\infty} \sum_{n=0}^{\infty} x(t)\delta(t-nT) e^{-st}\, dt \\ &= \sum_{n=0}^{\infty} \int_0^{\infty} x(t) e^{-st} \delta(t-nT)\, dt \\ &= \sum_{n=0}^{\infty} x(n) e^{-nTs} \end{aligned} \tag{5-6}$$

이며, 표본열 $x(n)$에 대한 z 변환은 식 (5-2)를 여기서 다시 쓰면

$$X(z) = \sum_{n=0}^{\infty} x(n) z^{-n} \tag{5-7}$$

이다. 식 (5-6)과 식 (5-7)을 비교하면 앞 절의 특징 (5)에서 언급한 바와 같이 다음과 같음을 알 수 있다. 즉,

$$X(z) = X_s(s) \Big|_{e^{sT} = z} \tag{5-8}$$

이는 라플라스 변환과 z 변환 사이의 기본적인 관계를 보여 주며, 다음의 예들에서 살펴보자.

예제 5-4 | 주어진 함수들의 라플라스 변환과 z 변환을 구하여라.

(1) $x(t) = u(t)$일 때

$X(s) = \dfrac{1}{s}$

$x(n) = u(n)$일 때

$$X(z) = \sum_{n=0}^{\infty} z^{-n}$$

$$= \frac{1}{1-z^{-1}}, \quad |z^{-1}| < 1$$

(2) $x(t) = e^{-at}u(t)$일 때

$$X(s) = \frac{1}{s+a}$$

$x(n) = e^{-anT}u(n)$일 때

$$X(z) = \sum_{n=0}^{\infty} e^{-anT}z^{-n}$$

$$= \frac{1}{1-e^{-aT}z^{-1}}, \quad |e^{-aT}z^{-1}| < 1$$

(3) $x(t) = (\sin\omega t)u(t)$일 때

$$X(s) = \frac{\omega}{s^2+\omega^2}$$

$x(n) = (\sin\omega nT)u(n)$일 때

$$X(z) = \sum_{n=0}^{\infty} (\sin\omega nT)z^{-n}$$

$$= \sum_{n=0}^{\infty} \frac{e^{j\omega nT} - e^{-j\omega nT}}{2j} z^{-n}$$

$$= \frac{z^{-1}\sin\omega T}{z^{-2} - 2z^{-1}\cos\omega T + 1}, \quad |z^{-1}| < 1$$

◀

식 (5-8)에서 $z = e^{sT}$의 변환을 다시 살펴보자. 함수 e^{sT}는 주기 $j\omega_s$로 주기적임을 쉽게 알 수 있다. 즉

$$e^{sT} = e^{(s+j\omega_s m)T} \tag{5-9}$$

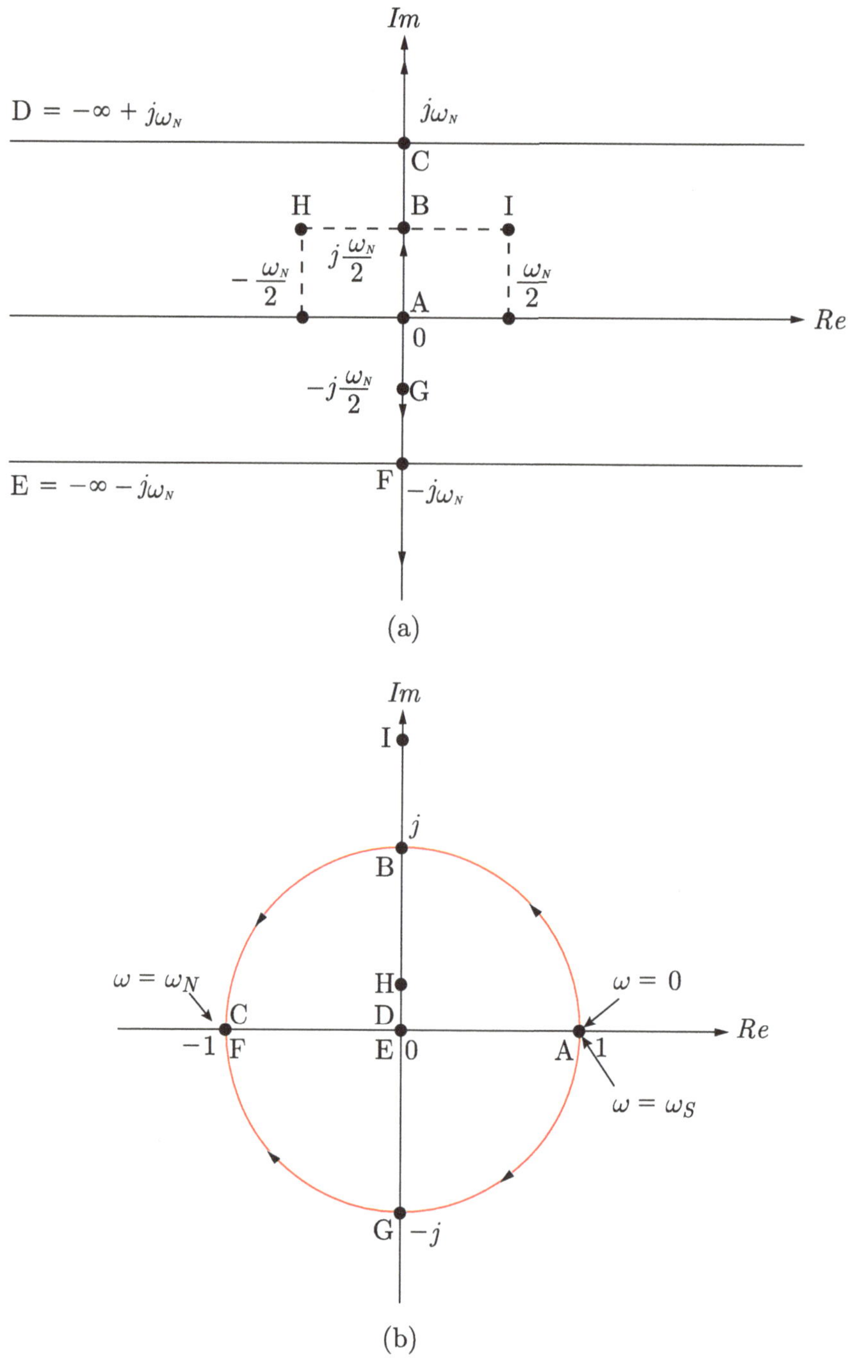

그림 5-4 • s 평면과 z 평면 사이의 관계

(a) s 평면 (b) z 평면

여기서 m은 정수이며, 물론 $\omega_s = 2\pi / T$이다. 이러한 관점에서 s평면은 그림 5-4에서 보여진 바와 같이 세로폭이 $\omega = -j\infty$에서 $j\infty$인 띠 모양으로 생각할 수 있으며, 사상(mapping) 목적으로 띠 모양의 폭을 $-\frac{j\omega_s}{2}$에서 $\frac{j\omega_s}{2}$의 범위로 고려하자. 표 5-2는 s평면과 z평면에서 서로 대응되는 점들을 나타내며, 그림 5-4를 함께 살펴보면 다음의 내용들을 알 수 있다.

① s 평면의 좌반평면은 z 평면에서는 단위원(unit circle) 안으로 대응된다.
② s 평면의 우반평면은 z 평면에서는 단위원 밖으로 대응된다.
③ s 평면의 $j\omega$축은 z 평면의 단위원으로 대응된다.
④ s 공간에서 주파수 $\omega = \omega_s$ 와 $\omega = 2\omega_s$와 같이 s 공간의 주파수가 증가해가더라도 z 공간의 단위원에서는 이 주파수 값들이 한 바퀴, 두 바퀴 더 돌아 같은 점으로 사상됨을 볼 수 있듯이, z 공간에 사상되는 주파수는 단위원 위를 반복함을 유의해야 한다.

표 5-2 • s 평면과 z 평면에서의 상호 대응점들

점	s 평면	z 평면
A	$s=0$	$z=1$
B	$s=\frac{j\omega_N}{2}$	$z=j$
C	$s=jw_N$	$z=-1$
D	$s=-\infty+jw_N$	$z=0$
E	$s=-\infty-jw_N$	$z=0$
F	$s=-jw_N$	$z=-1$
G	$s=-\frac{j\omega_N}{2}$	$z=-j$
H	$s=-\frac{\omega_N}{2}+j\frac{\omega_N}{2}$	$z=e^{-\frac{\pi}{2}}\ e^{j\frac{\pi}{2}}\ <1$
I	$s=\frac{\omega_N}{2}+j\frac{\omega_N}{2}$	$z=e^{\frac{\pi}{2}}\ e^{j\frac{\pi}{2}}\ >1$

5-4 역 z 변환

역 z 변환(inverse z-transform)은 주어진 z 변환으로부터 이산시간 신호 $x(n)$을 복구 할 수 있도록 한다. 역 z 변환은 특히 디지털 신호처리에서, 예를 들어 디지털 필터의 임펄스 응답을 찾는데 유용하다. 역 z 변환은 다음과 같이 정의 된다.

$$x(n) = \mathfrak{Z}^{-1}[X(z)] \tag{5-10}$$

여기서 $X(z)$는 $x(n)$의 z 변환이고, $\mathfrak{Z}^{-1}$은 역 z 변환의 표시이다.

인과성 열이라고 가정할 때, 식 (5-2)의 $X(z)$는 다음과 같이 멱급수로 확장될 수 있다.

$$\begin{aligned} X(z) &= \sum_{n=0}^{\infty} x(n) z^{-n} \\ &= x(0) + x(1)z^{-1} + x(2)z^{-2} + x(3)z^{-3} + \cdots \end{aligned} \tag{5-11}$$

여기서 $x(n)$의 값들은 z^{-n} $(n = 0, 1, \cdots)$의 계수들이고, 육안으로 직접 알 수 있다. 그러나 실제로 $X(z)$는 다음 식에서와 같이 종종 z^{-1} 또는 z 의 형태로 분모와 분자의 다항식 비로 표현된다.

$$X(z) = \frac{b_0 + b_1 z^{-1} + b_2 z^{-2} + \cdots + b_N z^{-N}}{a_0 + a_1 z^{-1} + a_2 z^{-2} + \cdots + a_M z^{-M}} \tag{5-12}$$

이러한 형태에서, 역 z 변환 $x(n)$은 다음의 세 가지 방법으로 구할 수 있다.

(1) 멱급수 확장(power series expansion) 방법
(2) 부분 분수 전개(partial fraction expansion) 방법
(3) 유수(residue) 방법

5-3-1. 멱급수 방법

$X(z)$은 장제법(long division)에 의해 z^{-1} 혹은 z 의 유한 급수형태로 확장할 수 있다. 즉

$$
\begin{aligned}
X(z) &= \frac{b_0 + b_1 z^{-1} + b_2 z^{-2} + \cdots + b_N z^{-N}}{a_0 + a_1 z^{-1} + a_2 z^{-2} + \cdots + a_M z^{-M}} \\
&= x(0) + x(1) z^{-1} + x(2) z^{-2} + x(3) z^{-3} + \cdots
\end{aligned} \tag{5.13}
$$

다음의 예제를 통하여 멱급수 확장 방법을 설명하자.

예제 5-5 인과성 LTI 시스템의 z 변환이 다음과 같이 주어질 때, 그의 역 z 변환을 장제법을 사용한 멱급수 확장방법으로 구하라.

$$X(z) = \frac{1 + 2z^{-1} + z^{-2}}{1 - z^{-1} + 2z^{-2}}$$

먼저 $X(z)$의 분자항을 분모항으로 나눈다.

$$
\begin{array}{r l}
 & 1 + 3z^{-1} + 2z^{-2} + -4z^{-3} + \cdots \\
\cline{2-2}
1 - z^{-1} + 2z^{-2} \big) & 1 + 2z^{-1} + z^{-2} \\
 & 1 - z^{-1} + 2z^{-2} \\
\cline{2-2}
 & \quad 3z^{-1} - z^{-2} \\
 & \quad 3z^{-1} \quad 3z^{-2} + 6z^{-3} \\
\cline{2-2}
 & \qquad 2z^{-2} - 6z^{-3} \\
 & \qquad 2z^{-2} - 2z^{-3} + 4z^{-4} \\
\cline{2-2}
 & \qquad\quad -4z^{-3} - 4z^{-4}
\end{array}
$$

따라서 z 변환은 다음과 같이 전개된다. 즉

$$X(z) = 1 + 3z^{-1} + 2z^{-2} - 4z^{-3} + \cdots$$

이 식으로부터 역 z 변환은 바로 다음과 같음을 알 수 있다.

$$x(0)=1,\ x(1)=3,\ x(2)=2,\ x(3)=-4,\cdots$$ ◀

5-3-2. 부분 분수 전개 방법

이 방법은 $X(z)$를 먼저 단순한 부분 분수의 합으로 확장한다. 그리고 각 부분 분수의 역 z 변환을 구하고, 이들을 전체 역 z 변환을 위해 합한다. 주어진 아래의 z 변환식

$$X(z)=\frac{b_0+b_1z^{-1}+b_2z^{-2}+\cdots+b_Nz^{-N}}{a_0+a_1z^{-1}+a_2z^{-2}+\cdots+a_Mz^{-M}} \tag{5-14}$$

에 대해, $X(z)$의 극점들이 각각 일차의 차수를 가지고, $N=M$ 이면, $X(z)$는 다음과 같이 전개될 수 있다.

$$\begin{aligned} X(z) &= B_0+\frac{C_1}{1-p_1z^{-1}}+\frac{C_2}{1-p_2z^{-1}}+\cdots+\frac{C_M}{1-p_Mz^{-1}} \\ &= B_0+\frac{C_1z}{z-p_1}+\frac{C_2z}{z-p_2}+\cdots+\frac{C_Mz}{z-p_M} \\ &= B_0+\sum_{k=1}^{M}\frac{C_kz}{z-p_k} \\ &= B_0+\sum_{k=1}^{M}\frac{C_k}{1-p_kz^{-1}} \end{aligned} \tag{5-15}$$

여기서 p_k는 $X(z)$의 극점들이고, C_k는 부분 분수의 계수들이며,

$$B_0=b_N/a_N \tag{5-16}$$

이다. C_k는 또한 $X(z)$의 유수들로 알려져 있다.

만약 식 (5-14)에서 분자의 차수가 분모의 차수보다 작으면, 즉 $N<M$이면, B_0는 0이 된다. 만약 $N>M$이면, $N\le M$으로 만들기 위해, $X(z)$를 우선 분자와 분모의 다항식을 장제법으로

줄여야만 한다. 그러면 그 나머지는 식 (5-15)와 같이 표기될 수 있다. 따라서 $N > M$일 때의 부분분수 전개는 다음과 같게 된다.

$$X(z) = \sum_{r=0}^{N-M} B_r z^{-r} + \sum_{k=1}^{M} \frac{C_k}{1 - p_k z^{-1}} \tag{5-17}$$

여기서 B_r은 분모에 의한 분자의 장제법으로 구해진다. 극점 p_k와 관계되어 있는 계수 C_k는 식 (5-15)의 양쪽 모두에 $(z - p_k)/z$로 곱하고 $z = p_k$로 대입하여 얻을 수 있다. 즉

$$\begin{aligned} C_k &= \frac{X(z)}{z}(z - p_k) \Big|_{z=p_k} \\ &= (1 - p_k z^{-1})X(z) \Big|_{z=p_k} \end{aligned} \tag{5-18}$$

만약 $X(z)$가 한 개 혹은 그 이상의 다중 극점을 가진다면(중복 극점들을 가지는 경우), 추가 항들이 식 (5-15)에 고려되어져야 한다. 예를 들어, $X(z)$가 $z = p_k$에서 m차의 중복극점을 가진다면, 부분 분수 전개 방법은 다음 형태의 항을 반드시 포함해야 한다.

$$\sum_{i=1}^{m} \frac{D_i}{(z - p_k)^i}$$

계수 D_i는 다음의 관계로부터 구해진다. 즉

$$D_i = \frac{1}{(m-i)!} \frac{d^{m-i}}{dz^{m-i}} \left[(z - p_k)^m \frac{X(z)}{z} \right]_{z=p_k} \tag{5-19}$$

부분 분수 전개 방법에 의한 역 z 변환을 다음의 예제들로부터 살펴보자.

예제 5-6 단순한 1차의 극점들을 가지는 $X(z)$로부터의 역 z 변환을 구하라.

$$X(z) = \frac{z^{-1}}{1 - 0.25z^{-1} - 0.375z^{-2}}$$

먼저 $X(z)$의 분모와 분자에 z^2 (가장 높은 차수)를 곱하여 양의 지수형태로 표현한다.

$$X(z)=\frac{z}{z^2-0.25z-0.375}=\frac{z}{(z-0.75)(z+0.5)}$$

$X(z)$는 1차의 극점을 $z=0.75$와 $z=-0.5$에서 가진다(즉, 각 극점 위치에서 단지 1개씩의 극점만 존재). 분자의 차수가 분모의 차수보다 작기 때문에($N<M$), 부분 분수 전개는 다음과 같다.

$$X(z)=\frac{z}{(z-0.75)(z+0.5)}=\frac{C_1 z}{z-0.75}+\frac{C_2 z}{z+0.5}$$

C_k의 값을 찾기 쉽게 하기 위해, z로 양 변을 나눠 주고

$$\frac{X(z)}{z}=\frac{z}{z(z-0.75)(z+0.5)}=\frac{C_1}{z-0.75}+\frac{C_2}{z+0.5}$$

이들로부터 C_1과 C_2를 구하면 각각 다음과 같다.

$$C_1=\frac{(z-0.75)X(z)}{z}\bigg|_{z=0.75}=\frac{(z-0.75)}{(z-0.75)(z+0.5)}\bigg|_{z=0.75}$$

$$=\frac{1}{z+0.5}\bigg|_{z=0.75}=0.8$$

$$C_2=\frac{(z+0.5)X(z)}{z}\bigg|_{z=-0.5}=\frac{(z+0.5)}{(z-0.75)(z+0.5)}\bigg|_{z=-0.5}$$

$$=-0.8$$

따라서 $X(z)$는 다음과 같게 된다.

$$X(z)=\frac{0.8z}{z-0.75}-\frac{0.8z}{z+0.5}$$

z 변환 표로부터, 즉 표 5-1의 14번째 칸을 이용하면 역 z 변환은 각각 다음과 같으므로

$$\mathfrak{Z}^{-1}\left[\frac{0.8z}{z-0.75}\right]=0.8(0.75)^n$$

$$\mathfrak{Z}^{-1}\left[\frac{0.8z}{z+0.5}\right]=0.8(-0.5)^n$$

$x(n)$은 위 각각의 역 z 변환을 합하면 된다.

$$x(n)=0.8\left[(0.75)^n-(-0.5)^n\right], \qquad n\geq 0$$ ◀

예제 5-7 부분 분수 전개 방법을 사용하여 $X(z)$로부터 그의 이산시간 신호 $x(n)$을 구하라.

$$X(z)=\frac{1+2z^{-1}+z^{-2}}{1-z^{-1}+0.5z^{-2}}$$

먼저, $X(z)$를 z의 양의 차수로 표현하고, 극점 p_1, p_2라 두고 다시 쓰면

$$X(z)=\frac{N(z)}{D(z)}=\frac{z^2+2z+1}{z^2-z+0.5}$$

$$=\frac{z^2+2z+1}{(z-p_1)(z-p_2)}$$

과 같고, 극점들은 다음과 같다.

$$p_1=\frac{1+(1-4\times 0.5)^{1/2}}{2}=0.5+j0.5$$

$$p_2=p_1^*=0.5-j0.5$$

$X(z)$의 분모와 분자의 차수가 같기 때문에, 부분 분수 전개는 다음과 같다.

$$\frac{X(z)}{z}=\frac{B_0}{z}+\frac{C_1}{z-p_1}+\frac{C_2}{z-p_1^*}$$

식 (5-16)으로부터 $B_0 = 1/0.5 = 2$ 이다. 위 식의 양변에 $(z-p_1)$을 곱해주고, $z=p_1$를 대입하여 C_1을 구한다.

$$\frac{(z-p_1)X(z)}{z} = \frac{B_0(z-p_1)}{z} + C_1 + \frac{C_2(z-p_1)}{z-p_2}\bigg|_{z=p_1}$$

그러므로

$$\begin{aligned} C_1 &= \frac{(z-p_1)X(z)}{z} = \frac{(z-p_1)(z^2+2z+1)}{z(z-p_1)(z-p_2)}\bigg|_{z=p_1} \\ &= \frac{2+j1.5}{-0.5+j0.5} \\ &= -0.5-j3.5 \end{aligned}$$

p_1과 p_2는 공액 복소수이므로 C_2는

$$C_2 = C_1^* = -0.5+j3.5$$

로 주어진다. 따라서 z 변환은 다음과 같다.

$$\begin{aligned} X(z) &= 2 + \frac{C_1 z}{z-p_1} + \frac{C_2 z}{z-p_1^*} \\ &= 2 + \frac{(-0.5-j3.5)z}{z-0.5-j0.5} + \frac{(-0.5+j3.5)z}{z-0.5+j0.5} \end{aligned}$$

z 변환 표에서, 즉 표 5-1의 1번째와 16번째 칸을 이용하면, 역 z 변환은 다음과 같으므로

$$\mathfrak{Z}^{-1}(2) = 2\delta(n)$$

$$\begin{aligned} \mathfrak{Z}^{-1}\left[\frac{C_1 z}{z-p_1} + \frac{C_2 z}{z-p_1^*}\right] &= 2\times 3.5355(0.7071)^n \cos(45n-98.13^\circ) \\ &= 7.071(0.7071)^n \cos(45n-98.13^\circ) \end{aligned}$$

이산시간 신호 $x(n)$은 다음과 같이 된다.

$$x(n) = 2\delta(n) + 7.071(0.7071)^n \cos(45n - 98.13^\circ), \qquad n \geq 0$$ ◀

예제 5-8 다음의 z 변환에서 이산시간 열 $x(n)$을 찾아라.

$$X(z) = \frac{z^2}{(z-0.5)(z-1)^2}$$

$X(z)$는 $z = 0.5$ 에서 1차의 극점을 가지고, $z = 1$ 에서 중복극점을 가진다. 이 경우 부분 분수 전개를 사용하면,

$$\frac{X(z)}{z} = \frac{C}{z-0.5} + \frac{D_1}{(z-1)} + \frac{D_2}{(z-1)^2}$$

이며, C는 다음과 같이 구할 수 있다.

$$C = \left.\frac{(z-0.5)z^2}{z(z-0.5)(z-1)^2}\right|_{z=0.5}$$

$$= 0.5/(0.5-1)^2 = 2$$

D_1은 식 (5-19)에 $i = 1$과 $m = 2$를 사용하여 구할 수 있다.

$$D_1 = \frac{d}{dz}\left[\frac{(z-1)^2 X(z)}{z}\right]_{z=1} = \frac{d}{dz}\left[\frac{(z-1)^2 z^2}{z(z-0.5)(z-1)^2}\right]_{z=1}$$

$$= \frac{d}{dz}\left(\frac{z}{z-0.5}\right)_{z=1} = \left.\frac{z-0.5-z}{(z-0.5)^2}\right|_{z=1} = -2$$

유사하게, D_2는 식 (5-19)에 $i = 2, m = 2$를 사용하며 다음과 같이 구한다.

$$D_2 = \frac{(z-1)^2 X(z)}{z}\bigg|_{z=1} = \frac{(z-1)^2 z^2}{z(z-0.5)(z-1)^2}\bigg|_{z=1}$$
$$= 2$$

따라서 $X(z)$는 다음과 같다.

$$X(z) = \frac{2z}{z-0.5} - \frac{2z}{(z-1)} + \frac{2z}{(z-1)^2}$$

표 5-1에서 각 항의 역 z 변환을 구하여 합하면, $x(n)$은 다음과 같이 구하여 진다.

$$x(n) = 2(0.5)^n - 2 + 2n = 2\left[(n-1) + (0.5)^n\right], \qquad n \geq 0$$ ◀

5-3-3. 유수 방법

이 방법에서 역 z 변환은 Cauchy's의 유수정리로 알려진 복소변수 이론을 사용한 폐곡선 적분(contour integral)의 값을 구함으로써 얻어진다.

$$x(n) = \frac{1}{2\pi j}\oint_C z^{n-1} X(z)dz \tag{5-20}$$

여기서 C 는 $X(z)$의 모든 극점을 포함하는 적분 경로이다. 식 (5-20)이 의미하는 바는, 즉 $x(n)$은 C 내부에 존재하는 모든 극점들에서의 $z^{n-1}X(z)$의 유수들의 합과 같다.

앞 절에서, 부분 분수의 계수 C_k 는 또한 $X(z)$의 유수로도 언급 되었고, 그 값들을 획득하는 방법도 주어 졌다. 중요한 점은 모든 유수 C_k 가 극점 p_k와 관계 있다는 것이다. 현재 방법에서는 극점 p_k ($X(z)$의 유수가 아닌)에서 $z^{n-1}X(z)$의 유수는 다음과 같이 주어진다.

$$\text{Residue}[F(z), p_k] = \frac{1}{(m-1)!}\frac{d^{m-1}}{dz^{m-1}}\left[(z-p_k)^m F(z)\right]_{z=p_k} \tag{5-21}$$

여기서 $F(z) = z^{n-1}X(z)$ 이고, m은 p_k에 있는 극점의 차수를 나타낸다. 그리고 Residue $[F(z), p_k]$는 $z = p_k$에서 $F(z)$의 유수다. 1개의 단극점(single pole)에 대하여 식 (5-21)은 다음

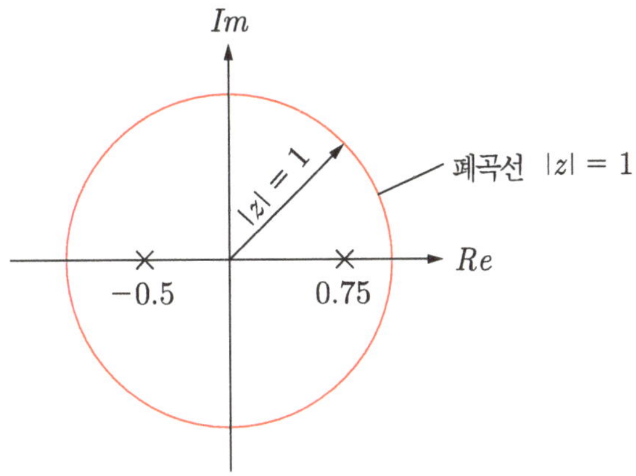

그림 5-5 • $X(z)$의 역할을 보여주는 폐곡선 적분

과 같이 표현된다.

$$\begin{aligned}\text{Residue}\,[F(z), p_k] &= (z-p_k)F(z) \\ &= (z-p_k)z^{n-1}X(z)\,\Big|_{z=p_k}\end{aligned} \tag{5-22}$$

예제 5-9 유수 방법을 사용하여 다음의 z 변환으로부터 이산시간 신호를 찾아라. C는 $|z|=1$ 의 원으로 가정하여라.

$$X(z) = \frac{z}{(z-0.75)(z+0.5)}$$

이 문제는 예제 5-5와 동일하다. 만약, $F(z) = z^{n-1}X(z)$로 둔다면,

$$\begin{aligned}F(z) &= \frac{z^{n-1}z}{(z-0.75)(z+0.5)} \\ &= \frac{z^n}{(z-0.75)(z+0.5)}\end{aligned}$$

$F(z)$는 $z=0.75$와 $z=-0.5$에서 극점들을 가진다. 극점들의 위치가 표시된 폐곡선이 그림 5-5에 주어져있다. 두 극점 모두 폐곡선(단위원) 안에 있다. 식 (5-20)의 설명으로부터 역 z 변환은

다음과 같이 주어진다.

$$x(n) = \text{Residue}\,[F(z), 0.75] + \text{Residue}\,[F(z), -0.5]$$

극점들이 1차이기 때문에, 식 (5-22)를 사용할 수 있다. 따라서

$$\begin{aligned}\text{Residue}\,[F(z), 0.75] &= (z-0.75)F(z)\Big|_{z=0.75} \\ &= \frac{(z-0.75)z^n}{(z-0.75)(z+0.5)}\Bigg|_{z=0.75} \\ &= \frac{(0.75)^n}{0.75+0.5} \\ &= 0.8(0.75)^n\end{aligned}$$

$$\begin{aligned}\text{Residue}\,[F(z), -0.5] &= (z+0.5)F(z)\Big|_{z=-0.5} \\ &= \frac{(z+0.5)z^n}{(z-0.75)(z+0.5)}\Bigg|_{z=-0.5} \\ &= -0.8(-0.5)^n\end{aligned}$$

그러므로 역 z 변환은 유수들의 합이다.

$$x(n) = 0.8\left[(0.75)^n - (-0.5)^n\right], \qquad n > 0$$

이는 부분 분수 전개 방법에서 구한 결과와 동일한 결과가 됨을 알 수 있다. ◀

예제 5-10 다음에 주어진 z 변환으로부터 유수 방법을 사용하여 역 z 변환을 찾아라.

$$X(z) = \frac{z^2+2z+1}{z^2-z+0.5}$$

$X(z)$는 다음과 같이 표현할 수 있다.

$$X(z) = \frac{z^2 + 2z + 1}{(z - p_1)(z - p_2)}$$

여기서 $p_1 = 0.5 + j0.5$ 이고 $p_2 = 0.5 - j0.5$ 으로, $p_2 = p_1^*$이다. 역 z 변환을 찾기 위해 $F(z)$의 유수들을 계산하는데, 이 경우는 $F(z)$는 다음 식과 같다.

$$F(z) = z^{n-1}X(z) = \frac{z^{n-1}(z^2 + 2z + 1)}{z^2 - z + 0.5} = \frac{z^n(z^2 + 2z + 1)}{z(z^2 - z + 0.5)}$$

$F(z)$는 $X(z)$와 같은 극점들을 가진다. 즉 $z = p_1$ 이고, $z = p_2$이다. 또한, $n = 0$일 때 $z = 0$에서 한 개의 극점을 가진다. 그림 5-6은 극점들의 위치가 표시된 폐곡선을 그린 것이다. 모든 근은 폐곡선 안에 있다. $z = 0$에서 극점은 $n > 0$에 대하여 존재하지 않는다. 따라서, 두 가지의 경우로 나누어 생각해 보자.

$n = 0$일 때, $F(z)$는 다음과 같이 표현된다.

$$F(z) = \frac{z^2 + 2z + 1}{z(z^2 - z + 0.5)}$$

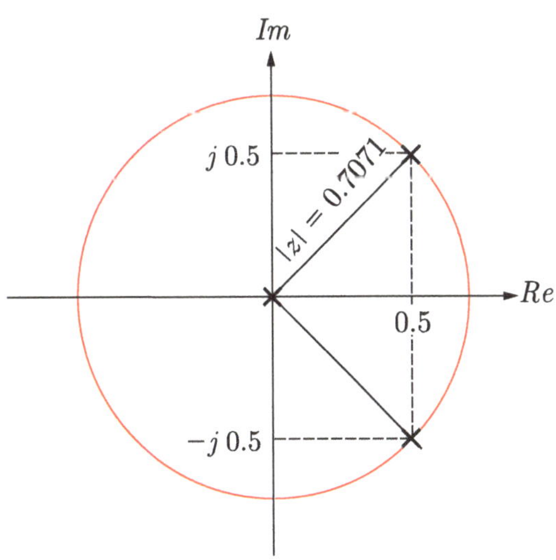

그림 5-6 • 예제 5-10의 수렴 영역을 보여주는 폐곡선

그리고

$$x(0) = \text{Residue}\,[F(z),0] + \text{Residue}\,[F(z),p_1] + \text{Residue}\,[F(z),p_2]$$

이다. 여기서 각 항을 구하면

$$\begin{aligned}\text{Residue}\,[F(z),\,0] &= zF(z)\,\Big|_{z=0} \\ &= \frac{z(z^2+2z+1)}{z(z^2-z+0.5)}\,\Bigg|_{z=0} \\ &= 1/0.5 = 2\end{aligned}$$

$$\begin{aligned}\text{Residue}\,[F(z),\,p_1] &= (z-p_1)F(z)\,\Big|_{z=p_1} \\ &= \frac{(z-p_1)(z^2+2z+1)}{z(z-p_1)(z-p_2)}\,\Bigg|_{z=p_1} \\ &= -0.5 - j3.5\end{aligned}$$

이다. 유의할 점은 이러한 표현이 예제 5-7의 C_1을 구하는 식의 표현과 동일하다. p_1과 p_2는 공액 복소수 쌍이기 때문에, 달리 계산하지 않고 다음을 알 수 있다.

$$\text{Residue}\,[F(z),\,p_2] = -0.5 + j3.5$$

따라서,

$$\begin{aligned}x(0) &= \text{Residue}\,[F(z),0] + \text{Residue}\,[F(z),p_1] + \text{Residue}\,[F(z),p_2] \\ &= 2 - 0.5 - j3.5 - 0.5 + j3.5 \\ &= 1\end{aligned}$$

$n > 0$일 때, $z = 0$에서 극점은 사라지고, 다음의 식을 얻는다.

$$F(z) = \frac{z^n(z^2+2z+1)}{z(z^2-z+0.5)}$$

$$x(n) = \text{Residue}\,[F(z), p_1] + \text{Residue}\,[F(z), p_2]$$

$$\text{Residue}\,[F(z),\, p_1] = (z-p_1)F(z)\,|_{\,z=p_1}$$

$$= \left.\frac{(z-p_1)z^n(z^2+2z+1)}{z(z-p_1)(z-p_2)}\right|_{z=p_1}$$

이 표현은 예제 5-7의 C_1을 구하는 식과 같고, 다음과 같이 쓸 수 있다.

$$\text{Residue}\,[F(z), p_1] = (0.7071e^{j45})^n(3.5355e^{-j98.13})$$

$$= 3.5355(0.7071)^n[\cos(45n-98.13°) + j\sin(45n-98.13°)]$$

p_1과 p_2가 공액 복소수의 쌍이므로, 다음을 얻을 수 있다.

$$\text{Residue}\,[F(z), p_2] = 3.5355(0.7071)^n[\cos(45n-98.13°) - j\sin(45n-98.13°)]$$

따라서, 이산시간 신호는 아래 식과 같이 된다.

$$x(n) = \text{Residue}\,[F(z), p_1] + \text{Residue}\,[F(z), p_2]$$

$$= 7.071(0.7071)^n\cos(45n-98.13°), \qquad n \geq 0$$

◀

예제 5-11 다음의 z 변환에서 이산시간 열 $x(n)$을 찾아라.

$$X(z) = \frac{z^2}{(z-0.5)(z-1)^2}$$

이 예제는 부분 분수 전개부분에 있는 예제 5-7과 같다. 유수 방법에 따라 이산시간 신호는 다음과 같이 주이진다.

$$x(n) = \text{Residue}\left[F(z), p_k\right]$$

$$F(z) = z^{n-1}X(z) = \frac{z^{n+1}}{(z-0.5)(z-1)^2}$$

$F(z)$는 $z = 0.5$ 에서 일차의 단극점을 가지고, $z = 1$ 에서 중복극점을 가진다. 따라서 $x(n)$은 다음과 같이 주어진다.

$$x(n) = \text{Residue}\,[F(z), p_1] + \text{Residue}\,[F(z), p_2]$$

여기서

$$\text{Residue}\,[F(z), 0.5] = \frac{(z-0.5)z^{n+1}}{(z-0.5)(z-1)^2} = \left.\frac{z^{n+1}}{(z-1)^2}\right|_{z=0.5}$$

$$= 0.5(0.5)^n/(0.5)^2 = 2(0.5)^n$$

$$\text{Residue}\,[F(z), 1] = \frac{d}{dz}\left[\frac{(z-1)^2 z^{n+1}}{(z-0.5)(z-1)^2}\right]_{z=1}$$

$$= \left.\frac{(z-0.5)(n+1)z^n - z^{n+1}}{(z-0.5)^2}\right|_{z=1}$$

$$= [0.5(n+1) - 1]/(0.5)^2 = 2(n-1)$$

위의 결과들을 결합하면, 아래의 식을 얻을 수 있다.

$$x(n) = 2\left[(n-1) + (0.5)^n\right], \qquad n > 0$$ ◀

5-5 z 변환의 특성

(1) 선형성: 이산시간 신호 $x_1(n)$과 $x_2(n)$이 z 변환된 $X_1(z)$와 $X_2(z)$을 가진다면, 그들의

선형 조합의 z 변환은 다음과 같다.

$$ax_1(n)+bx_2(n)\rightarrow aX_1(z)+bX_2(z) \tag{5-23}$$

(2) 상승적분: 입력 $x(n)$과 임펄스응답 $h(n)$을 가진 이산시간 LTI 시스템이 주어지면, 이 시스템의 출력은 다음과 같이 주어진다.

$$y(n)=\sum_{k=-\infty}^{\infty}h(k)x(n-k) \tag{5-24}$$

z 변환에서, 입력과 출력은 다음의 관계를 가진다.

$$Y(z)=H(z)X(z) \tag{5-25}$$

여기서 $X(z)$, $H(z)$와 $Y(z)$는 각각 $x(n)$, $h(n)$과 $y(n)$의 z 변환이다. 주어진 $X(z)$와 $H(z)$가 주어질 때, 출력 $y(n)$은 $Y(z)$를 역 z 변환하여 구할 수 있다. 식 (5-24)에서 상승적분은 z 영역에서 곱셈의 과정으로 된다. $H(z)$는 종종 시스템 전달함수로 언급된다.

(3) 미분: $x(n)$의 z 변환이 $X(z)$라면, $nx(n)$의 z 변환은 $X(z)$를 미분함으로써 획득된다.

$$x(n)\rightarrow X(z)$$

$$nx(n)\rightarrow -z\frac{dX(z)}{dz} \tag{5-26}$$

이 특성은 식 (5-2)로부터 양변을 직접 미분하는 방식으로 얻어질 수 있다.

연습문제

EX 1 다음의 열을 z 변환하고, 각각에 대한 수렴영역을 표시하라.

(a) $x(n) = 3e^{-4n}, \quad n \geq 0$

(b) $x(n) = \begin{cases} a^n, & n \geq 0 \\ 0, & n < 0 \end{cases}$

(c) $x(n) = a^{-2n}\cos(0.2\pi n), \quad n \geq 0$

EX 2 다음의 $X(z)$로부터 역 z 변환을 구하라.

(a) $X(z) = \dfrac{z}{z^2 - 0.2z - 0.24}$

(b) $X(z) = \dfrac{1}{(z-a)(z-b)}, \quad |a| < 1, |b| < 1$

(c) $X(z) = \dfrac{z^4 - 1}{z^4 + 1}$

EX 3 인과성 열 $x(n)$과 $nx(n)$이 주어져 있을 때
$x(n) \rightarrow X_1(z)$로 $nx(n) \rightarrow X_2(z)$로 z 변환 된다고
정의하면

$$X_2(z) = -z\frac{dX_1(z)}{dz}$$

가 됨을 보여라.

EX 4 $X(z)$를 아래 세 경우의 수렴영역에 대해 역 z 변환을 구하라.

$$X(z) = \frac{z-2}{(z-0.8)(z+1.2)}$$

(a) $|z| > 1.2$

(b) $|z| < 0.8$

(c) $0.8 < |z| < 1.2$

EX 5 다음을 z 변환 하여라.

(1) t

(2) e^{-3t}

(3) $\cos \omega t$

(4) $\sin \omega t$

EX 6 $X(z) = \dfrac{2z^2}{(z+1)(z+2)}$일 때, $x(n)$을 구하여라.

EX 7 다음을 z 변환 하여라.

$$x(n) = \begin{cases} 1, & n < 0 \\ (0.5)^n, & n \geq 0 \end{cases}$$

6장

이산시간 시스템

6-1 서론

디지털 신호처리의 목적 중의 하나는 이산시간신호를 처리하기 위한 장치나 알고리즘을 설계하는 것이다. 이러한 장치나 알고리즘을 이산시간 시스템(discrete-time system)이라고 하며, 그림 6-1은 시스템의 간단한 구성을 보여준다. 여기서 a_0과 b_1은 배율기(multiplier), D는 지연요소(delay element)를 의미하며, 시스템의 입력열을 $x(n)$, 출력열을 $y(n)$으로 나타낸다.

이산시간 시스템의 동작은 다음 같이 표현되며, 이 식은 이산시간 시스템을 설명하는 차분방정식(difference equation)의 한 예이다.

$$y(n) = -b_1 y(n-1) + a_0 x(n) \tag{6-1}$$

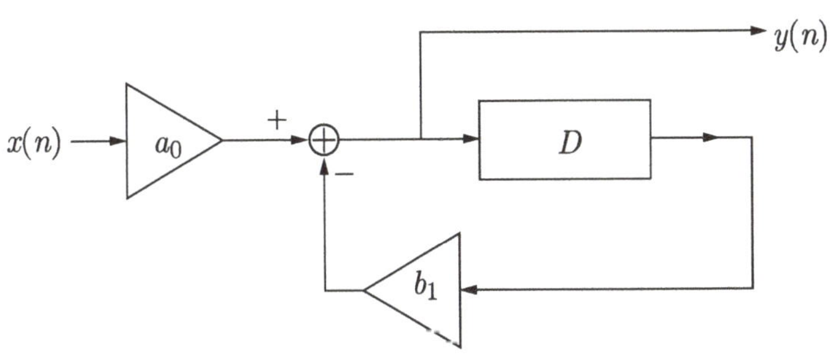

그림 6-1 • 이산시간 시스템의 예

이는 원하는 출력열 $y(n)$을 위해 입력열 $x(n)$을 변형하고 필터 처리함을 의미한다. 이 장에서는 차분방정식, 선형(linear) 및 시불변성(time-invariant)의 특성과 이산시간 시스템의 종류, 시스템의 안정도 판별 및 구현 등의 여러 이론들을 다루기로 한다.

6-2 차분방정식

차분방정식은 이산시간 시스템에서 입력열의 값 $x(n)$을 출력열의 값 $y(n)$에 관련시키며, 다음과 같이 표현될 수 있다.

$$\sum_{k=0}^{M} b_k y(n-k) - \sum_{k=0}^{N} a_k x(n-k) = 0 \tag{6-2}$$

여기서 a_k와 b_k는 상수 또는 n의 함수이다. $b_0 = 1$이면 차분방정식은 다음과 같이 쓸 수 있다.

$$y(n) = \sum_{k=0}^{N} a_k x(n-k) - \sum_{k=1}^{M} b_k y(n-k) \tag{6-3}$$

이 관계식에서 볼 때, n번째 시간에서의 출력은 $n-1$, $n-2, \cdots$, $n-M$번째의 출력들과 n, $n-1, \cdots$, $n-N$번째의 입력들에 의존한다.

차분방정식에 대해 또한 고려되어야 할 것은 미분방정식(differential equation)과 마찬가지로 초기조건(initial condition)들이 식 (6-1)의 예에서 보듯이 출력열이 주어진 입력열에 대해 순환적으로 계산되기 위해서는 $y(-1)$이 초기조건으로 값이 명시되어야 한다. 다음의 두 예로부터 차분방정식의 개념을 익히기로 하자.

예제 6-1 이동평균(moving average)

차분방정식의 간단한 예로서 다음 식을 생각하자.

$$y(n) = a_0 x(n) + a_1 x(n-1) + a_2 x(n-2) \tag{6-4}$$

여기서 n번째 시간에서의 출력은 현재의 입력 $x(n)$과 그의 전입력인 $x(n-1)$과 $x(n-2)$에 의존한다. 만약 $a_0 = a_1 = a_2 = 1/3$이면 차분방정식은 3개의 입력값들을 근거로 한 이동평균을 의미한다. 즉

$$y(n) = \frac{1}{3}\{\ x(n) + x(n-1) + x(n-2)\ \}$$

식 (6-4)는 비순환형(non-recursive) 차분방정식의 한 예이다. 즉 n번째 출력은 단지 현재 및 과거의 입력들에만 의존한다.

또한 차분방정식이 $n \geq 0$인 입력열에 적용된다면 $x(-1)$ 및 $x(-2)$의 값들이 초기조건으로서 명시되어야 한다. a_0, a_1 및 a_2를 1/3과는 다른 값들로 선택하게 되면 입력열의 각각에 가중(weighting)의 효과를 가져올 수도 있다. ◀

예제 6-2 적분(integration)

차분방정식의 다른 예로서 다음 식을 생각할 수 있다.

$$y(n) = -b_1 y(n-1) + a_0 x(n) + a_1 x(n-1) \tag{6-5}$$

식 (6-5)는 현재의 출력이 현재 및 과거의 입력들과 과거의 출력에 순환적으로 의존함을 알 수 있으며, 따라서 이는 순환형(recursive) 차분방정식의 한 예를 나타낸다. 만약 $b_1 = -1$, $a_0 = a_1 = 1/2$로 둔 경우에 차분방정식은 적분을 위한 사다리꼴 법칙(trapezoidal rule)인 다음 식으로 주어진다.

$$y(n) = y(n-1) + \frac{1}{2}\{x(n) + x(n-1)\} \tag{6-6}$$

물론 여기서도 차분방정식이 $n \geq 0$인 입력열에 적용된다면 $x(-1)$ 및 $y(-1)$의 값들이 초기조건으로서 명시되어야 한다. ◀

6-3 선형 시불변 이산시간 시스템

이산시간 시스템은 선형 또는 비선형, 시불변(time-invariant) 또는 시변(time-varying) 등으로 분류될 수 있다. 선형 시불변 시스템에 관한 이론과 설계기법들은 체계적이고 거의 완벽한 단계에 와 있으며, 이 절에서는 선형 시불변(linear time-invariant; LTI) 시스템에 국한하기로 한다. 이산시간 시스템의 입력열과 출력열에 대한 관계는 상승적분 합으로 그림 6-2에 나타나 있으며 다음 식의 상승적분으로 표현된다.

$$y(n) = \sum_{k=-\infty}^{\infty} h(k)x(n-k) \tag{6-7}$$

여기서 $h(n)$은 시스템의 임펄스 응답이다.

이산시간 시스템이 중첩(superposition)의 원리를 따르면 선형시스템이라고 할 수 있다. 즉, 두 개 혹은 더 많은 입력 값에 대한 선형 시스템의 응답은 각 입력에 응답하는 시스템의 응답의 합과 같다. 예를 들어, 만약 시스템에의 입력 $x_1(n)$이 $y_1(n)$을 출력하고, 다른 입력 $x_2(n)$이 $y_2(n)$을 출력한다면, 두 입력에 대한 시스템의 응답은

$$a_1x_1(n) + a_2x_2(n) \to a_1y_1(n) + a_2y_2(n) \tag{6-8}$$

이다. 여기서 a_1과 a_2는 임의의 상수이다.

만약 이산 시간 시스템의 출력이 입력이 적용된 시간에 독립적이면 그 시스템은 시불변이라고 할 수 있다. 예를 들어, 입력 신호 $x(n)$이 출력 $y(n)$을 낸다면, 그때 입력 $x(n-k)$는 출력 $y(n-k)$를 낼 것이다.

$$\begin{aligned} x(n) &\to y(n) \\ x(n-k) &\to y(n-k) \end{aligned} \tag{6-9}$$

즉, 입력에서의 지연은 출력에서 같은 양만큼의 지연을 야기한다.

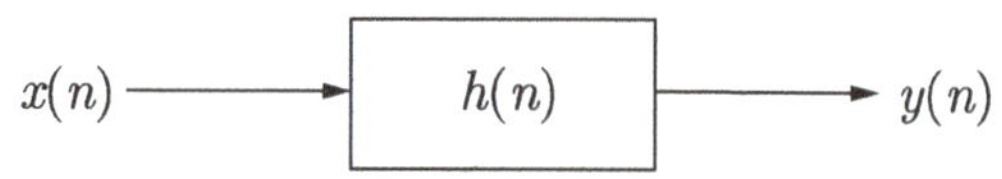

그림 6-2 • 이산시간 시스템의 기능적 관계

선형성의 개념은 때때로 초기조건의 고려 없이 소개되고 있으며, 이 경우는 모든 초기 조건들을 0으로 가정한다. 0의 초기조건을 가진 시스템은 반드시 선형 시스템일 필요는 없으나, 반면 선형 시스템은 반드시 0의 초기조건을 갖는 시스템이다. 즉 중첩의 특성을 만족해야 한다.

선형차분방정식으로 묘사되는 시스템은 선형 시스템이다. 예를 들어 식 (6-1)로 표현되는 시스템은 선형 시스템이다. 입력 및 출력의 관계가 다음 식과 같이 표현되는 시스템

$$y(n) = \sum_{k=0}^{\infty} a_k x(n-k) + y(-1) \tag{6-10}$$

은 선형 시스템이지만, 다음 식과 같이 표현되는 시스템

$$y(n) = \sum_{k=0}^{\infty} a_k x(n-k) + y^2(-1) \tag{6-11}$$

은 비선형 시스템이다. 그러나 위의 식에서 초기조건을 0으로 할 때 식 (6-11)의 시스템도 선형이 되며 위의 두 식은 같은 응답을 가짐을 알 수가 있다.

6-3-1. 이산시간 시스템의 형태와 전달함수

이산시간 시스템의 차분 방성식

$$y(n) = \sum_{k=0}^{N} a_k x(n-k) - \sum_{k=1}^{M} b_k y(n-k) \tag{6-12}$$

을 z 변환하면 다음과 같다.

$$Y(z) = \sum_{k=0}^{N} a_k z^{-k} X(z) - \sum_{k=1}^{M} b_k z^{-k} Y(z) \tag{6-13}$$

이로부터 이산 시스템의 전달함수 $H(z)$를 구한다.

$$H(z) = \frac{Y(z)}{X(z)} = \frac{\sum_{k=0}^{N} a_k z^{-k}}{1 + \sum_{k=1}^{M} b_k z^{-k}} \tag{6-14}$$

만약 모든 분모의 계수 b_k가 0이면 식 (6-12)와 (6-13)은 다음과 같이 줄어든다.

$$y(n) = \sum_{k=0}^{N} a_k x(n-k) \tag{6-15}$$

$$H(z) = \frac{Y(z)}{X(z)} = \sum_{k=0}^{N} a_k z^{-k} \tag{6-16}$$

이 시스템의 출력 $y(n)$은 현재와 과거의 입력 표본열에 의존하지만, 식 (6-12)와는 달리 이전 출력에는 의존하지 않는다. 이러한 경우 계수 a_k는 시스템의 임펄스 응답(impulse response)을 나타내고, 보통 $h(k)$로 표시한다. 여기서 $h(k)$의 길이가 명백히 유한하기 때문에 이런 종류의 LTI 시스템을 유한 임펄스 응답(finite impulse response; FIR) 시스템이라 부른다. 분모의 계수가 적어도 한 개는 0이 아닌 경우, 식 (6-12)와 (6-14)로 특성화된 시스템은 무한 임펄스 응답(infinite impulse response; IIR) 시스템이라 부른다. IIR 시스템에서는 극점들 중 적어도 한 개는 0이 아니나, FIR 시스템은 보통 극점들을 가지고 있지 않다.

이산 시간 시스템의 임펄스 응답은 시스템 전달함수 $H(z)$를 역 z변환하여 얻을 수 있고 다음과 같다.

$$h(k) = \mathfrak{Z}^{-1}[H(z)], \quad k = 0, 1, 2, \cdots \tag{6-17}$$

$H(z)$가 만약 멱급수로 표현되어 있다면, 즉

$$\begin{aligned} H(z) &= \sum_{k=0}^{\infty} h(k) z^{-k} \\ &= h(0) + h(1)z^{-1} + h(2)z^{-2} + \cdots \end{aligned} \tag{6-18}$$

이면, z 변환의 계수가 바로 임펄스 응답이 된다. IIR 시스템에서 $H(z)$는 종종 식 (6-14)에서와 같이 다항식의 비로 표현된다. 이러한 경우 5장에서 소개된 역 z 변환 방법이 시스템의 임펄스 응답을 얻는데 사용된다.

또한, 임펄스 응답은 단위 임펄스(unit impulse; $n=0$에서 1의 값을 가지고 $n \neq 0$에서 0인 임펄스)에 대한 이산 시간 시스템 응답으로 여겨질 수 있다. 이것은 시스템에 대한 입력을 단위 임펄스로 할 때(즉 $x(n)=\delta(n)$), 시스템의 출력이 시스템의 임펄스 응답이 되는 사실에서 기인한다. 즉

$$\begin{aligned} y(n) &= \sum_{k=0}^{\infty} h(k)x(n-k) \\ &= \sum_{k=0}^{\infty} h(k)\delta(n-k) \\ &= h(0)\delta(n)+h(1)\delta(n-1)+h(2)\delta(n-2)+\cdots \\ &= h(n), \qquad n=0,1,2,\cdots \end{aligned} \tag{6-19}$$

예제 6-3 | 다음의 전달함수 $H(z)$로부터 이산시간 필터의 임펄스 응답을 찾아라.

$$H(z)=\frac{1-z^{-1}}{1+0.5z^{-1}}$$

먼저, 멱급수 방법을 사용하여

$$\begin{array}{r|l} & 1-1.5z^{-1}+0.75z^{-2}-0.375z^{-3}\,\mathrm{L} \\ \hline 1+0.5z^{-1} & 1-z^{-1} \\ & \underline{1+0.5^{-1}} \\ & \quad -1.5z^{-1} \\ & \quad \underline{-1.5z^{-1}-0.75z^{-2}} \\ & \qquad\qquad 0.75z^{-2} \\ & \qquad\qquad \underline{0.75z^{-2}+0.375z^{-3}} \\ & \qquad\qquad\qquad\qquad -0.375z^{-3} \end{array}$$

$H(z)=1-1.5z^{-1}+0.75z^{-2}-0.375z^{-3}+\ldots$을 얻는다. 따라서 임펄스 응답의 값은 다음과 같다.

$$h(0)=1,\ h(1)=-1.5,\ h(2)=0.75,\ h(3)=-0.375,\cdots$$

한편 다른 방법으로는, 전달 함수로부터 필터의 차분 방정식을 획득한다. 즉

$$Y(z)+0.5z^{-1}Y(z)=X(z)-z^{-1}X(z)$$
$$y(n)+0.5y(n-1)=x(n)-x(n-1)$$
$$y(n)=x(n)-x(n-1)-0.5y(n-1)$$

이 필터의 임펄스 응답은 $x(n)=\delta(n)$으로 두고, 초기조건 $y(-1)=0$으로 하여 얻을 수 있다. $\delta(n)$은 다음과 같이 정의되므로,

$$\delta(n)=\begin{cases}1 & n=0\\ 0 & n\neq 0\end{cases}$$

이를 이용하여

$$y(0)=1$$
$$y(1)=x(1)-x(0)-0.5y(0)=0-1-0.5=-1.5$$
$$y(2)=x(2)-x(1)-0.5y(1)=-0.5\times(-1.5)=0.75$$
$$y(3)=x(3)-x(2)-0.5y(2)=-0.5\times 0.75=-0.375$$
$$\vdots$$

를 얻는다. 따라서 임펄스 응답은 다음과 같다.

$$h(0)=1,\ h(1)=-1.5,\ h(2)=0.75,\ h(3)=-0.375,\cdots$$

두 방법 모두 같은 결과를 가짐을 알 수 있다. ◀

예제 6-4 식 (6-1)의 필터를 다시 생각해 보자. 이 필터의 전달함수와 임펄스 응답을 구하라.

차분방정식인 식 (6-1)을 z 변환하면,

$$Y(z) = -b_1[z^{-1}Y(z) + y(-1)] + a_0X(z)$$

이 되고, 이를 다시 정리하면

$$Y(z)(1 + b_1z^{-1}) = a_0X(z) - b_1y(-1)$$

이다. 따라서

$$Y(z) = \frac{a_0X(z)}{1 + b_1z^{-1}} + \frac{(-b_1)y(-1)}{1 + b_1z^{-1}} \tag{6-20}$$

로 주어진다. 이 식을 역 z 변환을 하면

$$y(n) = a_0\sum_{k=0}^{n}(-b_1)^k x(n-k) + (-b_1)^{n+1}y(-1) \tag{6-21}$$

이 된다. 만약 초기조건 $y(-1)$이 0이 되면 식 (6-20)은

$$Y(z) = \frac{a_0X(z)}{1 + b_1z^{-1}} \tag{6-22}$$

가 되고, 디지털 필터의 전달함수 $H(z) = Y(z)/X(z)$는 다음과 같다.

$$H(z) = \frac{a_0}{1 + b_1z^{-1}} \tag{6-23}$$

식 (6-23)을 역 z 변환하면

$$h(n) = a_0(-b_1)^n \tag{6-24}$$

이 되며, 이는 바로 필터의 임펄스 응답이 된다. ◀

6-3-2. 안정도

안정도(stability) 분석은 종종 이산 시간 시스템 설계에서 중요한 한 부분으로 여겨진다. LTI에서 유용한 안정도 척도는 모든 제한된 입력은 모든 제한된 출력을 낸다는 것이다. 이것을 BIBO(bounded input, bounded output) 안정하다 라고 부른다. 만약 시스템이 다음의 조건을 만족하는 경우에 그 시스템은 BIBO 안정하다고 할 수 있다.

$$\sum_{k=-\infty}^{\infty} |h(k)| < \infty \tag{6-25}$$

여기서 $h(k)$는 시스템의 임펄스 응답이다. 임펄스 응답이 유한의 길이이면, 임펄스 응답 계수들의 합이 유한하기 때문에 식 (6-25)의 조건이 성립됨은 자명하다.

이를 자세히 고찰하기 위해 다음과 같이 전개하여 설명할 수 있다. 입력 신호 $x(n)$가 유한일 때 모든 n에 대해 $|x(n)| < B_x$ 를 만족하는 $+\infty$가 아닌 양수 B_x가 존재한다. 따라서 식 (6-7)로부터 아래의 관계가 성립한다.

$$|y(n)| = \left| \sum_{k=-\infty}^{\infty} h(k)x(n-k) \right| \le \sum_{k=-\infty}^{\infty} |h(k)||x(n-k)| \tag{6-26}$$

$x(n)$이 유한(bounded) 하기 때문에, 즉

$$|x(n)| \le B_x$$

이므로, 식 (6-26)은 다음과 같이 쓸 수 있다.

$$|y(n)| \le B_x \sum_{k=-\infty}^{\infty} |h(k)| \tag{6-27}$$

그러므로 $y(n)$이 유한(bounded)하기 위한 필요충분조건(necessary and sufficient condition)은

$$\sum_{k=-\infty}^{\infty} |h(k)| < \infty$$

이다. $h(k)$가 식 (6-25)를 만족할 때, 이를 절대 합이 가능(absolutely summable)하다라고 한다.

z 변환에서도 언급했듯이, 제한된 출력이 되기 위해서는, 모든 극점은 반드시 단위 원 안에 있어야만 한다. 하나의 극점이라도 단위 원 바깥쪽에 있을 때, 그 시스템은 불안정하다. 실제로, 단위 원 위에 있는 극점을 가진 시스템은 불안정하거나 잠정적으로 불안정한 것으로 여겨진다. 이는 사소한 교란이나 에러가 그 시스템을 불안정하게 할 수 있기 때문이다. 한 가지 예외는 극점이 단위 원에 영점과 같은 위치에 있어 극점의 효과를 무효화시킬 때이다. 불안정한 시스템에서, 임펄스 응답은 시간이 지날수록 무한정 증가한다.

원칙적으로, 안정도 테스트는 z 변환 영역에서 극점의 위치를 찾는 것이다. 만약 어떤 극점이 단위 원 바깥 혹은 위에 있으면, 그 시스템은 불안정 하다. 그러나 실제로 극점의 위치를 찾는 것은 쉬운 일이 아닐 때도 많다.

시스템의 z 변환 $H(z)$가 인수분해의 형태가 불가능할 때, 사용될 수 있는 안정도 판별법을 살펴보자. 일반적으로 연속 데이터 시스템에서 유용한 루스-허위츠(Routh-Hurwitz) 판별법은 안정도 경계 조건이 다르기 때문에 z 평면에서 직접적으로 적용할 수 없다.

z에 관한 다항식 근들의 위치를 단위 원과 관련하여 테스트하기 위하여 고안된 방법들에는 주리(Jury)의 안정도 판별법과 이를 간략화하여 표로 만든 레이블(Raible)의 안정도 판별법이 있으며, 여기서는 레이블의 안정도 판별법에 대해 설명하자.

일반적으로 전달함수 $H(z) = N(z)/D(z)$ 이며, 아래와 같이 z에 관한 다항식이 주어져 있다.

$$D(z) = a_n z^n + a_{n-1} z^{n-1} + \cdots + a_2 z^2 + a_1 z + a_0 = 0 \tag{6-28}$$

여기서 $a_0, a_1, \cdots, a_n$ 은 실수 계수이며, a_n은 양수이다. (a_n이 양수가 아니라면 모든 계수들의 부호를 바꾸어서 a_n을 양수로 만든다.)

레이블은 안정도 판별법을 간단하게 계산하기 위해 표로 만들어 계산한 테이블(tabulation) 형태를 표 6-1과 같이 고안하였다.

표에서 첫 번째 열(column)에 있는 요소들(b_0, c_0, $\cdots$, p_0, q_0, r_0)의 부호는 단위 원 안과 밖에 있는 근의 개수들을 나타낸다. 즉 첫 번째 열에 있는 양의 요소들 개수는 단위 원 내의 근들의

표 6-1 • 안정도 판별을 위한 레이블의 표(Raible's tabulation)

	a_n	a_{n-1}	a_{n-2}	$\cdots$	a_2	a_1	a_0	$k_a = a_0/a_n$
−)	$a_0 k_a$	$a_1 k_a$	$a_2 k_a$	$\cdots$	$a_{n-2} k_a$	$a_{n-1} k_a$		
	b_0	b_1	b_2	$\cdots$	b_{n-2}	b_{n-1}		$k_b = b_{n-1}/b_0$
−)	$b_{n-1} k_b$	$b_{n-2} k_b$	$b_{n-3} k_b$	$\cdots$	$b_1 k_b$			
	c_0	c_1	c_2	$\cdots$	c_{n-2}			$k_c = c_{n-2}/c_0$
−)	⋯⋯⋯⋯⋯⋯⋯⋯⋯⋯							
	p_0	p_1	p_2					$k_p = p_2/p_0$
−)	$p_2 k_p$	$p_1 k_p$						
	q_0	q_1						$k_q = q_1/q_0$
−)	$q_1 k_q$							
	r_0							

개수이고, 첫 번째 열에 있는 음의 요소들 개수는 단위 원 밖의 근들의 개수이다.

테이블에서 첫 번째 열의 일부 혹은 모든 요소가 0일 때, 테이블은 더 이상 진행되지 않고 바로 끝나게 된다. 이러한 경우를 특이(singular) 경우라 한다. 특이 경우는 단위 원을 무한소로 확장 또는 수축함으로서 해결 될 수 있으며, 이는 근들을 단위 위로부터 떠나게 하는 것과 같은 의미이다. 이를 위해 z를 다음과 같이 치환한다.

$$z = (1+\varepsilon)z \tag{6-29}$$

여기서 ε은 아주 작은 실수이다. ε이 양수일 때, 단위 원의 반경은 $1+\varepsilon$으로 확장되고, ε이 음수일 때, 단위 원의 반경은 $1+\varepsilon$으로 축소된다. 이는 근들을 조금씩 이동시키는 것과 동일하다. 단위 원이 ε만큼 확장, 축소되었을 때의 단위 원 내부(혹은 외부)에서 발견되는 근의 수의 차이는 단위 원 상의 근의 수와 동일하다. 식 (6-29)의 변환에서 n차일 경우 아래와 같이 근사화할 수 있다.

$$(1 \pm \varepsilon)^n z^n \cong (1 \pm n\varepsilon) z^n \tag{6-30}$$

이는 z^n 항의 계수가 $(1 \pm n\varepsilon)$만큼 곱해진다는 것을 의미한다. $\varepsilon > 0$와 $\varepsilon < 0$으로 둠으로서 첫 번째 열에 있는 양 또는 음의 요소들 간의 차이로 단위 원 상에 있는 근의 개수를 알 수 있다.

예제 6-5 디지털 시스템의 특성 방정식이 다음에 주어져 있다.

$$D(z) = z^2 + z + 0.25 = 0$$

안정도 판별을 위해 레이블의 테이블을 사용할 수 있다.

	$a_2 = 1$	$a_1 = 1$	$a_0 = 0.25$	$k_a = 0.25$
$-)$	$a_0 k_a = 0.0625$	$a_1 k_a = 0.25$		
	$b_0 = 0.9375$	$b_1 = 0.75$		$k_b = 0.8$
$-)$	$b_1 k_b = 0.6$			
	$c_0 = 0.3375$			

첫 번째 열의 계산된 계수 b_0와 c_0가 모두 양수이기 때문에 두근은 모두 단위 원 내부에 존재한다. ◀

예제 6-6 다음 식을 살펴 보자.

$$D(z) = z^3 + 3.3z^2 + 3z + 0.8 = 0 \tag{6-31}$$

이 식의 근은 $z = -0.5,\ -0.8$ 과 -2.0에 위치한다.

단위원 밖에 있는 근의 수를 결정하기 위해 레이블의 테이블을 이용해 보자. 레이블의 테이블은 다음과 같이 주어진다.

$$
\begin{array}{rlllll}
 & 1 & 3.3 & 3 & 0.8 & k_a = 0.8 \\
-) & 0.64 & 2.4 & 2.64 & & \\
\hline
 & 0.36 & 0.9 & 0.36 & & k_b = 1 \\
-) & 0.36 & 0.9 & & & \\
\hline
 & 0 & 0 & & &
\end{array}
$$

따라서 이 식은 특이의 경우이다. 이러한 경우는 식 (6-31)에서 z^k의 계수에 $1+k\varepsilon$, $k=1, 2, 3$을 아래와 같이 곱한다.

$$D((1+\varepsilon)z) \cong (1+3\varepsilon)z^3 + 3.3(1+2\varepsilon)z^2 + 3(1+\varepsilon)z + 0.8 = 0$$

이를 정리하여 레이블의 테이블을 만들면 아래와 같게 된다. 이때 ε^2 이상의 항은 무시하였다.

$$
\begin{array}{rllllll}
 & 1+3\varepsilon & 3.3(1+2\varepsilon) & 3(1+\varepsilon) & 0.8 & k_a = \dfrac{0.8}{1+3\varepsilon} \\
-) & \dfrac{0.64}{1+3\varepsilon} & \dfrac{2.4(1+\varepsilon)}{1+3\varepsilon} & \dfrac{2.64(1+2\varepsilon)}{1+3\varepsilon} & & \\
\hline
b_0 = & \dfrac{0.36+6\varepsilon}{1+3\varepsilon} & \dfrac{0.9+14.1\varepsilon}{1+3\varepsilon} & \dfrac{0.36+6.72\varepsilon}{1+3\varepsilon} & & k_b = \dfrac{0.36+6.72\varepsilon}{0.36+6\varepsilon} \\
-) & \dfrac{(0.36+6.72\varepsilon)^2}{(0.36+6\varepsilon)(1+3\varepsilon)} & \dfrac{(0.9+14.1\varepsilon)(0.36+6.72\varepsilon)}{(0.36+6\varepsilon)(1+3\varepsilon)} & & & \\
\hline
c_0 = & \dfrac{-0.5184\varepsilon}{(0.36+6\varepsilon)(1+3\varepsilon)} & \dfrac{-0.648\varepsilon}{(0.36+6\varepsilon)(1+3\varepsilon)} & & & k_c = 1.25 \\
-) & \dfrac{-0.81\varepsilon}{(0.36+6\varepsilon)(1+3\varepsilon)} & & & & \\
\hline
d_0 = & \dfrac{0.2916\varepsilon}{(0.36+6\varepsilon)(1+3\varepsilon)} & & & &
\end{array}
$$

위의 테이블로부터 아래와 같은 관계를 생각할 수 있다.

$$\varepsilon > 0 : \; b_0 > 0, \; c_0 < 0, \; d_0 > 0$$

$$\varepsilon < 0 : \; b_0 > 0, \; c_0 > 0, \; d_0 < 0$$

ε가 양수이든 음수이든 테이블의 첫 번째 열에서 음수 값을 가지는 요소가 하나 있기 때문에 단위 원 밖에 근이 하나 존재하며, 단위 원 위에는 근이 존재하지 않는다. ◀

예제 6-7 다음의 식을 살펴 보자.

$$D(z) = z^3 + z^2 + z + 1 = 0 \tag{6-32}$$

모든 계수가 동일하기 때문에 이 식은 특이의 경우이다. 따라서 식 (6-27)과 식 (6-28)을 이용하여 아래와 같은 식으로 변환할 수 있다.

$$D[(1+\varepsilon)z] \cong (1+3\varepsilon)z^3 + (1+2\varepsilon)z^2 + (1+\varepsilon)z + 1 = 0$$

이상의 항을 무시하여 레이블의 테이블을 작성하면 다음과 같다.

$$\begin{array}{rcccccc}
 & 1+3\varepsilon & 1+2\varepsilon & 1+\varepsilon & 1 & & k_a = \dfrac{1}{1+3\varepsilon} \\
-) & \dfrac{1}{1+3\varepsilon} & \dfrac{1+\varepsilon}{1+3\varepsilon} & \dfrac{1+2\varepsilon}{1+3\varepsilon} & & & \\
\hline
b_0 = & \dfrac{6\varepsilon}{1+3\varepsilon} & \dfrac{4\varepsilon}{1+3\varepsilon} & \dfrac{2\varepsilon}{1+3\varepsilon} & & & k_b = \dfrac{1}{3} \\
-) & \dfrac{2\varepsilon}{3(1+3\varepsilon)} & \dfrac{4\varepsilon}{3(1+3\varepsilon)} & & & & \\
\hline
c_0 = & \dfrac{16\varepsilon}{3(1+3\varepsilon)} & \dfrac{8\varepsilon}{3(1+3\varepsilon)} & & & & k_c = \dfrac{1}{2} \\
-) & \dfrac{4\varepsilon}{3(1+3\varepsilon)} & & & & & \\
\hline
d_0 = & \dfrac{4\varepsilon}{(1+3\varepsilon)} & & & & &
\end{array}$$

테이블의 첫 번째 열에서, b_0, c_0, d_0가 모두 ε에 정비례한다. 따라서 계수들은 모두 $\varepsilon > 0$일 때 양의 값을 가지며, $\varepsilon < 0$일 때 음의 값을 가진다. ε가 양에서 음으로 부호가 바뀔 때 세 개의 근은 단위 원 안에서 밖으로 이동한다. 결론적으로 식 (6-32)의 세 개의 근은 단위 원 위에 존재

한다. 물론, 세 개의 근은 $z=-1$, $z=+j$ 과 $z=-j$ 에 존재한다. ◀

6-4 극점-영점의 도시

이산시간 시스템의 전달 함수 $H(z)$는 극점과 영점으로 표현 될 수 있다. 여기서 $N=M$이고, $H(z)$가 $z=p_1, p_2, \cdots, p_N$ 에서 극점을 가지고, $z=z_1, z_2, \cdots, z_N$ 에서 영점을 가질 때 다음과 같이 표현할 수 있다.

$$\begin{aligned} H(z) &= \frac{Y(z)}{X(z)} \\ &= \frac{K(z-z_1)(z-z_2)\cdots(z-z_N)}{(z-p_1)(z-p_2)\cdots(z-p_N)} \\ &= \frac{a_0 z^N + a_1 z^{N-1} + a_2 z^{N-2} + \cdots a_N}{b_0 z^N + b_1 z^{N-1} + b_2 z^{N-2} + \cdots b_N} \end{aligned} \tag{6-33}$$

여기서 K는 이득 인수이다. $H(z)$의 극점과 영점은 실수 혹은 복소수이다. 계수 a_k와 b_k를 실수로 만들기 위해 극점 또는 영점의 값들이 복소수 일 때는 항상 켤레 복소수 쌍(complex conjugate pair)으로 존재한다. $H(z)$의 극점과 영점의 위치가 알려져 있다면, 식 (6-33)로부터 $H(z)$를 쉽게 복원할 수 있다.

z변환에 포함되어 있는 정보는 그림 6-3에서와 같이 극점-영점의 도시로부터 쉽게 알 수 있다. 이 그림에서, 극점은 $z=0.5\pm j0.5$와 $z=0.75$에 위치하고, 한 개의 영점은 $z=-1$ 에 있다. 따라서

$$H(z) = \frac{K(z+1)}{(z-0.5+j0.5)(z-0.5-j0.5)(z-0.75)}$$

로 된다. 이때 K는 $|H(z)|$ 의 최대값이 1로 정규화 되도록 구해져야 한다. 따라서 K를 구해보면 $K=0.625$이다. 극점-영점의 도시에서 중요한 또 하나의 특징은 단위 원, 즉 $|z|=1$ 에 의해 정의 되는 원이다.

극점-영점 도시는 주어진 이산 신호 시스템의 특성을 나타내기도 한다. 예를 들어, 극점과

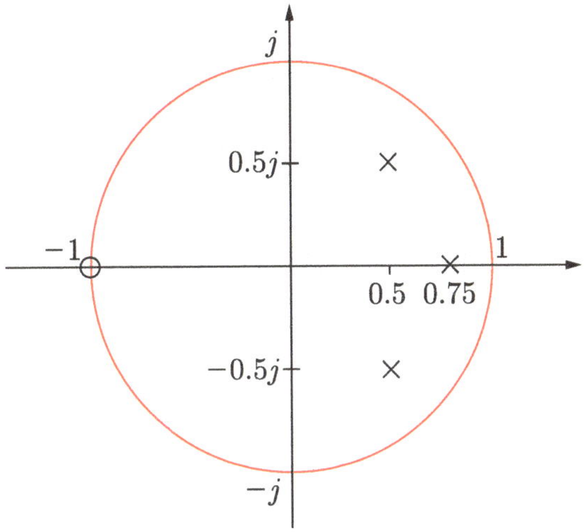

그림 6-3 • z변환에서의 극점과 영점의 표현

영점의 위치로부터 시스템의 주파수 응답을 알 수 있을 뿐 아니라 시스템의 안정도의 정도도 알 수 있다. 안정한 시스템은 모든 극점이 단위 원의 안에 있어야 한다.

예제 6-8 극점과 영점의 항으로 다음의 전달 함수를 표현하고, 극점-영점을 도시하라.

$$H(z) = \frac{1 - z^{-1} - 2z^{-2}}{1 - 1.75z^{-1} + 1.25z^{-2} - 0.375z^{-3}}$$

z의 양의 차수로 $H(z)$를 표현한 뒤, z^3을 분자와 분모에 곱하고 인수 분해하면 다음의 식을 얻는다.

$$H(z) = \frac{(z-2)(z+1)z}{(z-0.5+j0.5)(z-0.5-j0.5)(z-0.75)}$$

따라서, 극점의 위치는 $z = 0.5 \pm j0.5$와 $z = 0.75$이다. 영점은 $z = 2$, $z = -1$과 $z = 0$이다. 극점-영점 도시는 그림 6-4와 같다. ◀

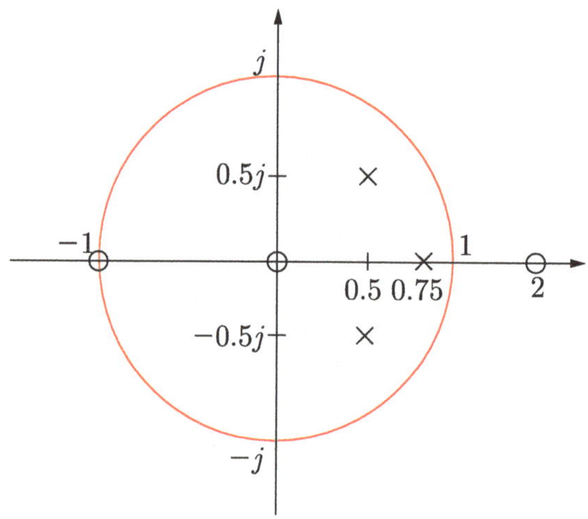

그림 6-4 • 예제 6-8의 극점과 영점

예제 6-9 그림 6-5에 보여진 극점-영점 도시로부터 이산 시간 시스템의 전달 함수, $H(z)$를 결정하라.

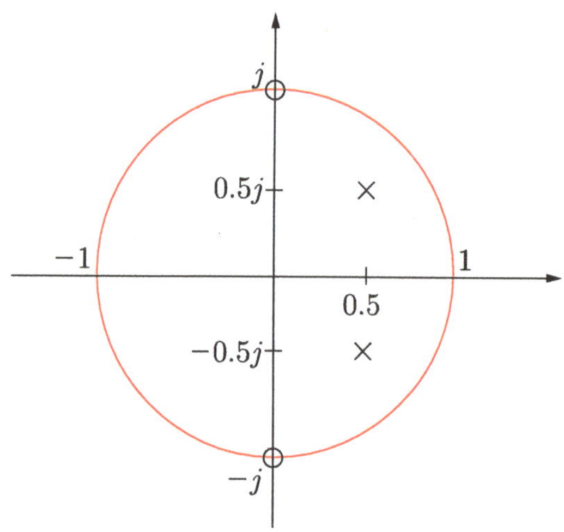

그림 6-5 • 예제 6-9의 극점과 영점

극점-영점 도시에서, 전달 함수의 영점은 $z = \pm j$에 있고, 극점은 $z = 0.5 \pm j0.5$에 있다. 전달 함수는 아래와 같다.

$$H(z) = \frac{K(z-j)(z+j)}{(z-0.5-j0.5)(z-0.5+j0.5)}$$

$$= \frac{K(z^2+1)}{z^2-z+0.5}$$

$$= \frac{K(1+z^{-2})}{1-z^{-1}+0.5z^{-2}}$$

여기서 $K = 0.2236$이다. ◀

6-5 주파수 응답

때때로 이산 시간 시스템의 주파수 응답을 구해야 할 때가 많다. 예를 들어, 이산 필터의 설계에서, 원하는 사양이 만족되는지를 확인하기 위해 필터의 스펙트럼을 종종 구한다. 시스템의 주파수 응답은 다음과 같이 $H(z)$로부터 바로 구할 수 있다.

$$H(z) = \sum_{n=-\infty}^{\infty} h(n)z^{-n} \Big|_{z=e^{j\omega T}}$$

$$= H(e^{j\omega T}) = \sum_{n=-\infty}^{\infty} h(n)e^{-jn\omega T} \tag{6-34}$$

주파수 응답 $H(e^{j\omega T})$를 얻는 방법은 직접 계산에 의한 방법과 기하학적 계산에 의한 방법이 많이 사용되고 있다. 다음의 예에서 이들을 설명하기로 하자.

예제 6-10 다음의 이산시간 시스템의 주파수 응답특성을 구하라:

$$H(z) = \frac{z+1}{z-0.5}$$

전달함수 $H(z)$에 $z = e^{j\omega T}$ 를 대입하고, 오일러 공식(Euler's formular)을 사용하면,

$$H(e^{j\omega T}) = \frac{e^{j\omega T}+1}{e^{j\omega T}-0.5}$$

$$= \frac{1+\cos(\omega T)+j\sin(\omega T)}{\cos(\omega T)-0.5+j\sin(\omega T)}$$

을 얻는다. 여기에 $\omega = 0$을 대입하면

$$H(e^{j0}) = 2/0.5 = 4\angle 0°$$

이다. $\omega = \omega_s/8$에서 $\omega T = \frac{\omega_s}{8}T = \frac{\pi}{4}$ 가 되므로 아래와 같이 구할 수 있다.

$$H(e^{j\frac{\pi}{4}}) = \frac{1+\cos(\pi/4)+j\sin(\pi/4)}{\cos(\pi/4)-0.5+j\sin(\pi/4)}$$

$$= 2.51\angle -51.2°$$

이와 같은 방법으로 $\omega = 0$에서 $\omega = \omega_s$까지의 모든 주파수에 대해 계산하면 원하는 주파수 응답을 구할 수 있다. 남은 주파수에서 주파수 응답은 비슷한 방법으로 계산되며 아래에 요약해 놓았다. 여기서는 편의상 $\omega = \omega_s/4$, $3\omega_s/8$과 $\omega_s/2$에서 각각을 계산하면,

$$H(e^{j\frac{\omega_s}{4}T}) = H(e^{j\frac{\pi}{2}}) = 1.26\angle -71.6°$$

$$H(e^{j\frac{3\omega_s}{8}T}) = H(e^{j\frac{3}{4}\pi}) = 0.55\angle -82.1°$$

$$H(e^{j\frac{\omega_s}{2}T}) = H(e^{j\pi}) = 0\angle 0°$$

을 얻는다. 크기와 위상 응답의 그림은 그림 6-6에 그려져 있다. 중요한 점은, 크기의 응답 $|H(e^{j\omega T})|$ 은 샘플링 주파수의 반(나이키스트 주파수)에 대하여 대칭이고, 위상 응답은 비대칭이다. 이러한 시스템의 주파수 응답은 ω_s의 주기(표본화 주기)로 주기적이며, 이는 표본화 이론과도 일치한다.

한편, 그래프의 방법으로 주파수 응답을 구하는 방법을 생각해 보자. 이 시스템은 $z = -1$에

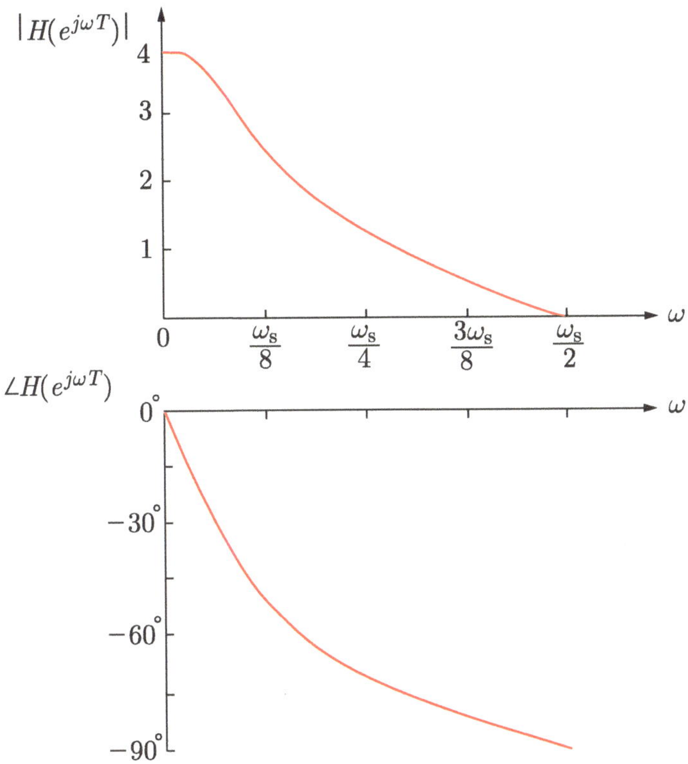

그림 6-6 • 예제 6-10의 이산시간 시스템의 주파수 응답

하나의 영점과 $z=0.5$에 하나의 극점을 가짐을 알 수 있다. 어떤 한 주파수 ω_0에 대해 $z_0=e^{j\omega_0 T}$는 z 평면의 단위원 상에 있는 한 점이며, 모든 영점과 극점은 그림 6-7에서 보여진 것처럼 벡터가 된다. 예를 들어 $z+1$은 -1 점에서 z_0까지의 벡터이고, 크기는 A, 위상은 θ_1으로 주어진다. 즉 $z_0+1=Ae^{j\theta_1}$ 이다. 또한 $z-0.5$은 $+0.5$ 점으로부터 z_0까지의 벡터이며 크기는 B, 위상은 θ_2로 주어진다. 즉 $z_0-0.5=Be^{j\theta_2}$이다. 이와 같이 하여 z_0에서의 $H(z)$를 다시 표현하면

$$H(e^{j\omega_0 T})=\frac{A}{B}\ e^{j(\theta_1-\theta_2)}$$

가 되며, 이때 진폭 및 위상응답은 각각 다음 식들로 주어진다.

$$|H(e^{j\omega_0 T})| = \frac{A}{B}$$

$$\underline{/H(e^{j\omega_0 T})} = \theta_1 - \theta_2$$

따라서 이와 같이 그래프의 방법으로 모든 주파수 ω에 대해 진폭 및 위상응답을 구하여 도시하면 그림 6-6과 동일한 결과를 얻음을 쉽게 알 수 있다. ◀

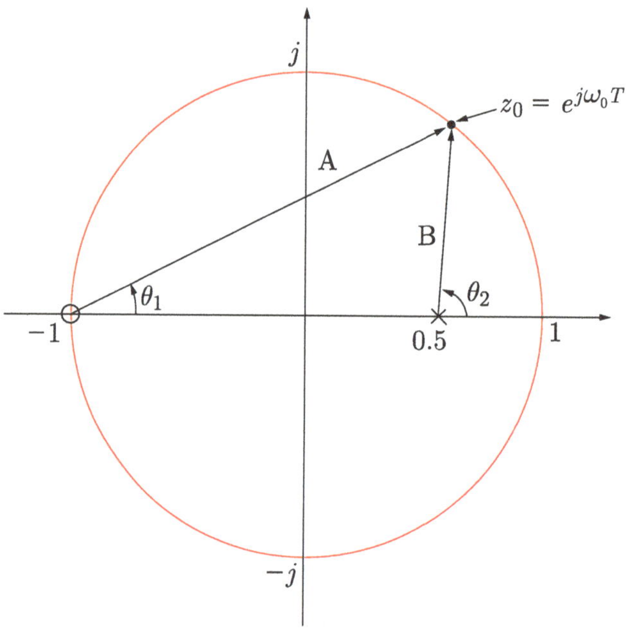

그림 6-7 • 극점과 영점, 기하학적인 방법을 이용한 주파수 응답 평가

6-6 선형 위상 응답 시스템

선형 위상 응답은 FIR 시스템(FIR 필터)의 가장 중요한 특성 중에 하나이다. 신호가 필터를 통과할 때, 신호의 진폭이나 위상이 변형되며, 이때 변형의 속성이나 정도는 필터의 진폭 및 위상 특성에 기인한다. 필터의 위상지연(phase delay)이나 군지연(group delay)은 필터가 신호의 위상특성을 어떻게 변화 시키는지를 가늠하는 유용한 척도이다. 만약 입력 신호가 여러 주파수 성분의 조합으로 이루어진 신호(예를 들어, 음성신호나 변조된 신호)일 때, 필터의 위상지연은

신호의 각 주파수 성분이 필터를 통과하는 과정에서 얻어지는 시간지연의 양을 나타내며, 군지연은 혼합 신호가 각 주파수에서 나타나는 평균 시간지연을 나타낸다.

6-6-1. 선형 위상 응답

FIR 필터의 주파수응답 특성은 식 (6-16)으로 부터

$$H(e^{j\omega T}) = \sum_{k=0}^{N} h(k)e^{-j\omega kT}$$
$$= |H(e^{j\omega T})|e^{j\theta(\omega)} \tag{6-35}$$

로 주어진다. 여기서 필터의 차수(order)는 N이고, 따라서 필터의 길이(필터계수들의 개수)는 $N+1$이 된다.

필터의 위상각은

$$\theta(\omega) = \arg\left[H(e^{j\omega T})\right] \tag{6-36}$$

이며, $\arg\left[H(e^{j\omega T})\right]$는 $H(e^{j\omega T})$의 연속위상을 나타낸다. 필터의 위상지연 τ_p와 군지연 τ_g는 각각 다음과 같이 주어진다.

$$\tau_p = -\frac{\theta(\omega)}{\omega} \tag{6-37}$$

$$\tau_g = -\frac{d\theta(\omega)}{d\omega} \tag{6-38}$$

수학적으로 위상지연은 위상각을 주파수로 나누고 음수를 취한 것과 같고, 군지연은 주파수에 대한 위상의 미분값에 음수를 취한 것과 같다.

비선형적인 위상특성을 가진 필터는 신호가 그 필터를 통과하는 과정에서 위상의 왜곡을 유발한다. 이러한 현상은 신호의 주파수 성분이 주파수 값에 비례해 지연되지 않아 이로 인해 이

들 사이의 분포가 달라지기 때문이다. 이러한 왜곡은 실제 적용에서, 예를 들어, 음악, 데이터 전송, 비디오, 의료 분야에서 예상치 않게 많이 나타나며, 관심이 있는 주파수 대역에 대해 선형적인 위상특성을 가지는 필터를 사용함으로써 피할 수 있다.

필터의 위상응답이 다음의 관계식을 만족하면 이 필터는 선형 위상응답을 가진다고 볼 수 있다.

$$\theta(\omega) = -\alpha\omega \tag{6-39}$$

$$\theta(\omega) = \beta - \alpha\omega \tag{6-40}$$

여기서 α와 β는 상수이다.

필터가 식 (6-39)를 만족한다면, 이는 일정한 군지연과 일정한 위상지연 응답을 가진다. 식 (6-39)의 조건을 만족하기 위해서는 필터의 임펄스 응답은 양의 대칭이 되어야 한다. 따라서 식 (6-35)와 식 (6-36)으로부터

$$\begin{aligned}\theta(\omega) &= -\alpha\omega \\ &= \tan^{-1}\frac{-\sum_{n=0}^{N} h(n)\sin\omega nT}{\sum_{n=0}^{N} h(n)\cos\omega nT}\end{aligned} \tag{6-41}$$

이다. 그러므로

$$\tan\omega\alpha = \frac{\sum_{n=0}^{N} h(n)\sin\omega nT}{\sum_{n=0}^{N} h(n)\cos\omega nT} \tag{6-42}$$

이 된다. 따라서

$$\sum_{n=0}^{N} h(n)\left[\cos\omega nT\sin\omega\alpha - \sin\omega nT\cos\omega\alpha\right] = 0 \tag{6-43}$$

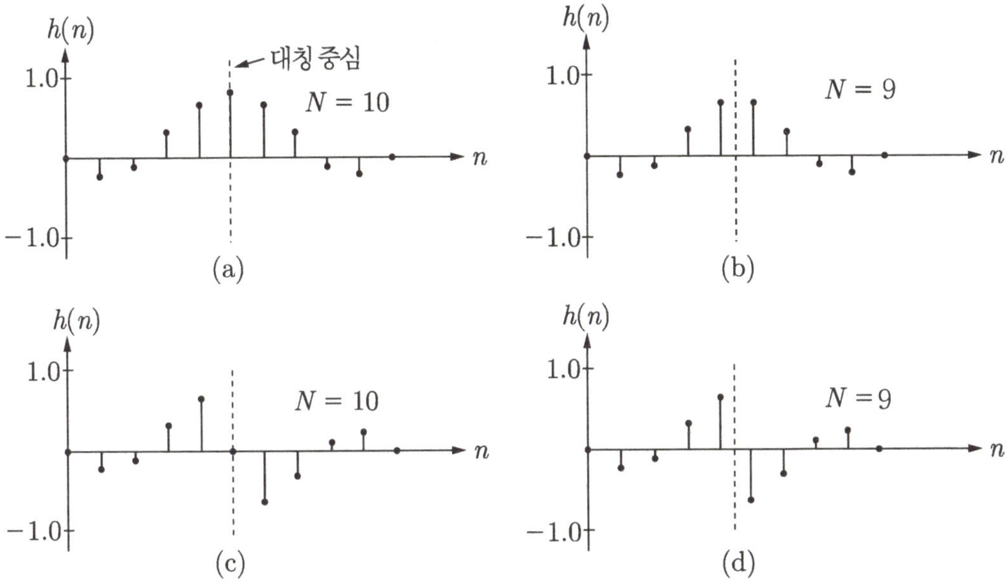

그림 6-8 • 4가지 유형의 선형위상필터에 대한 임펄스 응답 :
위상지연과 군 지연 모두 일정할 때: (a) 짝수 N인 양의 대칭, (b) 홀수 N인 양의 대칭,
군 지연만이 일정할 때: (c) 짝수 N인 음의 대칭, (d) 홀수 N인 음의 대칭

즉

$$\sum_{n=0}^{N} h(n)\sin(\omega\alpha - \omega nT) = 0 \tag{6-44}$$

식 (6-44)가 성립하기 위해서는 $h(n)$이나 $\sin(\omega\alpha - \omega nT)$가 대칭성을 가져야 한다. 따라서 이 식의 해는 다음과 같이 표현된다.

$$h(n) = h(N-n),\ 0 \le n \le N \tag{6-45}$$

$$\alpha = NT/2 \tag{6-46}$$

요구되는 대칭성은, 예를 들어 $N=10$과 9에 대해 그림 6-8(a)와 (b)에 나타나 있다.

단지 식 (6-40)의 조건만이 만족될 때 필터는 일정한 군지연만을 가진다. 이 경우, 필터의 임펄스 응답은 음의 대칭을 이룬다.

$$h(n) = -h(N-n),\ 0 \le n \le N \tag{6-47}$$

$$\alpha = NT/2 \tag{6-48}$$

$$\beta = \pi/2$$

이 경우에 대해서는 그림 6-8(c)와 (d)에 나타나 있다.

선형 위상응답을 가지는 FIR 필터는 필터의 설계나 구현에 대해 영향을 미치는 여러 특성들을 가지고 있다. 예를 들어 이러한 특성들에 대해 알아보자.

예제 6-11

(1) 디지털 필터가 선형위상 특성을 가지기 위해 필요한 조건들에 대해 간략히 설명하고, 그러한 특성을 가진 필터들의 장점을 서술하라.

(2) 임펄스 응답 $h(n)$을 가지는 FIR 필터가 $0 \le n \le N$의 구간에서 정의되어 있다. $N = 10$이고, $h(n)$ 이 다음의 대칭 조건을 만족한다면 필터가 선형위상 특성을 가진다는 것을 보여라.

$$h(n) = h(N-n)$$

(3) $N = 9$일 경우에 대해 (2)를 반복하라.

(1) 필터가 선형 위상 응답을 가지기 위한 필요충분조건은 임펄스 응답이 반드시 대칭이 되어야 한다. 즉

$$h(n) = h(N-n) \text{ 또는 } h(n) = -h(N-n)$$

선형위상 응답을 가지는 필터에서는 모든 주파수 성분이 필터를 통과할 때 지연은 동일하다. 즉 위상왜곡은 일어나지 않는다.

(2) 대칭 조건을 사용하면 $N = 10$ 에서 다음과 같다.

$$h(0) = h(10)$$

$$h(1) = h(9)$$

$$h(2) = h(8)$$
$$h(3) = h(7)$$
$$h(4) = h(6)$$

필터의 주파수 응답, $H(\omega)$ 는 식 (6-35)에서와 같이 $z = e^{j\omega T}$ 를 이용해 다음과 같이 표현 할 수 있다.

$$\begin{aligned}
H(\omega) &= H(e^{j\omega T}) \\
&= \sum_{k=0}^{10} h(k)e^{-jk\omega T} \\
&= h(0) + h(1)e^{-j\omega T} + h(2)e^{-j2\omega T} + h(3)e^{-j3\omega T} + h(4)e^{-j4\omega T} + h(5)e^{-j5\omega T} \\
&\quad + h(6)e^{-j6\omega T} + h(7)e^{-j7\omega T} + h(8)e^{-j8\omega T} + h(9)e^{-j9\omega T} + h(10)e^{-j10\omega T} \\
&= e^{-j5\omega T}[h(0)e^{j5\omega T} + h(1)e^{j4\omega T} + h(2)e^{j3\omega T} + h(3)e^{j2\omega T} + h(4)e^{j\omega T} + h(5) \\
&\quad + h(6)e^{-j\omega T} + h(7)e^{-j2\omega T} + h(8)e^{-j3\omega T} + h(9)e^{-j4\omega T} + h(10)e^{-j5\omega T}]
\end{aligned}$$

대칭 조건을 이용하여 계수들이 동일한 항끼리 묶을 수 있다.

$$\begin{aligned}
H(\omega) &= e^{-j5\omega T}[h(0)(e^{j5\omega T} + e^{-j5\omega T}) + h(1)(e^{j4\omega T} + e^{-j4\omega T}) \\
&\quad + h(2)(e^{j3\omega T} + e^{-j3\omega T}) + h(3)(e^{j2\omega T} + e^{-j2w T}) + h(4)(e^{j\omega T} + e^{-jw T}) + h(5)] \\
&= e^{-j5\omega T}[2h(0)\cos(5\omega T) + 2h(1)\cos(4\omega T) + 2h(2)\cos(3\omega T) + 2h(3)\cos(2\omega T) \\
&\quad + 2h(4)\cos(\omega T) + h(5)]
\end{aligned}$$

$a(0) = h(5)$이고 $a(k) = 2h(5-k),\ k = 1,2,3,4,5$이라고 하면, $H(\omega)$는 다음과 같이 축약할 수 있다.

$$H(\omega) = \sum_{k=0}^{5} a(k)\cos(k\omega T)e^{-j5\omega T} = |H(\omega)|e^{j\theta(\omega)}$$

여기서

$$|H(\omega)| = \sum_{k=0}^{5} a(k)\cos(k\omega T)$$

$$\theta(\omega) = -5\omega T$$

위상 응답은 명확하게 선형적임을 알 수 있다.

(3) $N=9$ 인 경우, 대칭 조건에 의해 다음과 같이 둘 수 있다.

$$h(0) = h(9)$$
$$h(1) = h(8)$$
$$h(2) = h(7)$$
$$h(3) = h(6)$$
$$h(4) = h(5)$$

위의 접근 방법과 대칭 조건을 이용하면 아래와 같은 주파수 응답을 얻을 수 있다.

$$\begin{aligned}
H(\omega) &= e^{-j9\omega T/2}[h(0)(e^{j9\omega T/2}+e^{-j9\omega T/2})+h(1)(e^{j7\omega T/2}+e^{-j7\omega T/2}) \\
&\quad +h(2)(e^{j5\omega T/2}+e^{-j5\omega T/2})+h(3)(e^{j3\omega T/2}+e^{-j3\omega T/2})+h(4)(e^{j\omega T/2}+e^{-j\omega T/2})] \\
&= e^{-j9\omega T/2}[2h(0)\cos(9\omega T/2)+2h(1)\cos(7\omega T/2) \\
&\quad +2h(2)\cos(5\omega T/2)+2h(3)\cos(3\omega T/2)+2h(4)\cos(\omega T/2)] \\
&= |H(\omega)|e^{j\theta(\omega)}
\end{aligned}$$

여기서

$$|H(\omega)| = \sum_{k=1}^{5} b(k)\cos[\omega(k-1/2)T]$$

$$\theta(\omega) = -(9/2)\omega T$$

$$b(k) = 2h(\frac{N+1}{2}-k),\ k=1,2,\cdots,\frac{N+1}{2}$$

표 6-2 • 선형적인 위상 FIR 필터들의 4가지 형태

임펄스 응답 대칭성	필터의 차수 N	주파수 응답 $H(\omega)$	선형 위상 유형
양의 대칭, $h(n)=h(N-n)$ (위상지연과 군지연 모두 일정한 경우)	짝수	$e^{-j\omega NT/2}\sum_{n=0}^{N/2}a(n)\cos(\omega nT)$	1
	홀수	$e^{-j\omega NT/2}\sum_{n=1}^{(N+1)/2}b(n)\cos[\omega(n-\frac{1}{2})T]$	2
음의 대칭, $h(n)=-h(N-n)$ (군지연만이 일정한 경우)	짝수	$e^{-j[\omega NT/2-\pi/2]}\sum_{n=1}^{N/2}a(n)\sin(\omega nT)$	3
	홀수	$e^{-j[\omega NT/2-\pi/2]}\sum_{n=1}^{(N+1)/2}b(n)\sin[\omega(n-\frac{1}{2})T]$	4

$a(0)=h\left(\frac{N}{2}\right),\ a(n)=2h\left(\frac{N}{2}-n\right),\ b(n)=2h\left(\frac{N+1}{2}-n\right)$

이러한 결과는 표 6-2에서 보여지는 바와 같이 FIR 필터에 대해서 일반화 할 수 있다. ◀

선형 위상 응답을 가지는 FIR 필터는 N 이 짝수인지 홀수인지와 $h(n)$이 양의 대칭인지 음의 대칭인지에 따라 네 가지 종류로 구분된다. 선형 위상 응답을 가지는 네 가지 필터 형태 중 두 가지는 앞의 예제에서 언급되었다. 그림 6-8은 선형 위상 응답을 가지는 네 종류의 FIR 필터의 임펄스 응답이 어떻게 다른지를 보여준다. 표 6-2에 이들의 특성들이 요약되어 있다. 특히 표에서 살펴 보아야 할 것은 두 번째 행(column)에 필터의 차수 N으로 나타내었는지, 아니면 필터의 길이 즉, 계수들의 개수 $N+1$로 나타내었는지이다. 예를 들어 유형1에서 필터의 차수가 짝수이라면, 필터의 길이는 당연히 홀수이다.

양의 대칭이며 홀수의 N을 가지는 유형 2의 필터에 대한 주파수 응답은 항상 $f=0.5$ (표본화 주파수의 반, 여기서 모든 주파수는 표본화 주파수로 정규화 되어 있음)에서 0의 값을 가진다. 그러므로 이러한 형태의 필터는 고역통과 필터로서는 적합하지 않다. 음의 대칭인 유형 3과 4의 필터는 각 각 $90°$ 의 위상 이동이 나타난다. 주파수 응답은 $f=0$에서 항상 0 이며, 이로 인해 저역통과 필터에는 적합하지 않다. 게다가 유형 3 필터의 주파수 응답은 $f=0.5$에서 항상 0의 값을 가지므로, 이는 고역통과 필터로도 적합하지 않다. 유형 1의 필터가 가장 다양한 용도로 사용된다. 유형 3과 4는 미분기(differentiator)나 힐버트 변환기(Hilbert transformer) 설계에 종종 사용된다. 이는 위상 응답이 $90°$ 전위되기 때문이다.

6-6-2. 선형 위상 응답 시스템의 영점 분포

FIR 필터의 전달함수인 식 (6-35)를 다시 살펴보자.

$$H(z) = \sum_{k=0}^{N} h(k) z^{-k}$$

이식을 살펴보면 FIR 필터는 원점, 즉 $z = 0$에서 N개의 극점을 가지고, z평면상의 어느 곳에 N개의 영점을 가짐을 알 수 있다. 그러면 어느 위치에 영점을 가지는 지를 알아보자. 먼저, 양의 대칭(유형1과 2)인 식 (6-45)를 사용하여 $H(z)$를 나타내면

$$\begin{aligned} H(z) &= \sum_{k=0}^{N} h(N-k) z^{-k} \\ &= \sum_{n=N}^{0} h(n) z^{n} z^{-N} \\ &= z^{-N} H(z^{-1}) \end{aligned} \tag{6-49}$$

가 된다. 선형 위상 FIR 필터는 임펄스 응답 $h(n)$이 가지는 대칭성으로 인하여 $H(z)$의 영점들도 대칭으로 분포한다. 이들 영점들의 분포를 다음의 네가지 경우로 나누어 생각해 보자.

(1) 만약 $H(z)$가 $z = z_0$에서 영점을 가진다면, 즉

$$z_0 = re^{j\theta}$$

에서 영점을 가진다면, 선형 위상이므로

$$z_0^{-1} = r^{-1} e^{-j\theta}$$

에서도 영점을 가져야 한다. 또한 $h(n)$이 실수 이고, z_0가 복소수라면

$$z_0^{*} = re^{-j\theta}$$

에서 켤레 영점을 가져야 한다. 이는

$$(z_0^*)^{-1} = r^{-1}e^{j\theta}$$

도 영점이 되어야 함을 의미한다. 따라서 $h(n)$이 실수 이고, 각 복소 영점이 단위원 위에 있지 않다면, 아래와 같이 네 개의 역 켤레(conjugate reciprocal) 영점들을 가진다.

$$(1-re^{j\theta}z^{-1})(1-re^{-j\theta}z^{-1})(1-r^{-1}e^{j\theta}z^{-1})(1-r^{-1}e^{-j\theta}z^{-1})$$

(2) 만약 영점이 단위원 위에 있게 되면 $r=1$이고 $1/r=1$이 되므로, 즉 $z_0=e^{j\theta}$이면, $z_0^{-1}=e^{-j\theta}=z_0^*$가 되므로

$$(1-e^{j\theta}z^{-1})(1-e^{-j\theta}z^{-1})$$

로 된다.

(3) $H(z)$의 영점이 실수이고 단위원 위에 있지 않다면 ($\theta=0$또는 π), 그 역(reciprocal) 또한 $H(z)$의 영점이며 아래와 같은 쌍으로 나타난다.

$$(1 \pm rz^{-1})(1 \pm r^{-1}z^{-1})$$

(4) $H(z)$의 영점이 $z=\pm 1$에 있으면 ($r=1$및 $\theta=0$또는 π)

$$(1 \pm z^{-1})$$

으로 표현된다.

영점이 $z=-1$ 에 있는 경우는 식 (6-49)로부터

$$H(-1)=(-1)^N H(-1)$$

이므로, N이 짝수이면 양변이 같아지지만, N이 홀수이면 $H(-1)=-H(-1)$이 되므로 $H(-1)$은 0이 되어야 한다. 따라서 N이 홀수인 대칭 임펄스 응답인 경우 $H(z)$는 $z=-1$ 에서 반드시 한 개의 영점을 가져야 한다. 그림 6-9(a)와 (b)는 각각 유형1(짝수의 N)과 유형2(홀

수의 N)의 경우에 전형적인 영점들의 위치를 보여준다.

음의 대칭 임펄스 응답인 유형3(짝수의 N)과 유형4(홀수의 N)에 대해서는 식 (6-49)로부터

$$H(z) = -z^{-N}H(z^{-1}) \tag{6-50}$$

이다. 식 (6-50)은 비대칭인 경우에 $H(z)$의 영점들이 대칭인 경우와 마찬가지로 영점들이 제한되어야 함을 의미한다. $z=1$이면, 식 (6-50)은 $H(1) = -H(1)$이 되므로 N이 짝수이던 홀수이던간에 $H(z)$은 $z=1$에서 반드시 한 개의 영점을 가져야 한다. 그러나 $z=-1$이면, 식 (6-50)은 $H(-1) = (-1)^{-N+1}H(-1)$이 되므로, N이 짝수이면 $H(-1) = -H(-1)$이 된다. 그래서 $z=-1$은 반드시 $H(z)$의 영점이 되어야 한다.

그림 6-9(c)와 (d)는 각각 유형3(짝수의 N)과 유형4(홀수의 N)의 경우에 전형적인 영점들의 위치를 보여준다.

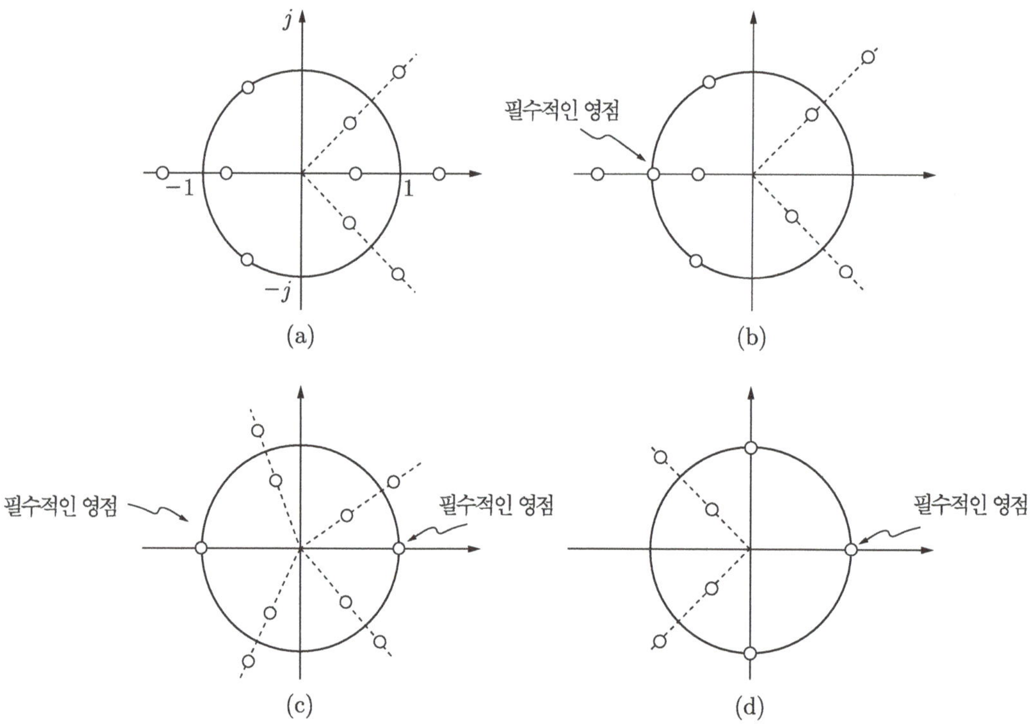

그림 6-9 • 선형 위상 FIR 필터의 영점들의 위치
(a) 유형1(짝수의 N), (b) 유형2(홀수의 N), (c) 유형3(짝수의 N), (d) 유형4(홀수의 N)

6-7 시스템 구현

이산 시간 시스템의 구현은 하드웨어와 소프트웨어, 또는 어떤 경우에는 두 방법 모두를 포함하여 고려할 수 있다. 하드웨어 방법에서는 실제로 디지털 회로를 사용하여 설계하고 시스템을 구축하는 반면, 소프트웨어 방법에서는 최종 제품이 일반적인 컴퓨터나 마이크로프로세서를 위한 컴퓨터 프로그램으로 나타난다. 궁극적인 목표가 하드웨어 방법이던 소프트웨어 방법이던 간에 그림 6-10에 나타나 있는 바와같이 구현을 위한 도형들이 신호처리에서 일반적으로 사용된다.

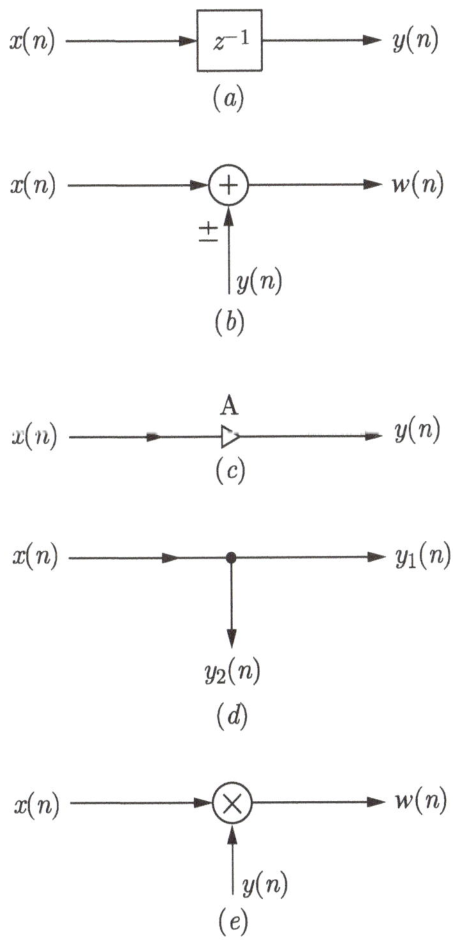

그림 6-10 • 이산시간 시스템 구현에서의 기본적인 기능들
(a) 단위지연, (b) 덧셈 또는 뺄셈기, (c) 상수 배율기, (d) 분기 연산, (e) 신호 배율기

그림 6-10(a)에서 보여진 단위 지연(unit delay) 연산은 표본을 T초만큼 지연시켜 출력으로 내보냄을 의미한다.

$$y(n) = x(n-1) \tag{6-51}$$

덧셈기 또는 뺄셈기(adder/subtractor) 연산은 그림 6-10(b)에서처럼 두 신호 $x(n)$과 $y(n)$을 더하거나 빼는 산술 연산을 나타낸다.

$$w(n) = x(n) \pm y(n) \tag{6-52}$$

상수 배율기(constant multiplier)는 그림 6-10(c)에서 보여진 바와 같이 신호 $x(n)$에 상수 A를 곱하는 연산을 나타낸다.

$$y(n) = Ax(n) \tag{6-53}$$

분기(branching) 연산은 그림 6-10(d)에 나타나 있으며, 시스템에서 하나의 신호가 두 개 또는 그 이상의 점들에 동시에 연결되어 있는 처리를 보여준다. $y_1(n)$과 $y_2(n)$은 $x(n)$에 연결되어 있는 점들이다.

$$\begin{aligned} y_1(n) &= x(n) \\ y_2(n) &= x(n) \end{aligned} \tag{6-54}$$

신호 배율기(signal multiplier)는 두개의 신호 $x(n)$과 $y(n)$이 곱해지는 연산으로 그림 6-10(e)에 나타나 있다.

$$\mathrm{w}(n) = x(n)y(n) \tag{6-55}$$

6-7-1. 직접 구현

이산신호 시스템의 구현에는 몇 개의 기본적인 형태가 있다. 먼저 다음의 전달 함수를 생각하자.

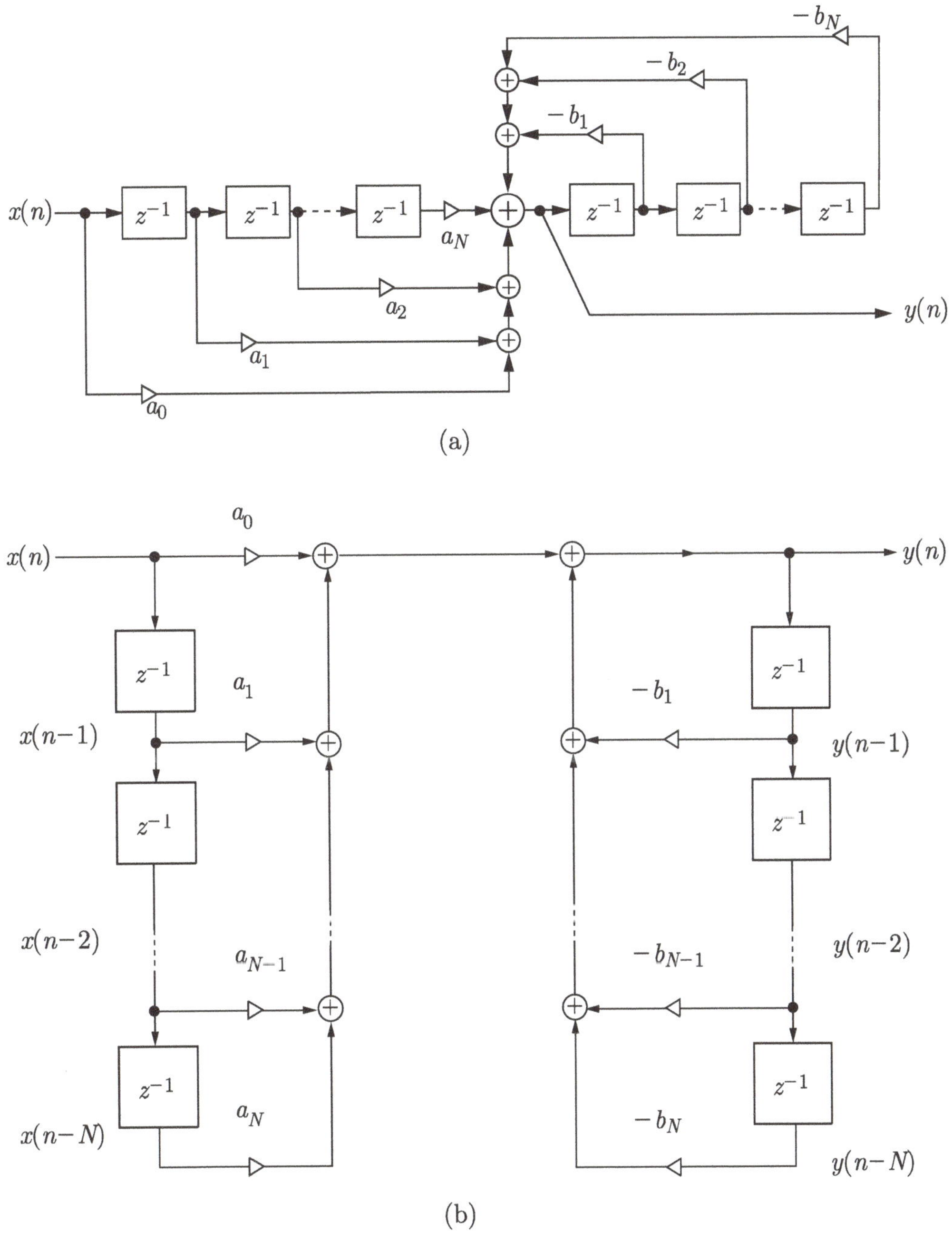

그림 6-11 • 직접형 1의 구조

$$H(z) = \frac{Y(z)}{X(z)} = \frac{\sum_{i=0}^{N} a_i z^{-i}}{1 + \sum_{i=1}^{N} b_i z^{-i}} \tag{6-56}$$

첫 번째 접근은 직접형 1(direct form 1)의 방법으로 지칭 되는 구현이다. 식 (6-56)에 대응되는 차분 방정식은 다음과 같다.

$$y(n) = \sum_{i=0}^{N} a_i x(n-i) - \sum_{i=1}^{N} b_i y(n-i) \tag{6-57}$$

그림 6-11(a)의 구현 도형은 이 방정식의 직접적인 구현을 나타낸다. 왼쪽에 있는 지연 연산이 연속적으로 $x(n)$의 전위(shift) 값을 제공하고, 오른쪽에 있는 지연 연산도 $y(n)$의 전위 연산을 연속적으로 제공한다. 직접형 1 방법의 한 가지 단점은 N차 시스템을 위해서는 $2N$개 이상의 지연 요소나 연산이 필요하다는 것이다. 그림 6-11(a)를 대칭 형태로 그리면 (b)와 같이 표현할 수 있다.

두 번째 접근은 직접형 2(direct form 2)의 방법으로 지칭된다. 이 방법은 $H(z)$를 분자항과 분모항의 조합으로 취급하면서 다음과 같이 시작한다. 즉

$$H(z) = \frac{N(z)}{D(z)}$$

그러면

$$Y(z) = H(z)X(z) = \frac{N(z)X(z)}{D(z)} \tag{6-58}$$

로 생각할 수 있고, 새로운 변수 $W(z)$를 아래와 같이 정의하면,

$$W(z) = \frac{X(z)}{D(z)} \tag{6-59}$$

다음의 식을 얻는다.

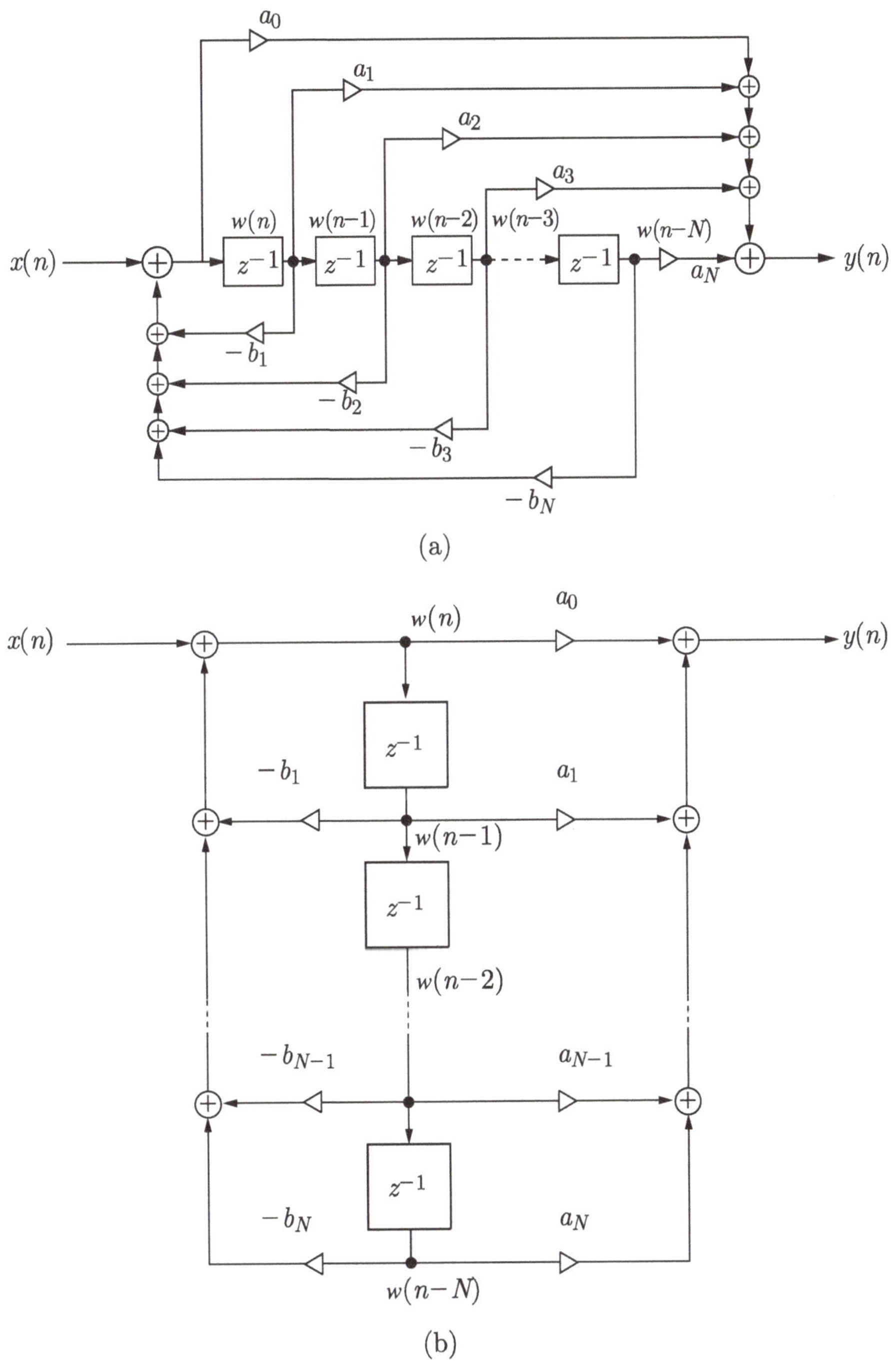

그림 6-12 • 직접형 2의 구조

$$Y(z) = N(z)\,W(z) \tag{6-60}$$

식 (6-59)와 (6-60)의 역 변환은 각각 다음과 같다.

$$w(n) = x(n) - \sum_{i=1}^{N} b_i w(n-i) \tag{6-61}$$

$$y(n) = \sum_{i=0}^{N} a_i w(n-i) \tag{6-62}$$

직접형 2 구현의 배치도가 그림 6-12(a)와 (b)에 나타나 있다. 그림에서 보면 $w(n)$은 첫 번째 덧셈기의 출력이다. 오른쪽으로 가면서, 첫 번째 지연 요소의 출력은 $w(n-1)$이고, 두 번째 요소의 출력은 $w(n-2)$이며, 이와 같이 계속 적용된다. 각 요소의 출력값에 계수 a_i를 곱하고, 그들을 더하면 식 (6-62)와 같이 출력 $y(n)$을 형성한다. 한편 $w(n-i)$의 다양한 값들은 식 (6-61)에 따라 계수 b_i가 곱해지고, 더해져서 $w(n)$를 구성한다. 직접형 2의 방법은 N차 시스템에 대해 N개의 지연 요소 혹은 연산이 필요하다. 직접형 1 구현은 단순히 직접형으로 불리고, 직접형 2의 구현은 정규형(canonic form)이라 불린다. 그러나 이 두 형태 모두 일반적으로 정규형으로 여겨진다. 또한 그림 6-11과 그림 6-12에서뿐만 아니라 다음에 나오는 구현의 그림들에서 작게 표시된 ⊕를 크게 표시된 ⊕에 합쳐 그려도 무방하다.

예제 6-12 아래의 전달함수로 표현되는 시스템에 대해 (a) 직접형 1과 (b) 직접형 2로 각각 구현하라.

$$H(z) = \frac{3 + 3.6z^{-1} + 0.6z^{-2}}{1 + 0.1z^{-1} - 0.2z^{-2}}$$

(a) 직접형 1 구현을 위해 먼저, 주어진 전달함수식을 차분 방정식 형태로 바꾸고 $y(n)$을 계산한다.

$$y(n) = 3x(n) + 3.6x(n-1) + 0.6x(n-2) - 0.1y(n-1) + 0.2y(n-2)$$

구현은 앞 절에서 설명된 과정에 따라 그림 6-13(a)에 있다.

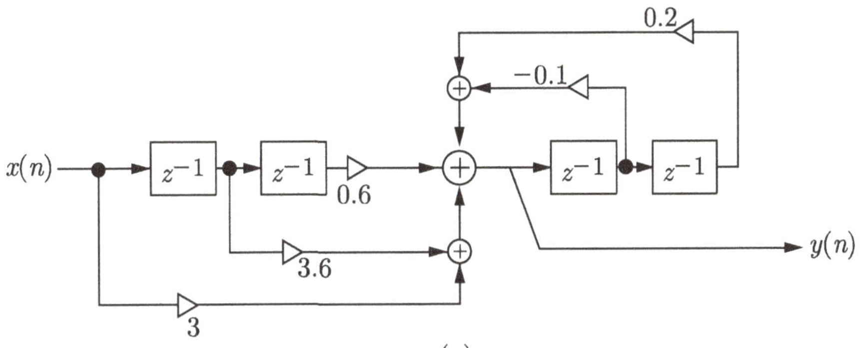

(a)

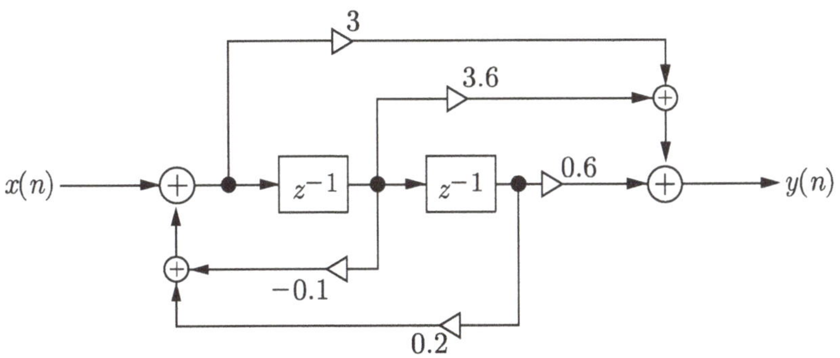

(b)

그림 6-13 • 예제 6-12의 시스템 구조
(a) 직접형 1 구현, (b) 직접형 2 구현

(b) 직접형 2는, 먼저 식 (6-59)와 (6-60)과 같이 $W(z)$와 $Y(z)$를 계산한 후 식 (6-61)과 (6-62)를 사용하여 $w(n)$과 $y(n)$을 다음과 같이 얻는다.

$$w(n) = x(n) - 0.1w(n-1) + 0.2w(n-2)$$

$$y(n) = 3w(n) + 3.6w(n-1) + 0.6w(n-2)$$

구현은 그림 6-13(b)에 있다. ◀

6-7-2. 매개변수의 양자화 영향

이산 시간 시스템을 실제로 구현하기 전에 설계과정에서 발생하는 매개변수의 양자화 효과를 살펴보자. 이는 구현화 과정에서 양자화 효과들을 가능한 한 최소화할 필요가 있다.

일반적으로 매개변수 양자화 오차는 세 가지의 주원인이 있다: (a) 입력 신호를 유한 개수의 이산 단계로 만드는 양자화, (b) 시스템 내의 산술연산에서 반올림(rounding) 오차들의 누적, (c) 유한 개수의 비트(bit)로 표현되는 전달 함수의 계수 a_i와 b_i의 양자화.

오차의 첫 번째 원인은 입력 신호를 유한개의 이산 단계로 양자화 하는 데 기인한다. 이는 앞 장에서 언급한 바와 같이 양자화 잡음으로 불린다. 오차의 두 번째 원인은 이산 시간 시스템의 산술 연산 과정에서 반올림 오차의 누적에 기인한다. 반올림 오차는 특정한 산술 연산에서 두 수의 합 혹은 곱이 가능한 비트 개수를 넘어갈 때 발생한다. 세 번째 오차는 유한한 비트 개수로 전달 함수의 계수 a_i와 b_i를 표현하는 것 때문에 발생한다. 이 문제는 표본화 율이 전달 함수의 주파수 범위에 비해 증가하거나 차분 방정식의 차수가 증가하는 경우에 더 심각해질 수 있다.

첫 번째 경우는 설계 과정의 한 부분으로 고정되어 변화시킬 수 없다. 두 번째 경우, 만약 높은 차수의 차분 방정식이 두 개 또는 여러 개의 낮은 차수의 방정식으로 표현 되면, 영향은 현저히 줄어든다. 따라서 앞 절에서 언급된 직접형 구현은 높은 차수의 시스템에 사용될 때, 계수의 정확성을 주의 깊게 고려해야 한다.

6-7-3 계수의 양자화 영향

IIR 필터가 다음의 전달함수로 표현된 것을 기억하자.

$$H(z) = \frac{\sum_{k=0}^{N} a_k z^{-k}}{1 + \sum_{k=1}^{M} b_k z^{-k}} \tag{6-63}$$

계수 a_k와 b_k가 유한 비트수로 양자화 되면, 양자화된 계수 $\hat{a}_k$와 $\hat{b}_k$로 표현된 양자화된 전달함수는 다음과 같이 쓸 수 있다.

$$\hat{H}(z) = \frac{\sum_{k=0}^{N} \hat{a}_k z^{-k}}{1 + \sum_{k=1}^{M} \hat{b}_k z^{-k}} \tag{6-64}$$

여기서 $\widehat{a_k} = a_k + \Delta a_k$이고 $\widehat{b_k} = b_k + \Delta b_k$로 계수 a_k와 b_k에 그의 양자화 오차 Δa_k와 Δb_k가 부가잡음(additive noise)처럼 더해진 것으로 생각할 수 있다.

다음의 예에서 계수 양자화 오차의 영향을 살펴보기로 하자. 디지털 필터의 전달함수가 다음과 같이 설계 되었다고 하자.

$$H(z) = \frac{1}{1 - 0.95z^{-1}}$$

이 필터는 한 개의 근이 $z = 0.95$로 단위원 안에 있으므로 안정하다고 할 수 있다. 다음은 이 필터를 칩으로 구현하고자 하며, 이때 양자화 간격의 크기를 $q = 0.125$로 계수 양자화 하였다고 가정하자. 계수 0.95는 양자화된 계수인 0.875와 1사이에 놓이게 되므로 계수가 $0.95 \rightarrow 1$로 바뀌게 된다. 그러면 계수 양자화 후의 전달함수는

$$\widehat{H}(z) = \frac{1}{1 - z^{-1}}$$

로 되고, 근은 $z = 1$의 위치로 옮겨지게 되므로 시스템의 특성이 바뀌게 된다. 이 예에서는 안정된 시스템이 불안정하게 바뀜을 알 수 있다.

이와 같이, $H(z)$의 극점들과 영점들은 전달함수의 분모 및 분자 다항식의 계수들을 양자화 하는 과정에서 생겨나는 오차에 영향을 받는다. 특히 높은 차수의 $H(z)$에서 극점들 또는 영점들이 아주 가까이 밀집되어 있다면, 계수들에서의 조그만 오차라도 직접형 구조에서는 극점들, 또는 영점들을 크게 변화시킬수도 있다.

6-7-4. 직렬 및 병렬 구현

앞 절에서 설명된 직접형 구현은 전달 함수의 차수가 늘어감에 따라 계수들의 양자화 오차에 더욱 민감해진다. 이는 높은 정밀도가 가능한 일반 용도의 컴퓨터에서 적당한 차수의 소프트웨어 구현에 대해서는 문제가 되지는 않을 수 있다. 게다가, 피드백 없는 구현, 즉 모든 $b_i = 0$의 경우, 상대적으로 큰 차수에 대해서도 민감하지 않을 수 있다. 그러나 많은 구현에서, 특히 제한된 계수의 정확도를 가져야 하는 특수 목적 하드웨어 설계의 경우에는 이러한 문제가 심각해질수 있다.

따라서 계수의 부정확성에 덜 민감해지도록 복잡한 전달함수를 몇 개의 단순한 함수로 나누어 구현하는 분해과정이 필요하다.

직렬형(cascade canonic form 또는 series form)은 다음과 같이 $H(z)$를 몇 개의 단순한 전달함수의 곱으로 분해한다.

$$\begin{aligned} H(z) &= a_0 H_1(z) H_2(z) \cdots H_l(z) \\ &= a_o \prod_{i=1}^{l} H_i(z) \end{aligned} \tag{6-65}$$

대부분의 경우, 각각의 전달함수는 일차 혹은 이차로 표현된다. 일차의 형태는 다음과 같고,

$$H_i(z) = \frac{1 + a_{i1} z^{-1}}{1 + b_{i1} z^{-1}} \tag{6-66}$$

이차의 형태는 다음과 같다.

$$H_i(z) = \frac{1 + a_{i1} z^{-1} + a_{i2} z^{-2}}{1 + b_{i1} z^{-1} + b_{i2} z^{-2}} \tag{6-67}$$

직렬 구현의 일반적인 배치는 그림 6-14와 같다. 각 블록은 직접형으로 구현되는데 일반적으로는 직접형 2 구현을 사용하여 그림 6-15와 같이 구성한다.

병렬형(parallel canonic form)은 다음과 같이 $H(z)$를 몇 개의 단순한 전달함수와 상수의 합으로 분해한다.

$$\begin{aligned} H(z) &= A + H_1(z) + H_2(z) + \cdots + H_r(z) \\ &= A + \sum_{i=1}^{r} H_i(z) \end{aligned} \tag{6-68}$$

식 (6-68)에서 각각의 전달함수는 일차 또는 이차로 표현되며, 일차 형태는 다음과 같고,

$$H_i(z) = \frac{a_{i0}}{1 + b_{i1} z^{-1}} \tag{6-69}$$

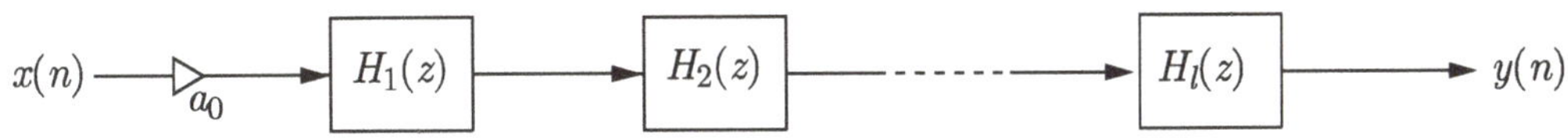

그림 6-14 • 직렬 구현 형태

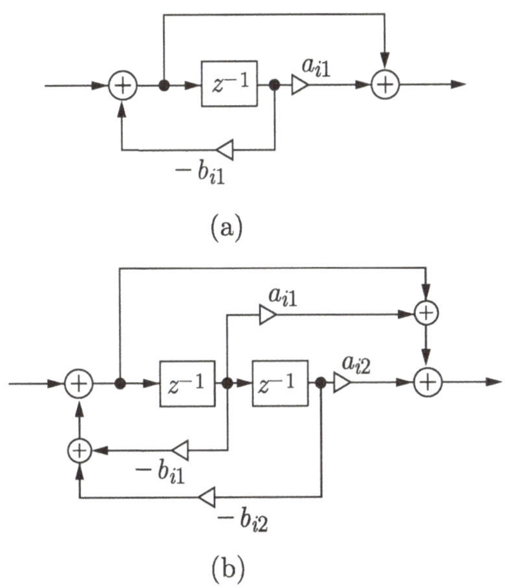

그림 6-15 • 직렬 구현에서 각 전달함수의 구현
(a) 1차, (b) 2차 구현

이차 형태는 다음과 같다.

$$H_i(z) = \frac{a_{i0} + a_{i1}z^{-1}}{1 + b_{i1}z^{-1} + b_{i2}z^{-2}} \tag{6-70}$$

병렬 구현의 일반적인 배치도는 그림 6-16에 나타나 있다. 물론 각 블록은 직접형 방법으로 구현되며, 일반적인 형태는 직접형 2의 구현을 사용하여 그림 6-17과 같이 구성한다.

예제 6-13 다음의 시스템을 (a) 직렬 구현 및 (b) 병렬 구현하라.

$$H(z) = \frac{3 + 3.6z^{-1} + 0.6z^{-2}}{1 + 0.1z^{-1} - 0.2z^{-2}}$$

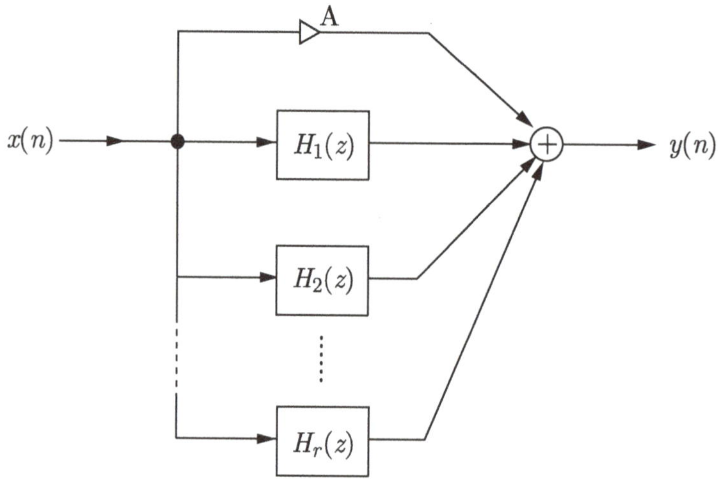

그림 6-16 • 병렬 구현 형태

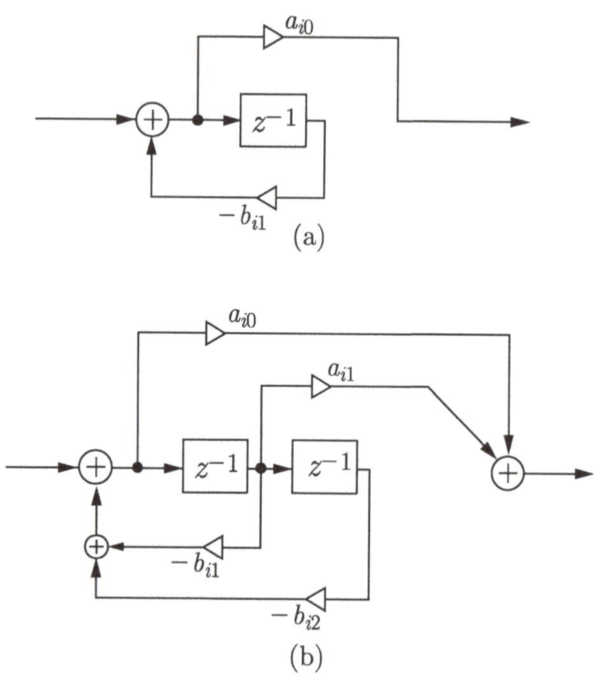

그림 6-17 • 병렬 구현에서 각 전달함수의 구현
(a) 1차, (b) 2차 구현

(a) 시스템의 전달함수가 이차 함수이므로 직렬 혹은 병렬 형태의 구현이 일반적으로 필요하지 않다. 사실, 각 극점들과 영점들이 복소수라면, 실수 계수를 가지는 함수로 분해하는 것은 불가능하다. 그러나 이 경우 극점들과 영점들 모두가 실수이므로 이해를 돕기 위해 일차 식으로 분해해서 구현을 하기로 하자.

분해의 첫 번째 단계로 z의 양의 차수를 사용하여 전달함수를 다음과 같이 나타낸다.

$$H(z)=\frac{3z^2+3.6z+0.6}{z^2+0.1z-0.2}$$

분자와 분모다항식의 인수분해는 -1과 -0.2에서 영점들과 -0.5와 0.4에서 극점들을 가지므로(시스템은 안정하다) 다음과 같이 표현된다.

$$H(z)=\frac{3(z+1)(z+0.2)}{(z+0.5)(z-0.4)}$$

편의상 $H_1(z)=(z+1)/(z+0.5)$, $H_2(z)=(z+0.2)/(z-0.4)$로 그룹을 짓고, 음의 차수의 z로 다시 변환하면, $H_1(z)$과 $H_2(z)$는 다음과 같다.

$$H_1(z)=\frac{1+z^{-1}}{1+0.5z^{-1}}$$

$$H_2(z)=\frac{1+0.2z^{-1}}{1-0.4z^{-1}}$$

직렬형으로 구현하면 그림 6-18(a)와 같다.

여기서 한번 관찰해 볼 수 있는 것은, 우선 직접형 구현의 전달함수

$$H(z)=\frac{3+3.6z^{-1}+0.6z^{-2}}{1+0.1z^{-1}-0.2z^{-2}}$$

와 이의 직렬 구현을 위해 분해된 전달함수

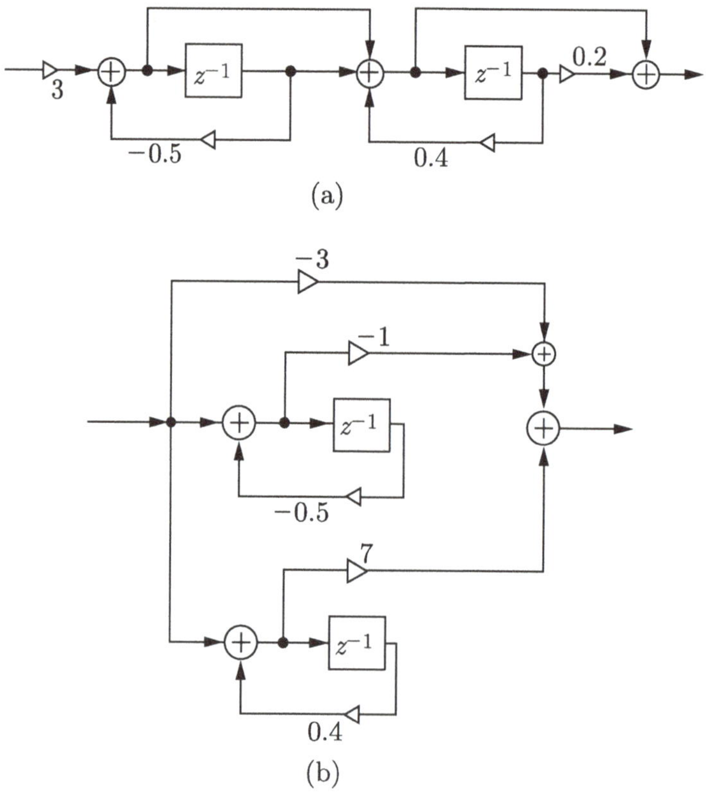

그림 6-18 • 예제 6-13의 시스템 구현
(a) 직렬 구현, (b) 병렬 구현

$$H(z) = H_1(z)H_2(z)$$

$$= 3 \cdot \frac{1+z^{-1}}{1+0.5z^{-1}} \cdot \frac{1+0.2z^{-1}}{1-0.4z^{-1}}$$

를 살펴보자. 분모 다항식에서 분해된 후의 분모의 계수들은 각각 0.5와 -0.4로 원래 분모 다항식의 계수인 -0.2보다 더 크다는 것을 알 수 있다. 일반적으로 큰 다항식을 더 작은 차수의 다항식으로 분해하면 계수 값이 더 커지는 현상이 나타난다. 이와같이 직렬형 구조에서 사용되는 시스템의 계수들이 직접형 구조에서의 계수보다 더 큰 값을 가지게 되므로 계수 양자화를 할 때 그 오차가 작아지게 된다. 따라서 직렬형 또는 병렬형으로 분해해서 시스템을 구현하면 상대적으로 계수 양자화 오차가 작아지므로 계수의 부정확성에 덜 민감해진다는 것을 생각할 수 있다.

(b) 병렬 구현은 먼저 $H(z)/z$를 부분 분수로 전개함으로써 얻어질 수 있다.

$$\frac{H(z)}{z}=\frac{3(z+1)(z+0.2)}{z(z+0.5)(z-0.4)}=\frac{A_1}{z}+\frac{A_2}{z+0.5}+\frac{A_3}{z-0.4}$$

계수들은 $A_1=-3$, $A_2=-1$, $A_3=7$ 로 결정된다. 각 부분에 z를 곱하고, 음의 차수의 z로 다시 변환하면, 다음의 식을 얻는다.

$$A=-3$$

$$H_1(z)=\frac{-1}{1+0.5z^{-1}}$$

$$H_2(z)=\frac{7}{1-0.4z^{-1}}$$

병렬형으로 구현하면 그림 6-18(b)와 같다. ◀

예제 6-14 전달 함수의 부분 인수 분해 형태가 다음과 같이 주어진다.

$$H(z)=\frac{2(z-1)(z^2+1.4z+1)}{(z+0.5)(z^2-0.9z+0.81)}$$

일차와 이차항을 사용하여 직렬형으로 구현하라.

어떤 그룹화가 가능한지를 살펴보기 위해 분모와 분자에 있는 2개의 2차 식들의 근들을 우선 살펴 보자. 영점은 $z=1\angle\pm134.43°$에 위치하고, 극점은 $z=0.9\angle\pm60°$에 위치한다. 따라서 실수 계수로 제한을 두는 한, 분해는 2개의 이차 다항식을 가지는 2차 항과 2개의 일차 다항식을 가지는 1차 항으로 그룹화해야 함을 의미한다. 음의 차수의 z로 쓰고 $a_0=2$로 두면 다음의 식을 얻는다.

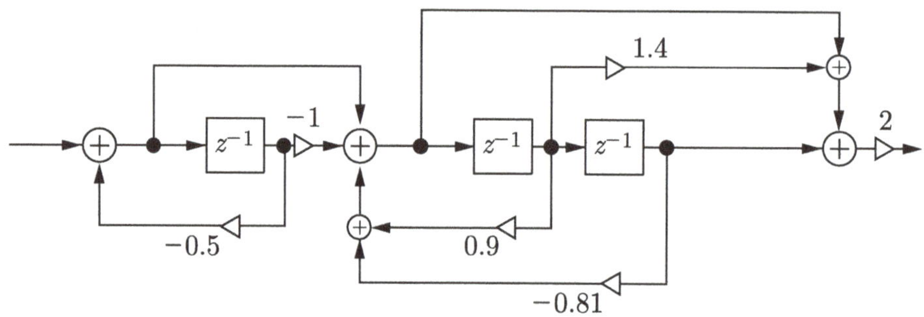

그림 6-19 • 예제 6-14의 시스템 구현

$$H_1(z) = \frac{1 - z^{-1}}{1 + 0.5z^{-1}}$$

$$H_2(z) = \frac{1 + 1.4z^{-1} + z^{-2}}{1 - 0.9z^{-1} + 0.81z^{-2}}$$

직렬형으로의 구현은 그림 6-19와 같다. ◀

예제 6-15 예제 6-14의 시스템을 병렬형으로 구현하라.

먼저 아래와 같이 $H(z)/z$를 부분 분수로 전개한다.

$$\frac{H(z)}{z} = \frac{2(z-1)(z^2+1.4z+1)}{z(z+0.5)(z^2-0.9z+0.81)}$$

$$= \frac{A_1}{z} + \frac{A_2}{z+0.5} + \frac{A_3 z + A_4}{z^2 - 0.9z + 0.81} \qquad (6\text{-}71)$$

일차 극점에 대한 상수 A_1과 A_2는 보통의 부분 분수 과정으로 얻어질 수 있다. 그러나 A_3와 A_4는 다른 방법으로 결정되어야만 한다. 이를 위해 z의 비특이(nonsingular) 값을 선택하여, 식 (6-71)의 양쪽에 대체하여 연립선형방정식을 만들어야 한다.

먼저 $A_1 = -4.94$과 $A_2 = 2.19$를 결정한다. 식 (6-71)에 이 두 개의 값을 대입한 뒤, 식에서 대체할 z의 단일 값들을 찾는다. $z = 1$과 $z = -1$이 적절하다. 이 값들을 대입하여 다음의 연립 방정식을 얻는다.

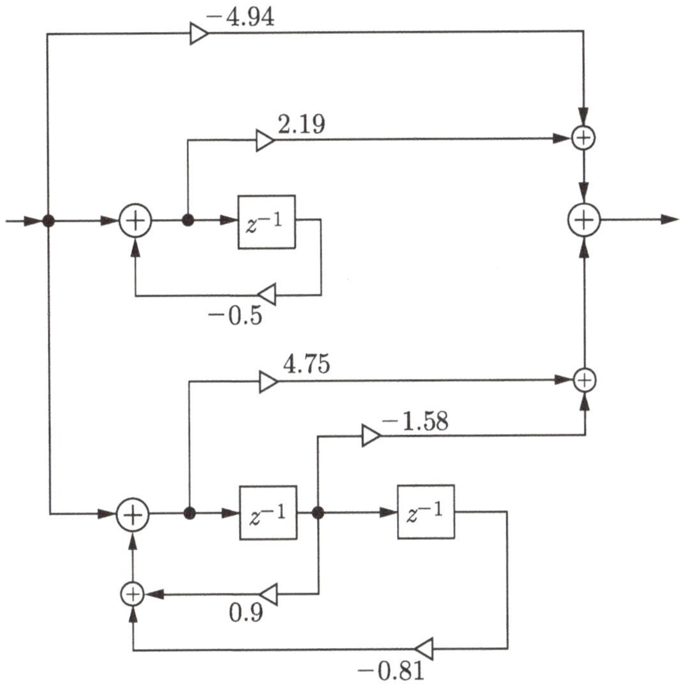

그림 6-20 • 예제 6-15의 시스템 구현

$$A_3 + A_4 = 3.17$$

$$-A_3 + A_4 = -6.32$$

이 연립방정식을 풀면 $A_3 = 4.75$와 $A_4 = -1.58$이다. 이 값들을 식 (6-71)에 대체한 후, 식 양변을 z곱하고 음의 차수로 재정리하면 구현을 위한 병렬함수의 전개가 다음과 같이 얻어진다. 식 (6-68)에서 A는 식 (6-71)에서 A_1인 것임을 유의하라.

$$A = -4.94$$

$$H_1(z) = \frac{2.19}{1 + 0.5z^{-1}}$$

$$H_2(z) = \frac{4.75 - 1.58z^{-1}}{1 - 0.9z^{-1} + 0.81z^{-2}}$$

병렬형으로의 구현은 그림 6-20과 같다. ◀

6-7-5 FIR 시스템 구현

IIR 시스템의 직접형, 직렬형, 병렬형의 구조들은 앞 절에서 다루었는데, 일반적으로 IIR 시스템에 대한 직접형과 직렬형은 FIR시스템들을 포함하고 있지만 FIR시스템들에 대한 특별한 형태의 구현도 있다.

A. 직접형 구현

인과성 FIR 시스템의 경우 시스템 함수는 영점들 만을 가지므로($z=0$에서의 극점들을 제외하고) 그의 차분 방정식은 다음과 같다.

$$y(n)=\sum_{i=0}^{N}a_i x(n-i) \tag{6-72}$$

이 경우 그림 6-11과 그림 6-12에서의 직접형1과 직접형2의 구조들은 모두 그림 6-21에서 보는 것과 같이 직접형 FIR 구조로 줄어든다. 구조의 위쪽 전역에 걸친 지연 성분의 연결 때문에 이 구조는 또한 탭 지연선(tapped delay line) 구조 또는 횡단필터(transversal filter) 구조라 불린다. 그림 6-21에서 보듯이 이 연결을 따라 각 탭에서의 신호는 각 계수에 의해 가중되고 그 결과들을 더함으로써 출력 $y(n)$을 얻는다.

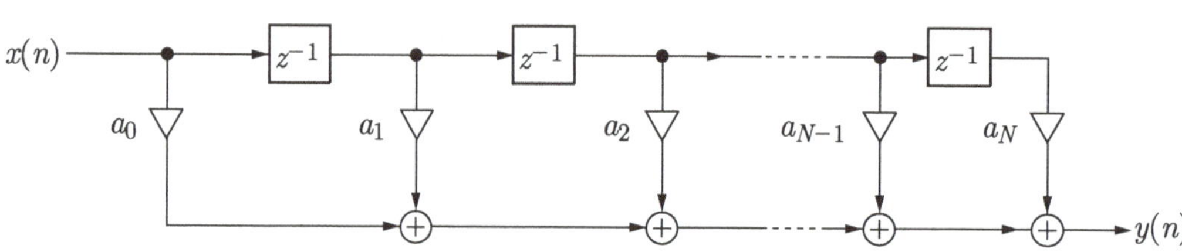

그림 6-21 • FIR 시스템의 직접형 구현

B. 직렬형 구현

FIR 시스템들에 대한 직렬형은 다항식의 시스템 함수를 인수분해 함으로써 얻어진다. 즉, $H(z)$는 다음과 같이 나타내어진다.

$$H(z)=\sum_{n=0}^{N}h(n)z^{-n}=\prod_{k=1}^{N_s}(a_{0k}+a_{1k}z^{-1}+a_{2k}z^{-2}) \tag{6-73}$$

여기서 $N_s=(N+1)/2$이다. 만약 N이 홀수이면 계수들 a_{2k}중의 하나는 0이 되는데, 이는 $H(z)$가 홀수개의 실수 영점들을 가지기 때문이다. 식 (6-73)에 표현된 구조는 그림 6-22에 나타나 있다.

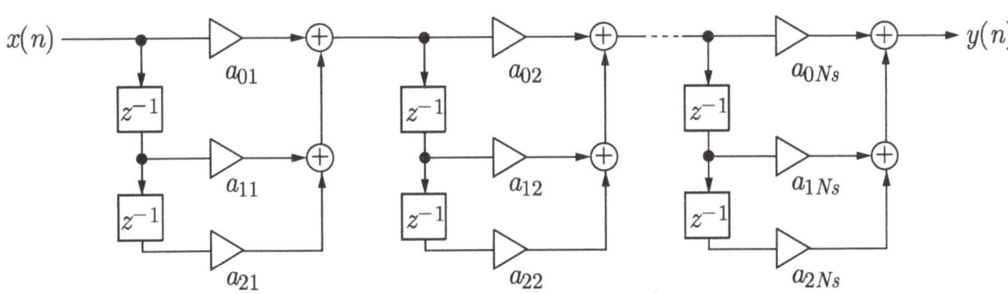

그림 6-22 • FIR 시스템의 직렬형 구현

C. 선형 위상 FIR 시스템 구조

인과성의 FIR 시스템이 임펄스 응답이 아래의 대칭성의 조건을 만족한다면 일반화된 선형 위상 특성을 가진다.

$$h(n)=h(N-n) \qquad n=0,1,\cdots,N \tag{6-74}$$

또는

$$h(n)=-h(N-n) \qquad n=0,1,\cdots,N \tag{6-75}$$

위 조건들의 어느 것을 만족하든지 계수 곱셈기의 수는 반감된다. N이 짝수인 경우, 유형1 또는 유형3의 시스템들에 대응하는 식은 다음과 같다.

$$y(n)=\sum_{k=0}^{N}h(k)x(n-k)$$

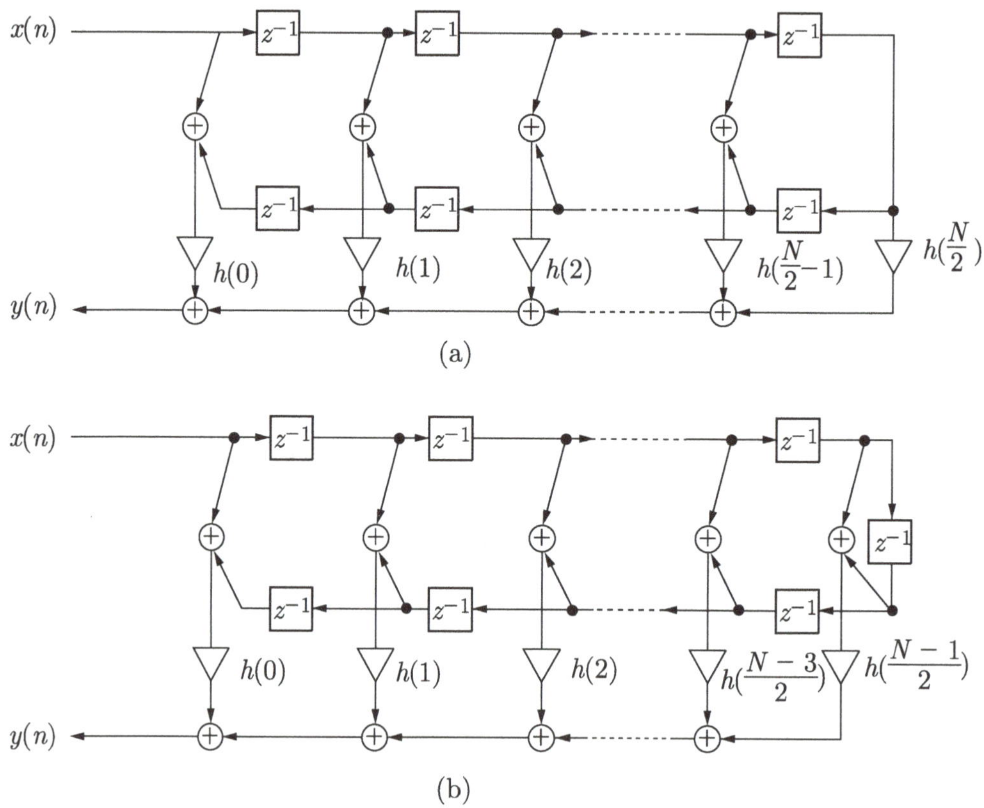

그림 6-23 • 선형 위상 FIR 시스템의 직접형 구조
(a) N이 짝수일 때, (b) N이 홀수일 때

$$= \sum_{k=0}^{N/2-1} h(k)x(n-k) + h(N/2)x(n-N/2) + \sum_{k=N/2+1}^{N} h(k)x(n-k)$$

$$= \sum_{k=0}^{N/2-1} h(k)x(n-k) + h(N/2)x(n-N/2) + \sum_{k=0}^{N/2-1} h(N-k)x(n-N+k)$$

유형1 시스템의 경우, 식 (6-74)를 사용하여 다음 식을 얻는다.

$$y(n) = \sum_{k=0}^{N/2-1} h(k)[x(n-k) + x(n-N+k)] + h(N/2)x(n-N/2) \tag{6-76}$$

유형3 시스템의 경우, 식 (6-75)를 사용하여 다음 식을 얻는다.

$$y(n) = \sum_{k=0}^{N/2-1} h(k)[x(n-k) - x(n-N+k)] \tag{6-77}$$

N이 홀수인 경우, 유형2의 시스템들에 대해 대응되는 식은 다음과 같다.

$$y(n) = \sum_{k=0}^{(N-1)/2} h(k)[x(n-k) + x(n-N+k)] \tag{6-78}$$

그리고 유형4의 시스템들의 경우는 다음과 같다.

$$y(n) = \sum_{k=0}^{(N-1)/2} h(k)[x(n-k) - x(n-N+k)] \tag{6-79}$$

그림 6-23(a)는 식 (6-76)에 의한 구조를, 그림 6-23(b)는 식 (6-78)에 의한 구조를 보여준다.

6-7-6 격자 구현

이 절에서는 격자 구조에 대해 설명하기로 한다. 이 격자 구조는 음성 신호 처리나 선형 예측(linear prediction)분야의 필터 구현에 널리 사용되고 있다. 격자 필터 구조는 모든 필터 계수들이 1 이하이므로 계수 양자화에도 장점이 있다. 직접형 구현, 직렬 및 병렬 구현과 마찬가지로 격자 구현도 FIR과 IIR 필터 모두에 대해 가능하다.

A. FIR 필터의 격자 구조

FIR 시스템의 전달함수가

$$H(z) = 1 + a_1 z^{-1} + a_2 z^{-2} + \cdots + a_N z^{-N} \tag{6-80}$$

임은 식 (6-16)을 통해서도 잘 알려져 있다. 식 (6-80)을 입 · 출력 형태의 차분 방정식으로 나타내면

$$y(n) = x(n) + a_1 x(n-1) + a_2 x(n-2) + \cdots + a_N x(n-N) \tag{6-81}$$

으로 된다. 이를 다음과 같이 바꾸어 나타내면

$$y(n) = x(n) - \hat{x}(n) = x(n) + \sum_{k=1}^{N} a_k x(n-k) \tag{6-82}$$

로 쓸 수 있다. 이 표현은 FIR 필터의 출력이 신호 $x(n)$과 $\hat{x}(n)$ 사이의 오차로 해석될 수 있으며, FIR 필터를 선형 예측기(linear predictor)로 생각할 수 있게 한다. 즉 입력열 $x(n-1)$, $x(n-2), \cdots, x(n-N)$ 이 신호 $x(n)$의 값을 예측하기 위해 사용된다고 보면, $x(n)$의 선형 예측 값은 당연히

$$\hat{x}(n) = -\sum_{k=1}^{N} a_k x(n-k) \tag{6-83}$$

이 되며, 이 때 계수 $-a_k$를 예측 계수(prediction coefficient)라 부른다.

식 (6-82)에서 $N=1$일 때, FIR 필터의 출력은

$$y(n) = x(n) + a_1 x(n-1) \tag{6-84}$$

로, 이 출력은 1차 또는 1단(single-stage)의 격자 필터(lattice filter)로부터 얻어질 수 있다.

FIR 필터에 대한 1단의 격자 구조는 그림 6-24에 주어져 있으며, 입력 $x(n)$, 출력 $y(n)$과 $g(n)$은 다음과 같이 표현된다.

$$\begin{aligned} y(n) &= x(n) + k_1 x(n-1) \\ g(n) &= k_1 x(n) + x(n-1) \end{aligned} \tag{6-85}$$

따라서 식 (6-85)에서 $k_1 = a_1$을 선택 한다면 출력은 정확히 식 (6-84)와 같게 된다. 격자 구조에서 매개변수 k_1은 반사계수(reflection coefficient)라 불린다.

다른 1단의 격자 구조를 직렬로 연결 할 경우, 즉 $N=2$일 때 시스템 식은 다음과 같고 격자 구조는 그림 6-25에 있다.

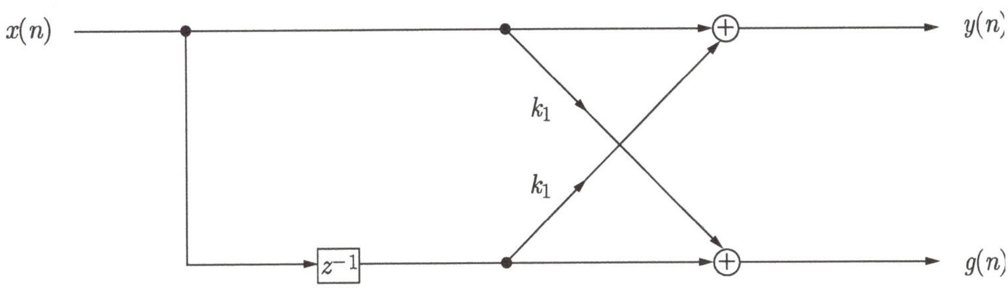

그림 6-24 • 1단(single-stage)의 FIR 격자 구조

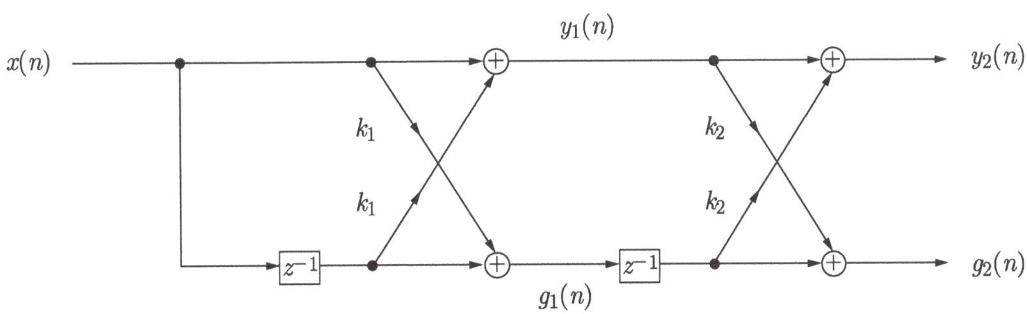

그림 6-25 • 2단(two-stage)의 FIR 격자 구조

$$\begin{aligned} y_2(n) &= y_1(n) + k_2 g_1(n-1) \\ &= x(n) + k_1 x(n-1) + k_2[k_1 x(n-1) + x(n-2)] \\ &= x(n) + (k_1 + k_1 k_2) x(n-1) + k_2 x(n-2) \\ g_2(n) &= k_2 y_1(n) + g_1(n-1) \\ &= k_2 x(n) + k_1 k_2 x(n-1) + [k_1 x(n-1) + x(n-2)] \\ &= k_2 x(n) + (k_1 + k_1 k_2) x(n-1) + x(n-2) \end{aligned} \tag{6-86}$$

또 다른 하나의 격자 구조가 직렬로 더 연결되면, 즉 3단의 격자 구조가 그림 6-26과 같이 연결되어 있을 때, 시스템 식은 다음과 같다.

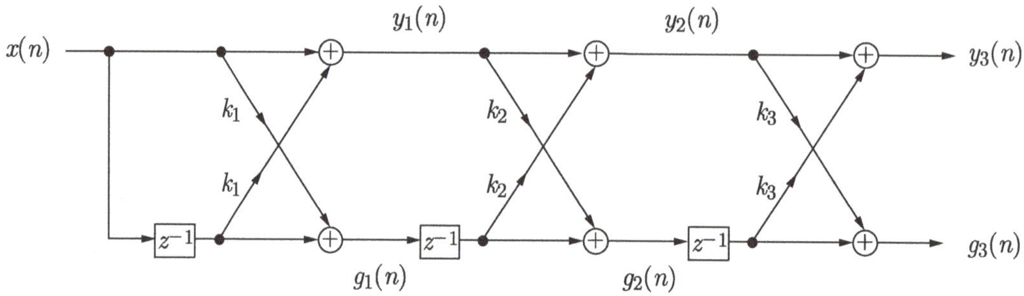

그림 6-26 • 3단(three-stage) FIR 격자 구조

$$\begin{aligned} y_3(n) &= x(n) + (k_1 + k_1k_2 + k_2k_3)x(n-1) \\ &\quad + (k_2 + k_1k_3 + k_1k_2k_3)x(n-2) + k_3x(n-3) \\ g_3(n) &= k_3x(n) + (k_2 + k_1k_3 + k_1k_2k_3)x(n-1) \\ &\quad + (k_1 + k_1k_2 + k_2k_3)x(n-2) + x(n-3) \end{aligned} \tag{6-87}$$

식 (6-87)에서 $b_1 = k_1 + k_1k_2 + k_2k_3$, $b_2 = k_2 + k_1k_3 + k_1k_2k_3$, $b_3 = k_3$로 두면 $y_3(n)$와 $g_3(n)$을 다음 식과 같이 쓸 수 있다.

$$y_3(n) = x(n) + b_1x(n-1) + b_2x(n-2) + b_3x(n-3)$$

$$g_3(n) = b_3x(n) + b_2x(n-1) + b_1x(n-2) + x(n-3)$$

이와 같이 M단의 격자 구조를 직렬로 연결하면 그림 6-27과 같고, 이때의 시스템 식은 다음과

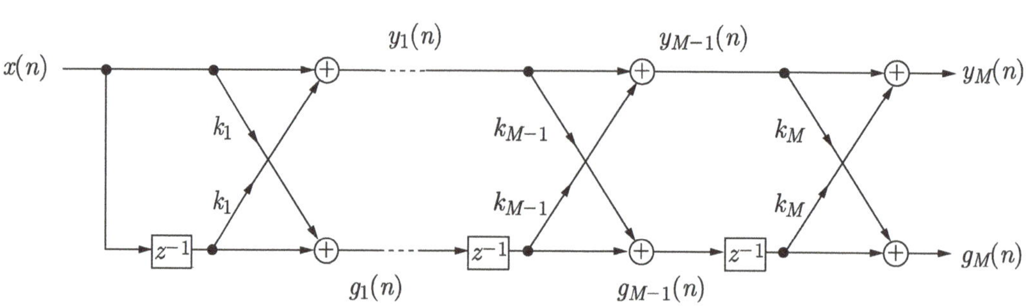

그림 6-27 • M단의 FIR 격자 구조

같이 일반화하여 쓸 수 있다.

$$y_M(n) = \sum_{i=0}^{M} b_i x(n-i)$$
$$g_M(n) = \sum_{i=0}^{M} b_{M-i} x(n-i) \qquad (6\text{-}88)$$

단, $b_0 = 1$이다. 만약 $x(n) = \delta(n)$일 때, 즉 단위 임펄스 응답에 대한 식 (6-88)의 z변환은 다음과 같게 된다.

$$Y_M(z) = \sum_{i=0}^{M} b_i z^{-i}$$
$$G_M(z) = \sum_{i=0}^{M} b_{M-i} z^{-i} \qquad (6\text{-}89)$$

식 (6-89)에서 $Y_M(z)$와 $G_M(z)$를 살펴보면

$$G_M(z) = z^{-M} Y_M\left(\frac{1}{z}\right) \qquad (6\text{-}90)$$

가 됨을 알 수 있다.

예제 6-16 다항식이 다음과 같이 주어져 있을 때

$$Y_2(z) = 1 - 0.9z^{-1} + 0.8z^{-2}$$

(1) $G_2(z)$를 구하고

(2) 계수 k_1과 k_2를 구하고 격자 구조로 구현 하라.

(1) 식 (6-90)을 사용하여 $M = 2$에 대해

$$G_2(z) = z^{-2} Y_2(\frac{1}{z})$$

$$= z^{-2}(1 - 0.9z + 0.8z^2)$$

$$= 0.8 - 0.9z^{-1} + z^{-2}$$

(2) 필터이득 k_M은 그림 6-27과 식 (6-89)를 살펴보면 마지막 단의 이득은 계수 b_M과 일치함을 알 수 있다. 즉

$$k_M = b_M \tag{6-91}$$

이다. 따라서 $k_2 = b_2 = 0.8$이 되며,

$$k_1 + k_1 k_2 = b_1$$

$$k_1 + 0.8k_1 = -0.9$$

로 되어

$$k_1 = -0.5$$

가 구해진다. 이들 격자구조로 구현하면 그림 6-28과 같다. ◀

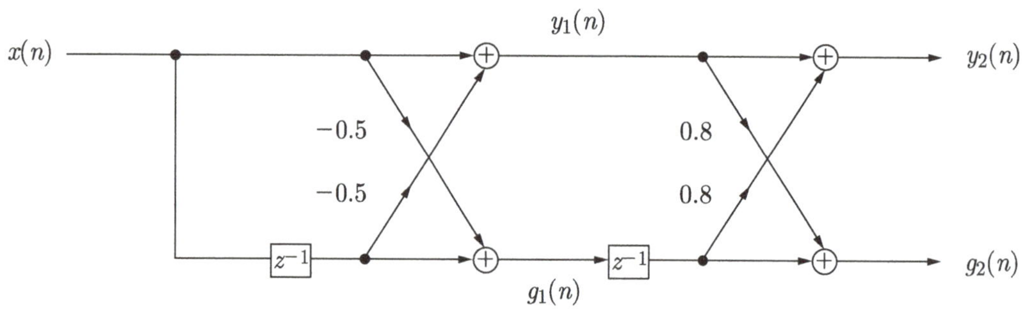

그림 6-28 • 예제 6-16의 2단 FIR 격자 구조

필터 계수를 계산하는 순서는 식 (6-91)에 기반한다. 즉 마지막 단에서의 이득 k_M은 M단의 다항식

$$Y_M(z) = \sum_{i=0}^{M} b_i z^{-i} \tag{6-92}$$

에 있는 마지막 계수 b_M과 같다는 것이다. 임의의 m번째 단을 생각하자. 그러면

$$\begin{aligned} Y_m(z) &= Y_{m-1}(z) + k_m z^{-1} G_{m-1}(z) \\ G_m(z) &= k_m Y_{m-1}(z) + z^{-1} G_{m-1}(z) \end{aligned} \tag{6-93}$$

이 얻어지고, $Y_{m-1}(z)$를 $Y_m(z)$와 k_m으로 표현하기 위해서, 식 (6-93)의 두 번째 식을 $G_{m-1}(z)$에 대해 풀고, 이를 첫째 식에 대입하면 다음을 얻을 수 있다.

$$Y_m(z) = Y_{m-1}(z) + k_m z^{-1}\left(\frac{G_m(z) - k_m Y_{m-1}(z)}{z^{-1}}\right) \tag{6-94}$$

이를 $Y_{m-1}(z)$에 대해 정리하면 $k_m \neq 1$에 대해

$$Y_{m-1}(z) = \frac{Y_m(z) - k_m G_m(z)}{1 - k_m^2} \tag{6-95}$$

이다. 식 (6-90)에서 $M = m$으로 두고 이를 식 (6-95)에 대입하면

$$Y_{m-1}(z) = \frac{Y_m(z) - k_m z^{-m} Y_m(1/z)}{1 - k_m^2} \tag{6-96}$$

이 된다. 식 (6-96)은 낮은 단의 다항식 $Y_{m-1}(z)$가 다음 단의 다항식 $Y_m(z)$와 그의 필터계수로부터 계산되어 진다는 것을 보여준다. 이는 필터계수 $k_m, m = 1, 2, \cdots, M$을 구할 때 높은 단 $m = M$에서 시작하여 낮은 단 $m = 1$까지 단계적으로 낮추어 진행해가면서 값을 구함을 알 수 있다.

예제 6-17 다음의 다항식

$$Y_2(z) = 1 - 0.9z^{-1} + 0.8z^{-2}$$

로부터 식 (6-96)을 사용하여 첫째 단의 필터 계수를 구하라.

앞의 예제 6-16으로부터 $k_2 = 0.8$임을 알 수 있고, 식 (6-96)으로부터

$$\begin{aligned} Y_1(z) &= \frac{Y_2(z) - k_2 z^{-2} Y_2(1/z)}{1 - k_2^2} \\ &= \frac{(1 - 0.9z^{-1} + 0.8z^{-2}) - 0.8z^{-2}(1 - 0.9z + 0.8z^2)}{1 - (0.8)^2} \\ &= 1 - 0.5z^{-1} \end{aligned}$$

이 계산 된다. 따라서 앞의 예제에서와 같이 계수 $k_1 = -0.5$ 이다. ◀

필터 이득과 계수들을 얻는 식을 일반화시키기 위해, 먼저 식 (6-89)의 첫 번째 식을 다음과 같이 고쳐 쓰자.

$$Y_M(z) = \sum_{i=0}^{M} b_{Mi} z^{-i} \tag{6-97}$$

M을 m으로 대체하면, m번째 단에 대한 다항식을 얻는다. 즉

$$Y_m(z) = \sum_{i=0}^{m} b_{mi} z^{-i} \tag{6-98}$$

그리고 z를 $1/z$로 대체하면

$$Y_m(1/z) = \sum_{i=0}^{m} b_{mi} z^{i} \tag{6-99}$$

이 된다. 계수를 계산하는 과정을 $m = M$으로부터 $m = 1$까지 따라가기 쉽도록, 식 (6-99)를 다음과 같이 표현할 수 있다.

$$Y_m(1/z) = \sum_{i=0}^{m} b_{m,m-i} z^{m-i} \tag{6-100}$$

식 (6-98)과 식 (6-100)을 $m = 3$에 대해 나타내면, $Y_3(z)$와 $Y_3(1/z)$는 각각

$$Y_3(z) = b_{30} + b_{31}z^{-1} + b_{32}z^{-2} + b_{33}z^{-3}$$

$$Y_3(1/z) = b_{30} + b_{31}z + b_{32}z^2 + b_{33}z^3$$

이 된다.

다시금 식 (6-96)을 생각해 보자.

$$Y_{m-1}(z) = \frac{Y_m(z) - k_m z^{-m} Y_m(1/z)}{1 - k_m^2}$$

여기에 식 (6-98)과 식 (6-99)를 대입하면

$$\begin{aligned}\sum_{i=0}^{m-1} b_{m\quad 1,i} z^{-i} &= \frac{\sum_{i=0}^{m} b_{mi} z^{-i} - k_m z^{-m} \sum_{i=0}^{m} b_{m,m-i} z^{m-i}}{1 - k_m^2} \\ &= \frac{\sum_{i=0}^{m} b_{mi} z^{-i} - k_m \sum_{i=0}^{m} b_{m,m-i} z^{-i}}{1 - k_m^2}\end{aligned} \tag{6-101}$$

으로 된다. 양변을 z^{-i}로 나누어 다시 정리하면 계수들은

$$b_{m-1,i} = \frac{b_{mi} - k_m b_{m,m-i}}{1 - k_m^2}, \quad \begin{matrix} i = 0, 1, \cdots, m-1 \\ m = M, M-1, \cdots, 2, 1, \ k_m \neq 1 \end{matrix} \tag{6-102}$$

의 관계를 가지며, 계수들은

$$k_m = b_{mm}$$

으로 주어진다.

예제 6-18 FIR 필터가 다음 식으로 주어져 있다.

$$Y_3(z) = 1 + 0.5z^{-1} + 0.2z^{-2} - 0.5z^{-3}$$

이를 격자구조로 구현하고 계수들을 구하라.

먼저 식 (6-98)에서 $m = 3$을 대입하면

$$Y_3(z) = 1 + b_{31}z^{-1} + b_{32}z^{-2} + b_{33}z^{-3}$$

이 되고, 식 (6-102)로부터

$$k_3 = b_{33} = -0.5$$

을 얻는다. 다음, $Y_2(z)$에 대한 계수를 계산하기 위해, 식 (6-102)로부터

$$b_{m-1,i} = \frac{b_{mi} - k_m b_{m,m-i}}{1 - k_m^2}$$

$m = 3$과 $i = 0$일 때,

$$b_{20} = \frac{b_{30} - k_3 b_{33}}{1 - k_3^2}$$

$$= \frac{1 - (-0.5)(-0.5)}{1 - (-0.5)^2} = 1$$

$m=3$과 $i=1$일 때,

$$b_{21}=\frac{b_{31}-k_3b_{32}}{1-(k_3)^2}$$
$$=\frac{0.5-(-0.5)(0.2)}{1-(-0.5)^2}=0.8$$

마지막으로 $m=3$, $i=2$일 때,

$$b_{22}=\frac{b_{32}-k_3b_{31}}{1-(k_3)^2}$$
$$=\frac{0.2-(-0.5)(0.5)}{1-(-0.5)^2}=0.6$$

이 구해진다. 식 (6-102)로부터 $k_2=b_{22}$임을 알 수 있다. $Y_2(z)$를 구하면

$$Y_2(z)=1+b_{21}z^{-1}+b_{22}z^{-2}$$
$$=1+0.8z^{-1}+0.6z^{-2}$$

이다. 첫 번째 단으로 가서 b_{11}을 계산하면

$$b_{11}=\frac{b_{21}-k_2b_{21}}{1-(k_2)^2}$$
$$=\frac{0.8-(0.6)(0.8)}{1-(0.6)^2}=0.5$$

가 구해지고, 이는 또한 $k_1=b_{11}$임을 알 수 있으며, $Y_1(z)=1+0.5z^{-1}$이 구해진다. 이상의 과정으로부터 구한 k_1, k_2및 k_3를 이용하여 격자구조를 그리면 그림 6-29와 같다.

B. IIR 필터의 격자구조

IIR 필터의 격자구조를 설명하기 위해 먼저 다음의 전달함수를 갖는 경우를 고려하자.

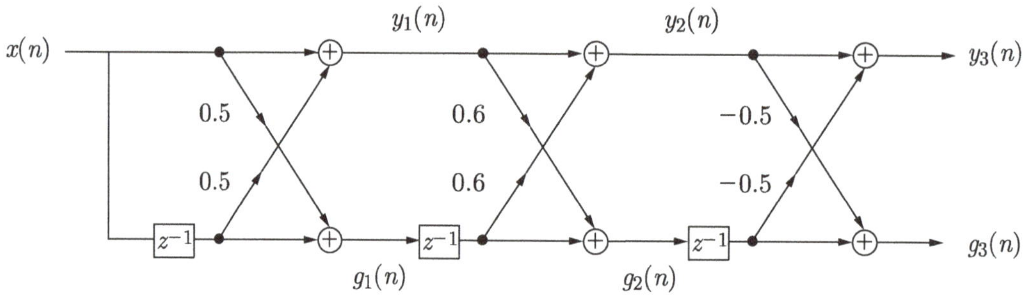

그림 6-29 • 예제 6-18의 3단 FIR 격자 구조

$$H(z) = \frac{1}{1 + a_1 z^{-1} + a_2 z^{-2} + \cdots + a_N z^{-N}} \tag{6-103}$$

이 시스템은 극점들만 가지고 있으므로 전극점(all-pole)시스템이라 부른다. 이 시스템의 차분 방정식은

$$y(n) = x(n) - a_1 y(n-1) - a_2 y(n-2) - \cdots - a_N y(n-N) \tag{6-104}$$

이 된다.

식 (6-104)에서 입력과 출력의 역할을 서로 교환 한다면, 다음과 같게 된다.

$$x(n) = y(n) - a_1 x(n-1) - a_2 x(n-2) - \cdots - a_N x(n-N) \tag{6-105}$$

즉

$$y(n) = x(n) + \sum_{k=1}^{N} a_k x(n-k) \tag{6-106}$$

로 되어, 식 (6-106)은 FIR 시스템의 차분 방정식 식 (6-82)와 같아진다. 이 두식을 비교해 보면 시스템 함수 $H(z) = A(z)$를 가지는 FIR 시스템으로부터 입·출력의 역할을 바꾸면, IIR 시스템 함수인 $H(z) = 1/A(z)$를 얻을 수 있다는 것을 알 수 있다.

이상의 내용으로 볼 때, 전극점 IIR 시스템의 격자 구조는 앞 절에서 설명된 FIR 시스템인 전영점(all-zero) 시스템의 격자구조로부터 입력과 출력을 서로 교환하여 구현 할 수 있음을 알 수 있다.

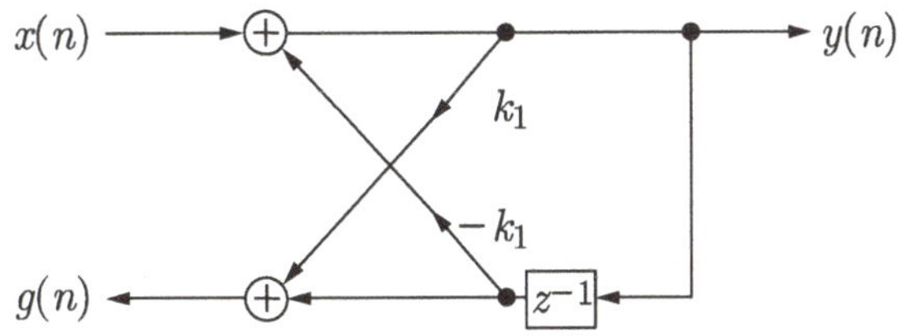

그림 6-30 • 1단의 전극점 IIR 격자구조

먼저 $N=1$인 경우로부터 시작하자. 그림 6-24의 FIR 일단 격자구조를 반전시켜 다시 그리면 그림 6-30과 같고, 이로부터 시스템식을 구하면 다음과 같다.

$$\begin{aligned} y(n) &= x(n) - k_1 y(n-1) \\ g(n) &= k_1 y(n) + y(n-1) \end{aligned} \tag{6-107}$$

식 (6-107)의 첫 번째 식은 1단의 전극점 IIR 시스템을, 동시에 두 번째 식은 1단의 FIR 시스템을 나타낸다.

다음, $N=2$인 경우는, 그림 6-31에 나타나 있고 시스템식은 다음과 같이 구해진다.

$$\begin{aligned} y(n) &= -k_1(1+k_2)y(n-1) - k_2 y(n-2) + x(n) \\ g_2(n) &= k_2 y(n) + k_1(1+k_2)y(n-1) + y(n-2) \end{aligned} \tag{6-108}$$

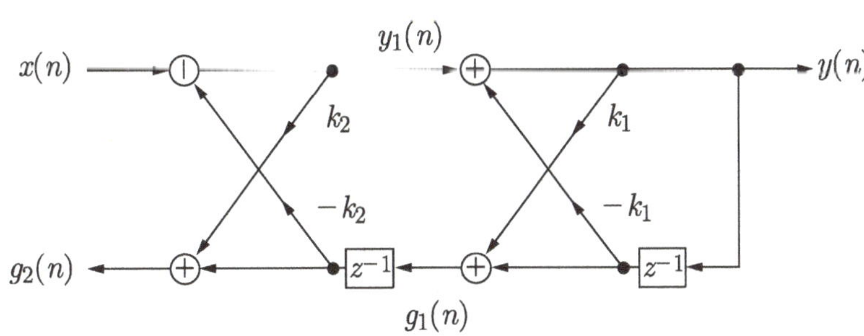

그림 6-31 • 2단의 전극점 IIR 격자구조

마찬가지로 N차인 경우에 전극점 IIR 시스템의 격자구조는 그림 6-32에 나타나 있으며 시스템식은 다음과 같다.

$$y_N(n) = x(n)$$
$$y_{m-1}(n) = y_m(n) - k_m g_{m-1}(n-1), \quad m = N, N-1, \cdots, 2, 1$$
$$g_m(n) = k_m y_{m-1}(n) + g_{m-1}(n-1), \quad m = N, N-1, \cdots, 2, 1 \tag{6-109}$$
단, $g_0(n) = y(n)$

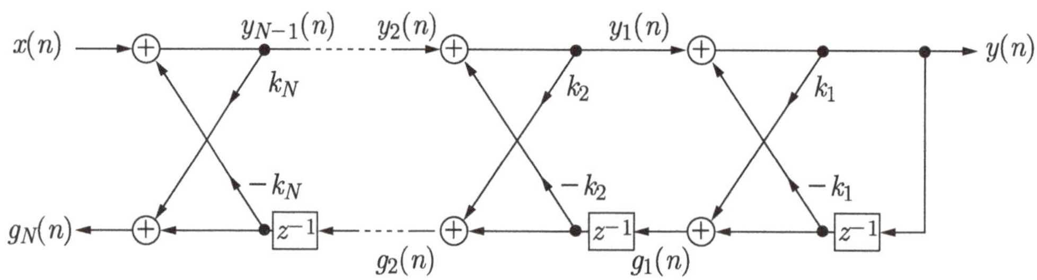

그림 6-32 • N단의 전극점 IIR 격자구조

전극점 격자는 극점과 영점 모두를 가지고 있는 IIR 시스템의 격자구조에 대해 기본 구성을 제공한다.

일반적인 IIR 시스템 함수를 다시 생각하자.

$$H(z) = \frac{\sum_{i=0}^{M} b_i z^{-i}}{1 + \sum_{i=1}^{N} a_i z^{-i}} = \frac{B(z)}{A(z)} \tag{6-110}$$

앞의 전영점 IIR 시스템과 전극점 IIR 시스템 격자구현에서 보듯이, 영점들은 이전 출력들의 선형조합을 형성한 결과이므로 극점과 영점을 가지는 IIR 시스템을 구성하기위해 전극점 격자구조를 기본구성 블록으로 사용하고 여기에 전영점 시스템을 선형조합 함이 바람직하다. 따라서 먼저 $1/A(z)$를 전극점 격자구조로 구현하고, $B(z)$를 선형결합하는 사다리(ladder)부분을 추가하여 구현한다. 이를 격자-사다리(lattice-ladder)구조라 하며, 그림 6-33에 나타나 있다. 여기서는 $M = N$으로 두었다.

격자-사다리 구조에서 시스템 출력은

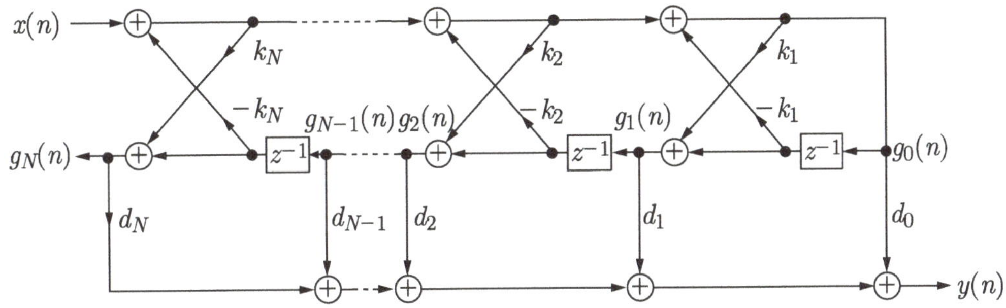

그림 6-33 • 극점-영점 IIR 시스템의 격자-사다리 구조

$$y(n) = \sum_{m=0}^{M} d_m g_m(n) \tag{6-111}$$

이며, 여기서 d_m은 시스템의 영점들을 결정하는 매개변수들이다. 시스템의 전달함수는 식 (6-111)을 이용하면

$$\begin{aligned} H(z) &= \frac{Y(z)}{X(z)} \\ &= \sum_{m=0}^{M} d_m \frac{G_m(z)}{X(z)} = \frac{B(z)}{A(z)} \end{aligned} \tag{6-112}$$

로 되며. 식 (6-110)과 식 (6-112)로부터

$$\begin{aligned} \frac{B(z)}{A(z)} &= \sum_{m=0}^{M} d_m \frac{G_m(z)}{X(z)} \\ &= \sum_{m=0}^{M} d_m \frac{G_m(z)}{G_0(z)} \cdot \frac{G_0(z)}{X(z)} \\ &= \sum_{m=0}^{M} d_m \widetilde{G_m}(z) \cdot \frac{1}{A(z)} \end{aligned} \tag{6-113}$$

여기서 $\widetilde{G_m}(z) = \dfrac{G_m(z)}{G_0(z)}$이다. 식 (6-113)으로부터

$$B(z) = \sum_{m=0}^{M} d_m \widetilde{G_m}(z) \tag{6-114}$$

이 되며, 이 관계는 가중 계수들 d_m을 결정하는 데 사용된다. 따라서 분자다항식 $B(z)$의 계수들은 사다리 매개변수 d_m을 결정하는 반면, 분모다항식 $A(z)$에서 계수들은 격자 매개변수 k_m을 결정한다.

예제 6-19 다음의 전달함수를 가지는 IIR 시스템을 격자구조로 구현하라.

$$H(z) = \frac{1}{1+0.5z^{-1}+0.2z^{-2}-0.5z^{-3}}$$

위의 전달함수는 예제 6-18에서 보여진 전영점 FIR 시스템과 같은 계수들을 가지는 전극점 IIR 시스템이다. 따라서 격자들의 반사계수는 다음과 같아진다.

$$k_3 = -0.5,\ k_2 = 0.6,\ k_1 = 0.5$$

이들 계수를 가지고 격자구조로 구현한 IIR 시스템은 그림 6-34와 같다.

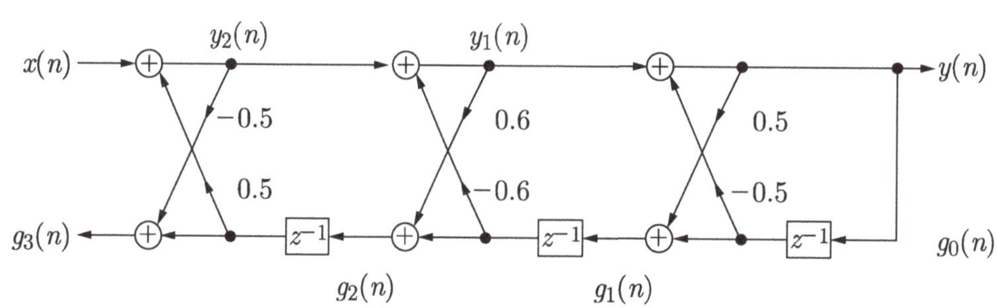

그림 6-34 • 예제 6-19의 전극점 IIR 시스템의 격자 구현

예제 6-20 다음의 전달함수를 가지는 IIR시스템을 격자구조로 구현하라.

$$H(z) = \frac{1+z^{-1}+z^{-2}+z^{-3}}{1+0.5z^{-1}+0.2z^{-2}-0.5z^{-3}}$$

위의 전달함수는 극점과 영점을 모두 가지고 있으므로 전극점 격자구조를 기본구성 블록으로 하고 전영점 시스템을 선형 조합으로 하는 격자 사다리 구조가 바람직하다.

전극점 격자구조는 앞의 예제 6-19와 같고, 각 결점(node)에서의 다항식은 다음과 같이 됨을 알 수 있다.

$$\widetilde{G}_3(z) = -0.5 + 0.2z^{-1} + 0.5z^{-2} + z^{-3}$$

$$\widetilde{G}_2(z) = 0.6 + 0.8z^{-1} + z^{-2}$$

$$\widetilde{G}_1(z) = 0.5 + z^{-1}$$

$$\widetilde{G}_0(z) = 1$$

격자 사다리 구조를 그려보면 그림 6-35와 같고, 전영점 시스템을 선형조합하는 사다리 구성 블록에서 다음의 관계를 가진다.

$$\begin{aligned} B(z) &= 1 + z^{-1} + z^{-2} + z^{-3} \\ &= d_0\widetilde{G}_0(z) + d_1\widetilde{G}_1(z) + d_2\widetilde{G}_2(z) + d_3\widetilde{G}_3(z) \\ &= d_0 + d_1(0.5 + z^{-1}) + d_2(0.6 + 0.8z^{-1} + z^{-2}) \\ &\quad + d_3(-0.5 + 0.2z^{-1} + 0.5z^{-2} + z^{-3}) \\ &= (d_0 + 0.5d_1 + 0.6d_2 - 0.5d_3) \\ &\quad + (d_1 + 0.8d_2 + 0.2d_3)z^{-1} + (d_2 + 0.5d_3)z^{-2} + d_3z^{-3} \end{aligned}$$

따라서 계수들을 비교하면

$$d_0 + 0.5d_1 + 0.6d_2 - 0.5d_3 = 1$$

$$d_1 + 0.8d_2 + 0.2d_3 = 1$$

$$d_2 + 0.5d_3 = 1$$

$$d_3 = 1$$

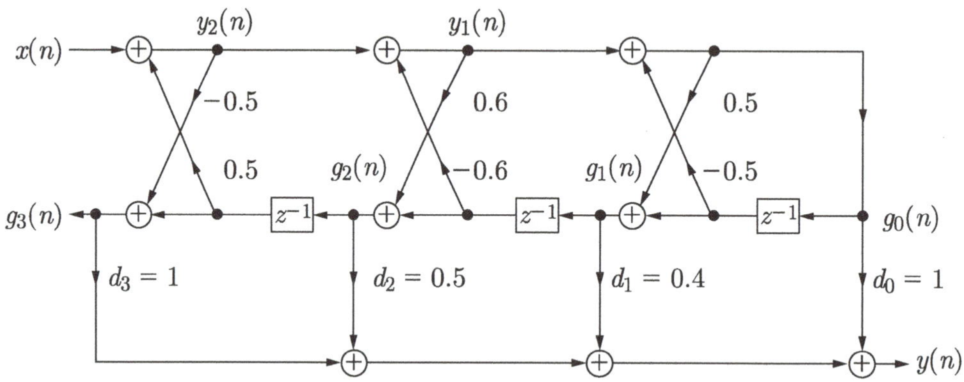

그림 6-35 • 예제 6-20의 IIR 시스템의 격자 구현

로 되어, 이들을 풀면 $d_3 = 1, d_2 = 0.5, d_1 = 0.4, d_0 = 1$을 구할 수 있다.

6-8 디지털 필터에 관한 고찰

필터라는 것은 원하는 방법으로 파형의 모양이나 주파수에 따른 신호의 진폭 또는 위상 특성을 선택적으로 변환하는 시스템이다. 일반적인 필터처리의 목적은 잡음을 제거해서 신호의 질을 향상시키거나 신호들로부터 정보를 추출하거나 통신 채널을 효과적으로 사용하기 위해 복합 신호를 분리하는 것이다.

디지털 필터는 필터처리의 목적에 맞는 디지털 신호를 출력하기 위해 디지털 입력신호에 동작하는 하드웨어 또는 소프트웨어로 구현하는 수학적인 알고리즘이다. 디지털 필터라는 용어는 필터처리 알고리즘을 수행하는 특정한 하드웨어 또는 소프트웨어 루틴을 지칭하며, 종종 디지털화된 아날로그 신호나 단순한 숫자들로 동작하기도 한다.

아날로그 입출력을 가지는 실시간 디지털 필터의 간단한 블록다이어그램을 그림 6-36에 나타내었다. 이 블록다이어그램과 같은 내용은 이미 그림 3-13에서도 언급하였다. 대역이 제한된 아

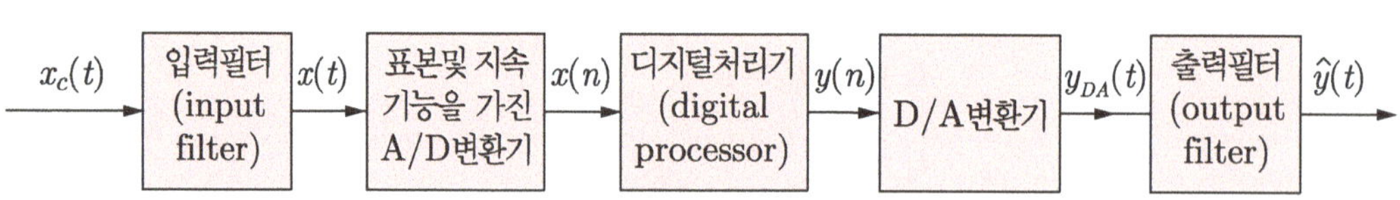

그림 6-36 • 아날로그 입·출력 신호를 가지는 디지털 필터의 간단한 블록 다이어그램

날로그 신호가 주기적으로 표본화되고, $x(n), n=0, 1, \cdots$ 의 디지털 표본들로 변환된다. 디지털 프로세서는 필터처리 연산을 수행하며, 입력 열 $x(n)$을 계산 알고리즘에 따라 출력 열 $y(n)$으로 변환시킨다. 디지털-아날로그 변환기(DAC)는 디지털로 필터처리된 출력을 아날로그 값으로 변환하며, 이 과정에서 남아 있는 고주파 성분을 평활하게 하고 제거하기 위해 다음 단에서 아날로그 필터처리 한다.

디지털 신호처리에서 디지털 필터는 중요한 역할을 한다. 아날로그 필터와 비교해 데이터 압축, 생체 신호처리, 음성 처리, 영상 처리, 데이터 전송, 디지털 오디오, 전화기 반향 제거 등 더 많은 곳에 응용되며, 그 장점들은 다음과 같다.

- 디지털 필터는 아날로그 필터로는 불가능한 선형 위상 응답과 같은 특성을 가질 수 있다.
- 아날로그 필터와 다르게, 디지털 필터의 수행 능력은 온도 변화와 같은 환경 변화에 크게 영향을 받지 않는다. 따라서 주기적으로 보정을 할 필요가 없다.
- 만약 프로그램 가능한 프로세서를 이용한다면 디지털 필터의 주파수 응답을 자동으로 조절할 수 있다. 이것이 바로 디지털 필터가 적응필터(adaptive filter)에 광범위하게 사용되는 이유이기도 하다.
- 하나의 디지털 필터만으로 하드웨어의 복제 없이 여러 개의 입력 신호 또는 채널을 필터처리 할 수 있다.
- 필터 처리된 데이터와 그렇지 않은 데이터 모두 다음 사용을 위해 저장할 수 있다.
- VLSI 기술의 발전으로 소형화, 저전력 사용, 생산 단가가 절감된 디지털 필터가 가능해졌다.
- 실제로 아날로그 필터로 가능한 정밀도는 한계가 있다. 예를 들어 일반 기성제품을 이용하여 설계된 능동필터(active filter)는 최대로 약 60-70dB의 정지대역 감쇠만이 가능하다. 하지만 디지털 필터는 오직 사용되는 단어 길이(word length)에 의해서만 정밀도가 제한된다.
- 디지털 필터의 수행은 장치에서 장치로 반복할 수 있다.
- 디지털 필터는 의공학 분야에서 아날로그 필터로는 실행할 수 없는 매우 낮은 주파수에서도 사용할 수 있다. 또한 단순히 표본화 주파수 변환만으로도 광범위한 주파수에서 사용할 수 있도록 만들 수 있다.

다음은 아날로그 필터와 비교하여 디지털 필터의 단점들이다.

- 속도 제한: 실시간으로 디지털 필터가 제어할 수 있는 신호의 최대 대역폭은 아날로그 필터보다 현저히 낮다. 실시간의 경우, 아날로그-디지털-아날로그 변환 과정은 디지털 필터의 실행에 속도 제한을 일으킨다. ADC의 변환시간과 DAC의 정착시간은 처리될 수 있는 최고 주파수를 제한한다. 더구나 디지털 필터의 연산 속도는 사용되는 디지털 프로세서의 속도와 필터처리 알고리즘에서 반드시 수행되어야 하는 산술 연산의 수에 좌우된다.
- 유한 단어길이 효과: 디지털 필터는 연속신호의 양자화에 의한 ADC 오차와 계산 과정에서 발생하는 반올림(roundoff) 오차에 종속적이다. 고차의 순환형 필터에 있어서 반올림 오차의 누적은 시스템을 불안정하게 만들 수 있다.
- 긴 개발 시간: 특히 하드웨어 개발에 있어서, 디지털 필터의 설계 및 개발 시간은 아날로그 필터에 비해 현저히 길다. 그러나 한번 구현된 하드웨어나 소프트웨어는 수정이 거의 없이도 다른 필터처리나 디지털 신호처리 연산에 사용할 수 있다.

6-8-1. 디지털 필터의 형태

디지털 필터는 일반적으로 FIR(finite impulse response) 필터와 IIR(infinite impulse response) 필터로 나눌 수 있음을 앞서 언급하였다. 이 절에서 다시 한 번 정리하면, 기본적인 형태에 있어서 각 필터는 $h(k)$ $(k=0,\ 1,\ \cdots)$와 같은 임펄스 응답의 열로 표현할 수 있다. 필터의 입출력 신호는 상승적분(convolution)으로 연결되어 있으며, IIR 필터는 다음 식

$$y(n)=\sum_{k=0}^{\infty}h(k)x(n-k) \tag{6-115}$$

으로 나타내고, FIR 필터는 다음 식

$$y(n)=\sum_{k=0}^{N}h(k)x(n-k) \tag{6-116}$$

으로 나타낼 수 있다. 이들 식에서 볼 때, FIR 필터에서 $h(k)$는 오직 유한개($N+1$ 개)의 값만 가지므로 임펄스 응답은 유한하지만, IIR 필터에서는 임펄스 응답이 무한하다. 실제로 식 (6-115)를 사용하여 IIR 필터의 출력을 계산하는 것은 임펄스 응답의 길이가 이론상 무한대이기 때문에 불가능하다. 대신에 IIR 필터처리 식은 다음과 같은 순환 형태로 표현된다.

$$y(n) = \sum_{k=0}^{\infty} h(k)x(n-k) = \sum_{k=0}^{N} a_k x(n-k) - \sum_{k=1}^{M} b_k y(n-k) \tag{6-117}$$

여기서 a_k와 b_k는 필터의 계수이다. 따라서 식 (6-116)과 식 (6-117)은 각각 FIR 필터와 IIR 필터의 차분방정식(difference equation)이다. 이 식에서, FIR 필터에 대한 $h(k)$값과 IIR 필터에 대한 a_k와 b_k값은 필터 설계에 있어서 가장 중요한 대상이다. 식 (6-117)에서 출력 표본 $y(n)$은 현재와 과거의 입력뿐만 아니라 과거 출력의 함수이다. 즉, IIR 필터는 일종의 궤환(feedback) 시스템이다. 이것은 FIR 필터 식과 비교할 수 있는데, FIR 필터의 출력 표본 $y(n)$은 오직 현재와 과거의 입력 값에 대한 함수이다. 그러나 b_k을 0으로 한다면 식 (6-117)은 FIR 필터인 식 (6-116)이 된다.

FIR 필터와 IIR 필터에 대한 또 다른 표현은 각각 다음과 같이 주어지는데,

$$H(z) = \sum_{k=0}^{N} h(k) z^{-k} \tag{6-118}$$

$$H(z) = \frac{\sum_{k=0}^{N} a_k z^{-k}}{1 + \sum_{k=1}^{M} b_k z^{-k}} \tag{6-119}$$

이는 필디의 전달 함수로 필터의 주파수 응답을 평가하는데 매우 유용하다.

6-8-2. FIR과 IIR 필터의 선택

FIR과 IIR 필터 중 어느 필터를 사용할 것인가의 선택은 두 필터의 상대적인 장점에 의해 많이 좌우된다.

① FIR 필터는 정확한 선형 위상 응답을 가질 수 있다. 이것은 필터에 의해 신호의 위상 왜곡이 발생하지 않는다는 것을 의미하며, 데이터 전송이나 의공학, 디지털 음성처리, 디지털 영상처리 등의 많은 응용분야에 있어서 중요한 요구사항이다. IIR 필터의 경우, 위상 응답은 특히 대역의 가장자리 부근에서 비선형적이나.

② 식 (6-116)에서 바로 알 수 있듯이, 비순환형으로 구현된 FIR 필터는 항상 안정적이다. IIR 필터의 안전성은 항상 보장되지 않는다.

③ 필터를 구현하는데 반올림 오차와 계수 양자화 오차와 같은 유한 개수의 비트를 사용하게 되는 영향은 FIR 필터보다는 IIR 필터에서 훨씬 더 크다.

④ 급격한 차단(cutoff) 필터에서, 즉 급격한 천이영역(transition region)을 가지기 위해 FIR 필터는 IIR 필터 보다 많은 계수가 요구된다. 따라서 주어진 진폭응답 사양에 대해, FIR 필터는 보다 많은 수행 시간과 정보량이 요구된다. 그러나 FFT의 계산 속도와 다중속도(multirate) 기술을 사용하면 FIR 필터 구현에서 효율을 향상시킬 수 있다.

⑤ 아날로그 필터는 유사한 사양을 갖는 IIR 디지털 필터로 쉽게 바꿀 수 있다. FIR 필터에서는 대응되는 아날로그 필터가 없다면 불가능하다. 하지만 FIR 필터에서는 임의의 주파수 응답을 가지는 필터들을 합성하기는 훨씬 쉽다.

⑥ 만약 CAD의 지원이 없다면, 일반적으론 FIR 필터를 합성하기가 산술적으로 더 어렵다.

위에서 열거한 내용으로부터 언제 FIR 필터 또는 IIR 필터를 사용해야 하는지에 대한 대략적인 지침을 다음에 정리할 수 있다.

① 중요한 요구 사항이 단지 급격한 차단 필터와 높은 처리량 이라면 IIR 필터를 사용한다. IIR 필터가 FIR 필터보다 적은 계수로도 가능하다.

② 만약 필터 계수의 수가 너무 크지 않거나, 특히 위상왜곡을 아주 작거나 영으로 원한다면 FIR 필터를 사용한다.

연습문제

EX 1 식 (6-4)에서 $a_0 = a_1 = a_2 = \frac{1}{3}$ 로 두었을 때 그것의 전달함수 $H(z)$를 구하고, 주파수 진폭응답과 위상응답을 구하라.

EX 2 차분방정식이 $y_m = 2x_{m-1} + x_m + 2x_{m+1}$ 로 표현되는 시스템의 전달함수 $H(z)$를 구하여라.

EX 3 차분방정식이 $y_m = x_m + 0.5y_{m-1}$ 로 표현되는 시스템의 전달함수 $H(z)$를 구하고 진폭특성을 도시하여라.

EX 4 문제 3에서 (1) 시스템의 임펄스 응답을 구하고, 결과를 m에 관해 도시하여라 (2) 계단응답을 구하고, 결과를 도시하여라.

EX 5 다음 차분방정식은 수치해석에서 1차 사다리꼴 적분법칙(trapezoidal integration rule)으로 알려져 있다.

$$y_n = \frac{1}{2}[x_n + x_{n-1}] + y_{n-1} \quad , \qquad n \geq 0$$

다음을 구하여라.

(1) 전달함수

(2) 임펄스 응답

(3) 입력이 단위계단함수 $x_n = 1$, $n \geq 0$,일 때의 응답

EX 6 다음 그림에서 $H_1(z)$와 $H_2(z)$는 다음의 두 1차 IIR 시스템의 전달함수이다.

$$y_1(n) = x_1(n) - 0.5\,y_1(n-1)$$
$$y_2(n) = x_2(n) - y_2(n-1)\ ,\ n \geq 0$$

$H_1(z)$와 $H_2(z)$를 구하고, $x(n) = (-1)^n$, $n \geq 0$,일 때 출력 $y(n)$을 구하여라.

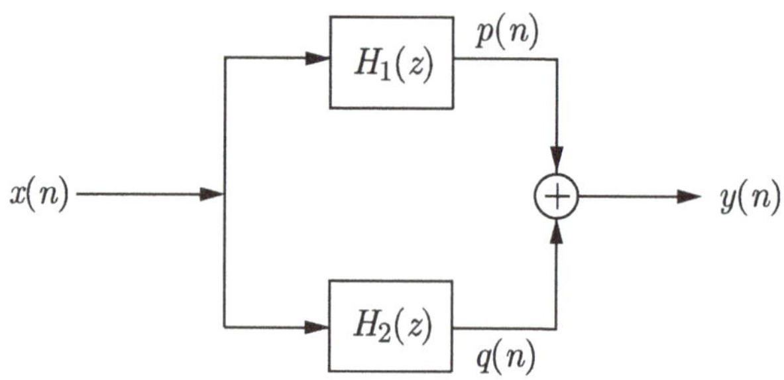

EX 7 $y_n = \dfrac{1}{2}[x_n + x_{n-1}]$, $n \geq 0$,으로 표현되는 1차 FIR 시스템의 간단한 이동평균 필터에서 전달함수, 진폭 및 위상특성을 구하여라.

EX 8 차분방정식이 $y_n = 0.5\,y_{n-1} + x_n + x_{n-1}$ 로 주어지는 시스템의 전달함수, 진폭 및 위상을 구하여라. 또한 표본화 주기가 1[msec]이며, 입력정현파의 크기가 10, 주파수가 100[Hz]일 때 정상상태(steady-state)의 출력을 구하여라.

EX 9 다음의 필터들이 안정한가를 보여라.

(1) $y(n)+y(n-1)+0.25y(n-2)=3x(n)+x(n-1)+10x(n-2)$

(2) $H(z)=\dfrac{155z^3-0.5z^2-0.5z+1}{z^4-1.28z^2+0.5}$

EX 10 IIR 차분 방정식이 $y_n=2x_{n-1}+x_n+2x_{n+1}$과 같이 주어져있을 때, 이 시스템의 전달함수 $|H(j\omega)|$ 를 그려라.

EX 11 다음의 전달함수 $H(z)$가 주어져 있을 때,

$$H(z)=\frac{2(z-1)(z^2+1.414z+1)}{(z+0.5)(z^2-0.9z+0.81)}$$

(1) 단일의 직접형 1로 구현하여라.

(2) 단일의 직접형 2로 구현하여라.

EX 12 부분분수로 전개되어 표현된 다음의 전달함수 $H(z)$가 주어져 있을 때,

$$H(z)=\frac{4(1-z^{-1})(1-z^{-1}+z^{-2})}{(1-0.5z^{-1})(1-1.27z^{-1}+0.81z^{-2})}$$

(a) 이를 1차와 2차의 전달함수를 사용하여 직렬형으로 구현하라.

(b) 이를 1차와 2차의 전달함수를 사용하여 병렬형으로 구현하라.

(c) 이를 격자 사다리 구조로 구현하라.

EX 13 아래에 주어진 시스템구현으로부터

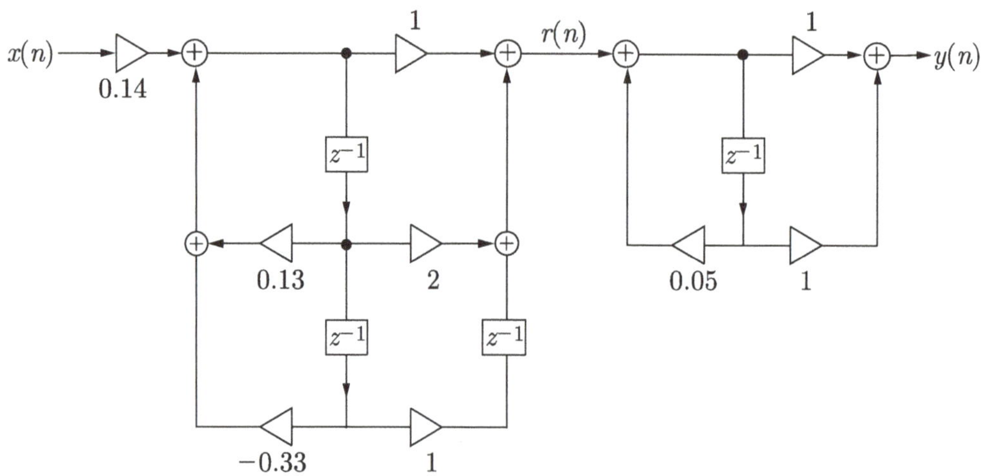

(a) 먼저 $x(n)$과 $r(n)$, $r(n)$과 $y(n)$에 관계되는 차분방정식을 구하라.

(b) 다음에는 전달함수 $H(z)=\dfrac{Y(z)}{X(z)}$를 구하고, 이의 차분방정식을 구하라.

EX 14 FIR 시스템이 다음의 전달함수를 가지고 있다.

$$H(z)=1+0.5z^2-0.6z^4$$

이를 격자구조로 구현하고, 계수들을 구하라.

EX 15 시스템이 다음의 차분 방정식으로 표현되어 있다.

$$y(n)+y(n-1)=x(n)$$

$$y(n)=0, \quad n<0$$

(a) 이 시스템의 전달함수를 구하고, 안정도를 논하라.

(b) 임펄스 응답 $h(n)$을 구하고, $x(n)=10$, $n \geq 0$ 일때의 응답을 구하라.

EX 16 인과성 LTI 시스템이 아래의 차분 방정식으로 주어져 있다.

$$y(n)=y(n-1)+y(n-2)+x(n-1)$$

(a) 이 시스템에 대해 $H(z)$를 구하고, 극점들과 영점들을 그리고 수렴영역을 표시하라.

(b) 시스템의 단위 임펄스(unit impulse) 응답을 구하라.

EX 17 (a) 다음의 차분 방정식이 주어져 있을 때 인과성 LTI 시스템에 대한 시스템 전달함수 $H(z)$를 구하라.

$$y(n)-\frac{1}{2}y(n-1)+\frac{1}{4}y(n-2)=x(n)$$

(b) $x(n)$이 아래와 같이 주어져 있을 때 z 변환을 사용하여 $y(n)$을 구하라.

$$x(n)=\left(\frac{1}{2}\right)^n u(n)$$

EX 18 이산시간 시스템이 $z=0.5$, $z=0.1 \pm j0.2$ 에서 극점들을, $z=-1$와 $z=1$에서 영점들을 가지고 있다.

(a) 이 시스템에 대한 극점-영점을 도시하라.

(b) 시스템 전달함수 $H(z)$를 구하라.

(c) 위 시스템에 대한 차분 방정식을 구하라.

EX 19 유형2의 선형위상 FIR 필터의 주파수 응답 $H(\omega)$는 다음과 같이 표현된다(표 6-2를 보라).

$$H(\omega)=e^{-j\omega NT/2}\sum_{n=1}^{(N+1)/2} a(n)\cos\left[\omega\left(n-\frac{1}{2}\right)T\right]$$

여기서 $a(n)$은 필터 계수들과 관련된다. 필터들의 응답이 고역통과필터처럼 왜 적합하지 않는지 설명하라. $N=5$인 경우를 예를 들어 설명하라.

EX 20 FIR 필터는 임펄스 응답 $h(n)$을 갖는다. 여기서 간격은 $0 \le n \le N$로 정의된다. 만약 N이 홀수이고 $h(n)$이 양의 대칭 조건을 만족하면 $h(n)=h(N-n)$, 즉 필터가 선형위상 응답을 갖는 것을 보여라. 필터의 진폭과 위상응답을 표현하라.

7장

유한 임펄스 응답 필터 설계

7-1 서론

유한 임펄스 응답(FIR) 필터는 임펄스 응답이 유한한 특성을 가지며, 선형 위상응답과 매개변수 양자화 영향에 강한 장점들을 가지는 반면, 긴 시간지연이나 요구되는 필터 사양에 대해 높은 차수가 필요하는 등의 설계 과정이 단순하지 않다는 단점들을 가진다.

이 장에서는 FIR 필터 특성과 설계를 다루며, 창함수를 이용한 설계, 최적화 설계 및 주파수 표본화 방법에 의한 설계 등을 다루고자 한다.

7-2 FIR 필터의 기본 특성

(1) 기본적인 FIR 필터는 아래의 두 식으로 그 특성이 설명된다.

$$y(n) = \sum_{k=0}^{N} h(k)x(n-k) \tag{7-1}$$

$$H(z) = \sum_{k=0}^{N} h(k)z^{-k} \tag{7-2}$$

여기서 $h(k),\ k=0,1,\cdots,N$은 필터의 임펄스 응답 계수이며, $H(z)$는 필터의 전달함수이고, N은 필터의 차수, 즉 필터 계수들의 개수는 $N+1$이다. 식 (7-1)은 필터의 차분 방정식이다. 이는 시간 영역에서 표현된 식으로 비순환적인 형태로 FIR 필터를 표현하고 있다. 즉 현재의 출력 표본 $y(n)$은 단지 과거와 현재의 입력 값인 $x(n)$의 함수로 표현된다. FIR 필터가 이러한 형태로 구현되면 식 (7-1)에서 직접 볼 수 있듯이 항상 안정하다. 식 (7-2)는 필터의 전달함수를 나타낸다.

(2) FIR 필터는 정확하게 선형적인 위상응답을 가진다. 이에 대한 의미는 다음 절에서 다룬다.

(3) FIR 필터는 구현하기 매우 간단하다. 통용되는 모든 디지털 신호 처리기는 FIR 필터처리에 적합한 구조를 가지고 있다. 비순환 FIR 필터는 IIR 필터보다 유한 단어길이(單語 길이, wordlength)에 대한 영향이 적다.

7-3 FIR 필터 설계 사양

유한 임펄스응답 필터 설계는 먼저 필터의 사양들을 정하고, 다음은 이들을 만족하는 필터의 계수를 결정한다. 필터의 사양을 정하는 단계에서는 필터의 형태, 요구되는 진폭이나 위상응답, 허용오차, 표본화 주파수, 입력 데이터의 단어길이 등을 결정한다. 계수를 계산하는 단계에서는 사양들을 만족하는 전달함수 $H(z)$의 계수를 결정한다. 계수를 계산하기 위해서는 창함수 방법, 최적화 방법, 주파수표본화 방법 등을 이용한다.

FIR 필터와 관련된 필터 사양에 대해 그림 7-1에 있는 저역 통과 필터의 예로부터 살펴보자. 이 그림에 나타나 있는 주요 매개변수(parameter)들은 다음과 같다.

δ_p: 통과대역 첨두편차값(또는 파상(ripple))

δ_r: 저지대역(또는 소거대역) 편차값

ω_p: 통과대역 차단주파수($\omega_p = 2\pi f_p$)

ω_r: 저지대역(또는 소거대역) 차단주파수($\omega_r = 2\pi f_r$)

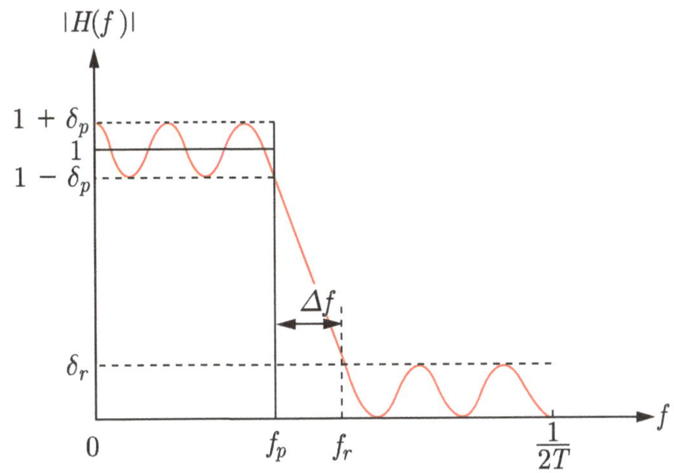

그림 7-1 • 저역통과필터에 대한 주파수 진폭 응답.

ω_s: 표본화 주파수($\omega_s = 2\pi f_s$)

여기서 ω_p와 ω_r 사이의 차는 필터의 천이 폭(transition width) $\Delta\omega(=2\pi\Delta f)$가 되며, 또 다른 중요한 매개변수는 필터 계수의 수와 관련이 있는 필터의 차수 N 등이다. 대부분의 경우 이들 매개변수들이 FIR 필터의 주파수 응답 특성을 결정한다.

FIR 필터가 아래의 식으로 표현된 것을 기억해 보자.

$$y(n) = \sum_{k=0}^{N} h(k)x(n-k)$$

$$H(z) = \sum_{k=0}^{N} h(k)z^{-k}$$

FIR 필터 계수를 계산하는 방법들의 주된 목적은 진폭-주파수 응답 및 허용오차 등과 같은 설계 사양들을 만족하는 필터, 즉 $h(k)$을 얻기 위함이다. $h(k)$을 얻기 위해서 다양한 방법들이 사용되나, 창을 이용한 방법, 최적화 방법, 주파수 표본화 방법들이 흔하게 사용된다. 이 세 가지 방법 모두는 선형 위상 FIR 필터를 만들어 낸다.

7-4 창함수를 이용한 방법

창함수를 이용하여 FIR 필터를 설계하는 방법은 우선 이상적인 필터의 주파수 응답 $H_I(\omega)$와 그의 임펄스 응답 $h_I(n)$이 가지는 관계를 이용한다.

$$h_I(n) = \frac{1}{2\pi}\int_{-\pi}^{\pi} H_I(\omega)e^{j\omega n}d\omega \tag{7-3}$$

아래 첨자 I는 이상적인 임펄스 응답과 실제적인 임펄스 응답을 구분하기 위해 사용 되었다. 먼저, 저역통과 필터를 설계한다고 가정하고, 그림 7-2(a)에서처럼 차단 주파수가 ω_c인 이상적인 저역통과 응답으로부터 시작하자. 주파수 축은 $T=1$로 정규화되었으며, 향후 창함수를 이용한 설계에도 같은 개념이 적용된다. 응답이 $-\omega_c$에서 ω_c까지이므로 이의 임펄스 응답은 아래

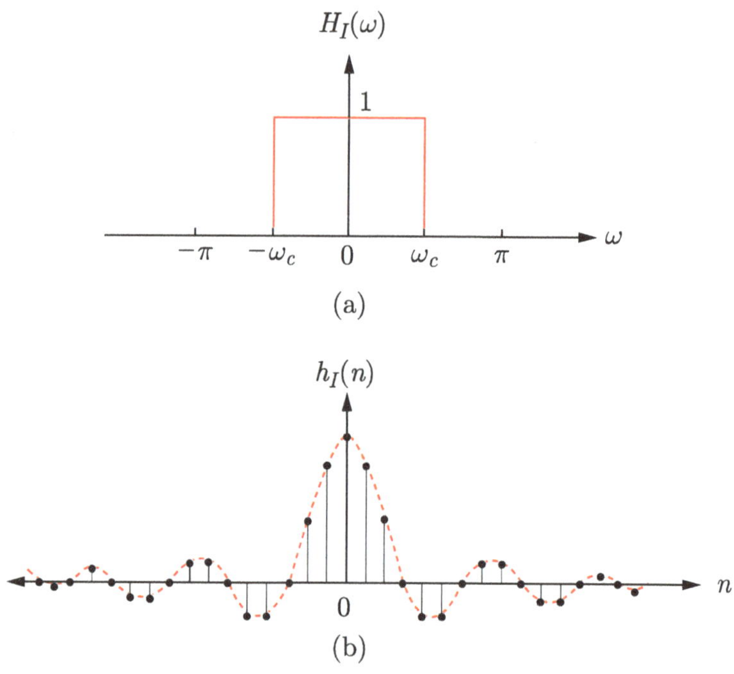

그림 7-2 • (a) 저역통과필터의 이상적인 주파수 응답(주파수 축이 T=1로 정규화되어 있음), (b) 이상적인 저역통과필터의 임펄스 응답

와 같고

$$
\begin{aligned}
h_I(n) &= \frac{1}{2\pi}\int_{-\pi}^{\pi} H_I(\omega)e^{j\omega n}d\omega \\
&= \frac{1}{2\pi}\int_{-\omega_c}^{\omega_c} e^{j\omega n}d\omega \\
&= \begin{cases} \dfrac{2f_c \sin(n\omega_c)}{n\omega_c}, & n \neq 0, -\infty \leq n \leq \infty \\ 2f_c, & n = 0 \end{cases}
\end{aligned} \tag{7-4}
$$

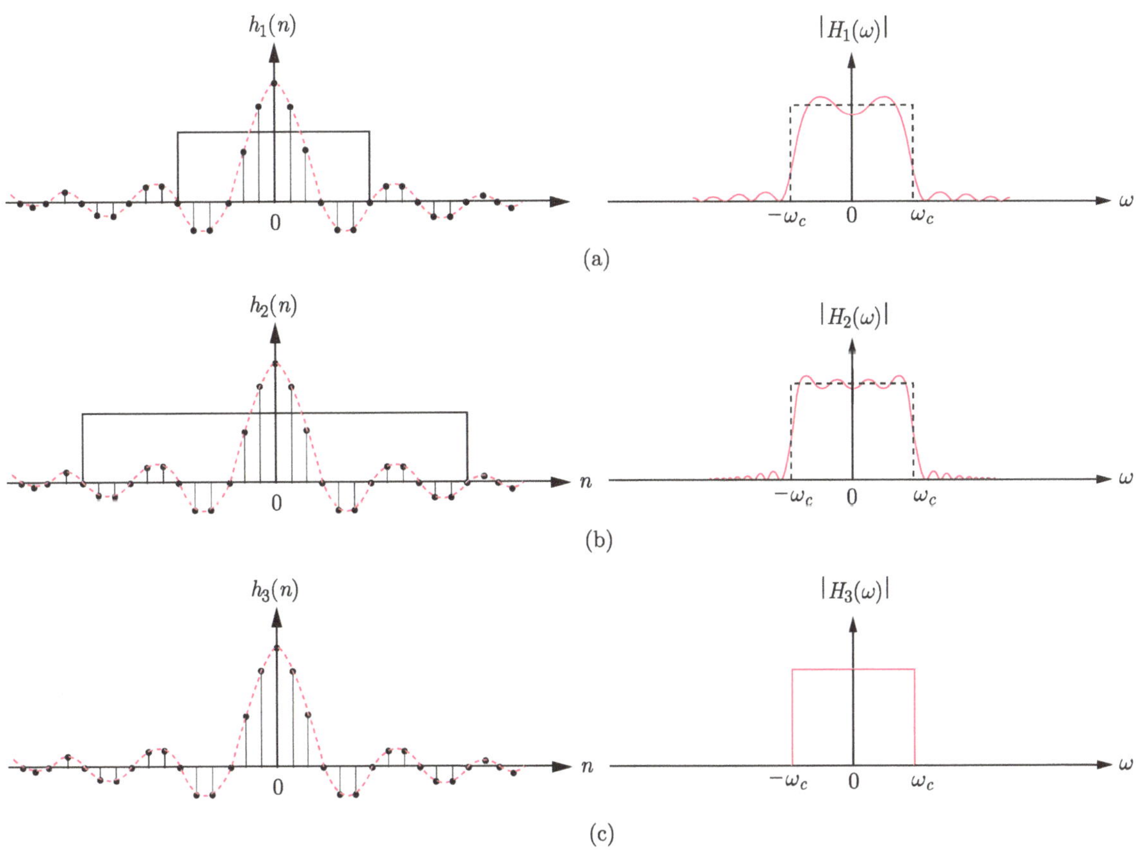

그림 7-3 • 이상적 임펄스 응답을 절단 했을 때의 주파수 응답에서의 효과
(a) N개의 계수로 절단, (b) $2N$개의 계수로 절단, (c) 무한한 수의 계수(즉 절단이 없을 때)

그림 7-2(b)에 나타나 있다. $h_I(n)$이 $n=0$에 대해서 대칭($h_I(n)=h_I(-n)$)이므로 필터의 위상응답은 선형위상응답이 됨을(이 경우에는 영 위상 응답) 주목하자. 이러한 간단한 접근방법에서 주목해야 하는 것은, 비록 $h_I(n)$이 $n=0$ 로부터 멀어지면 감소하기는 하지만, 이론적으로는 $n=\pm\infty$까지 값이 존재하므로 인과성 조건에 위배되며, 결과적으로 이 필터는 FIR이 아니다.

따라서 하나의 해결책은 원하는 필터길이 N보다 큰 n에 대하여 $h_I(n)=0$으로 둠으로써 이상적인 임펄스 응답을 절단(truncation)하면 앞서 언급한 인과성 조건에 위배됨을 해소할 수 있다. 그러나 이는 예상치 못한 파상(ripple)과 오버슈트(overshoot), 소위 깁스 현상(Gibb' s phenomenon)을 야기하게 된다. 그림 7-3은 필터 응답에서 절단되어 버려진 계수들로 인한 효과를 보여준다. 그림(b)와 (c)에서 보는 바와 같이 간직하고 있는 계수들이 많을수록 필터의 스펙트럼이 이상적인 응답에 가까워진다. $h_I(n)$에 대한 직접적인 절단은 이상적인 임펄스 응답에 구형창(rectangular window) 함수 $w(n)$을 곱하는 것과 같다.

$$w(n)=\begin{cases}1, & n=0,1,\cdots,N\\ 0, & \text{그 이외의 경우}\end{cases}$$

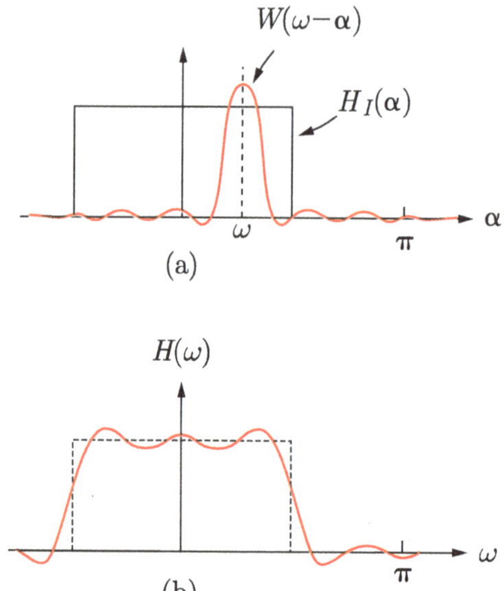

그림 7-4 • 이상적인 임펄스 응답을 절단 했을 때 주파수 응답에서의 효과를 보여주는 상승적분 연산
(a) 이상적인 임펄스 응답과 구형창(절단)의 상승적분을 보여주는 과정, (b) 상승적분 결과

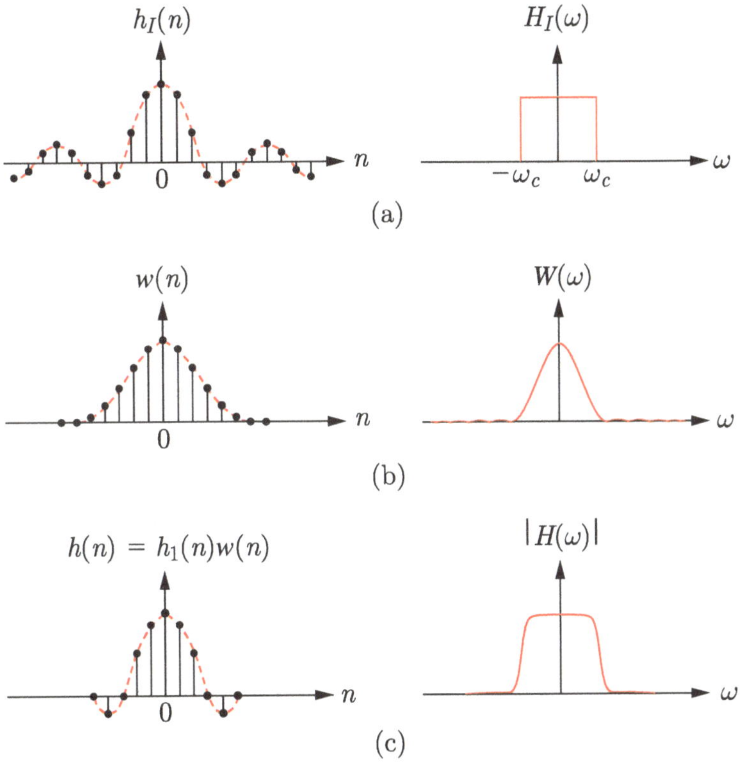

그림 7-5 • 창함수(블랙맨 창)에 의한 필터의 응답 특성

주파수 영역에서 이 과정은, $W(\omega)$가 $w(n)$의 푸리에 변환이라면, 그림 7-4에서와 같이 $H_I(\omega)$와 $W(\omega)$를 상승적분하는 것과 동일하다. $W(\omega)$가 전형적인 $(\sin x)/x$의 형태를 가지기 때문에 $h_I(n)$에 구형창으로 계수를 절단함은 주파수 영역에서 오버슈트와 파상을 일으킨다.

이러한 오버슈트와 파상을 줄이기 위해 실제로는 이상적인 임펄스 응답 $h_I(n)$에 길이가 유한한 적당한 창 함수 $w(n)$을 곱한다. 이러한 방법은 임펄스 응답을 부드럽게 영으로 감소하게 만든다. 이 내용이 그림 7-5에 나타나 있다. 그림 (a)는 이상적인 임펄스 응답과 이에 대응하는 이상적인 주파수 응답을 나타낸다. 그림 (b)는 유한한 길이의 창 함수 $w(n)$과 그것의 스펙트럼을 나타내며, 그림 (c)는 $h_I(n)$과 $w(n)$의 곱에 의해 얻어지는 $h(n)$을 나타낸다. 주파수 응답을 보면 파상과 오버슈트, 직접 절단의 특징이 많이 줄었음을 볼 수 있다. 그러나 천이폭은 구형창 함수를 쓴 경우보다 더 넓어진다. 필터의 천이폭은 창함수에서 주엽(main lobe)의 폭에 의해서 결정되며, 부엽(side lobe)들은 통과대역과 저지대역 모두에서 파상을 만든다.

한편, 이상적인 고역 통과, 대역 통과, 대역 저지 필터들의 임펄스 응답은 식 (7-4)의 저역 통과 필터의 경우로부터 구할 수 있으며, 각각 표 7-1에 요약되어 있다.

표 7-1 • 주파수 선택적인 필터들의 이상적인 임펄스 응답

필터의 유형	이상적인 임펄스 응답, $h_I(0)$	
	$h_I(n), n \neq 0$	$h_I(0)$
저역통과	$2f_c \dfrac{\sin(n\omega_c)}{n\omega_c}$	$2f_c$
고역통과	$-2f_c \dfrac{\sin(n\omega_c)}{n\omega_c}$	$1-2f_c$
대역통과	$2f_2 \dfrac{\sin(n\omega_2)}{n\omega_2} - 2f_1 \dfrac{\sin(n\omega_1)}{n\omega_1}$	$2(f_2-f_1)$
대역소거	$2f_1 \dfrac{\sin(n\omega_1)}{n\omega_1} - 2f_2 \dfrac{\sin(n\omega_2)}{n\omega_2}$	$1-2(f_2-f_1)$

여기서 f_c, f_1및 f_2는 정규화된 통과대역 및 저지대역의 차단 주파수들임.

7-4-1. 일반적인 창 함수

여러 가지 창 함수가 제안되어 있으며, 가장 널리 쓰이고 있는 창함수 중 하나는 아래와 같이 정의되는 해밍(Hamming)창 함수이다.

$$w(n) = \begin{cases} 0.54 - 0.46\cos(2\pi n/N), & 0 \le n \le N \\ 0, & \text{그 이외의 경우} \end{cases} \tag{7-5}$$

그림 7-6은 구형창 함수, 해밍창 함수, 블랙맨(Blackman)창 함수를 시간과 주파수 영역의 특성에 대해 서로 비교하고 있다. 시간 영역에서 해밍창 함수는 중심에서 양 쪽으로 보다 부드럽게 영에 가까이 감소해간다. 주파수 영역에서 주엽의 진폭은 구형창 함수보다 약 2배 정도 넓으나, 양 쪽 부엽들은 주엽보다 약 40dB 감소한다. 구형창 함수의 경우는 14dB 감소한다. 이러한 현상이 함축하고 있는 의미는 구형창 함수와 비교하여 해밍창 함수가 주엽이 넓기 때문에 좀 더 넓은 천이폭을 가지나 더 작은 부엽들의 값으로 인해 저지대역의 감쇠가 보다 커진다.

해밍창 함수를 이용하여 필터를 설계할 때 통과대역과 저지대역 사이의 천이폭과 필터의 길이에 대한 적절한 관계는 다음과 같다.

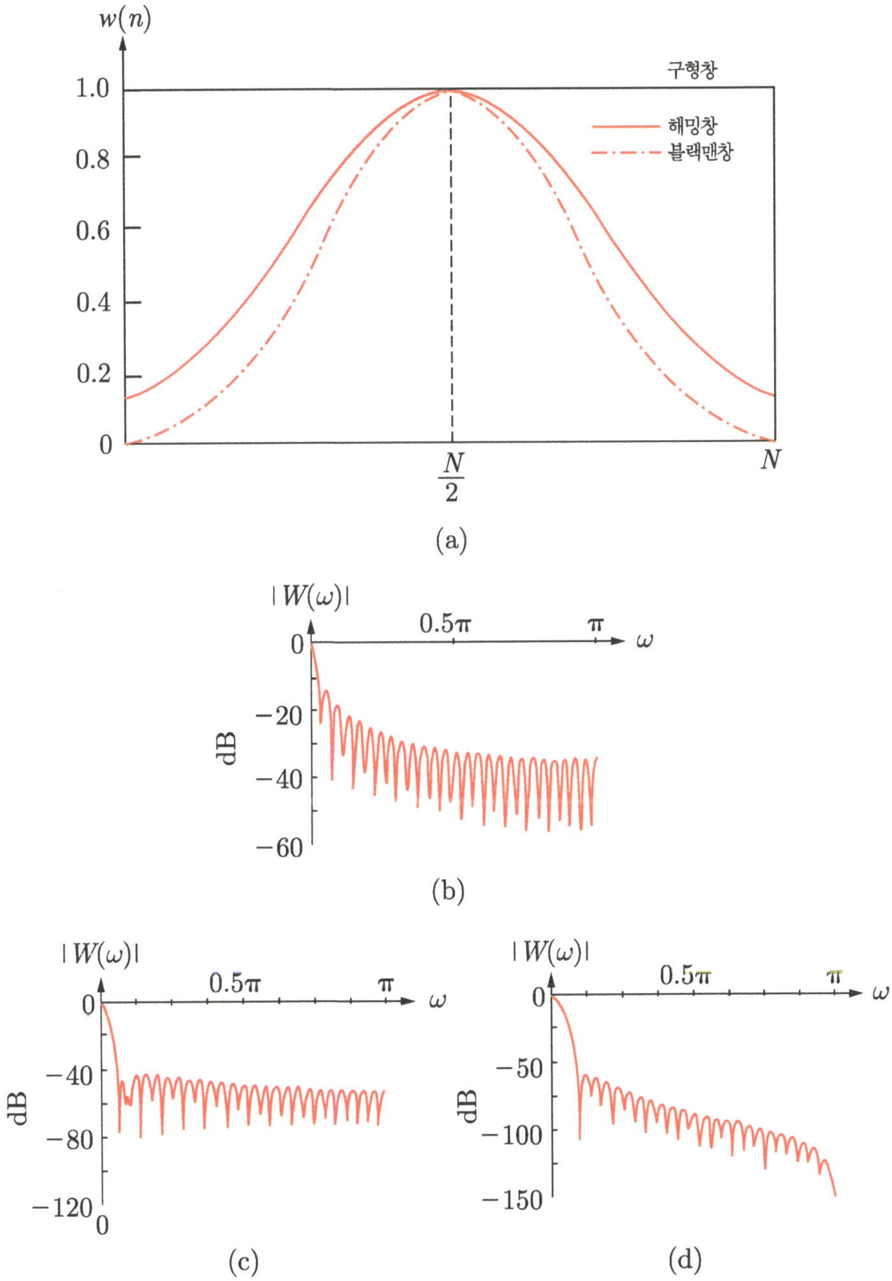

그림 7-6 • 창함수의 시간영역 및 주파수 영역의 비교

(a) 창함수들, (b) 구형창의 주파수 특성, (c) 해밍 (Hamming)창의 주파수 특성, (d) 블랙맨 (Blackman)창의 주파수 특성

표 7-2 • 창 함수들의 중요한 특징

창함수	정규화된 천이 폭 ($\triangle F$)	주엽의 폭	최대부엽의 크기 (dB)	저지대역 최대 감쇠 (dB) ($20\log_{10}\delta_r$)	창함수 $w(n), 0 \le n \le N$
구형창	$0.92/N$	$\frac{4\pi}{N+1}$	-13	-21	1
해닝창	$3.11/N$	$\frac{8\pi}{N}$	-31	-44	$0.5-0.5\cos\left(\frac{2\pi n}{N}\right)$
해밍창	$3.32/N$	$\frac{8\pi}{N}$	-41	-53	$0.54-0.46\cos\left(\frac{2\pi n}{N}\right)$
블랙맨창	$5.56/N$	$\frac{12\pi}{N}$	-57	-75	$0.42-0.5\cos\left(\frac{2\pi n}{N}\right)+0.08\cos\left(\frac{4\pi n}{N}\right)$

$$\triangle F = 3.32/N \tag{7-6}$$

여기서 $\triangle F$ 는 정규화된 천이폭으로, $\triangle F = \triangle f/f_s = \triangle\omega/\omega_s$로 구해지며, N은 필터의 차수이다. 해밍창 함수에서 가능한 최대 저지대역 감쇠는 약 53dB이고, 통과대역에서 파상의 최소 첨두치(minimum peak passband ripple) 값은 약 0.0194dB이다.

일반적으로 많이 사용되는 창 함수들의 특징들이 표 7-2에 요약되어 있다. 언급한 네 개의 창 함수들은 변화폭과 저지대역 감쇠값 등이 고정된 특성들을 가지므로 필터설계에서 사용에 다소 제한적 일 수 있다. 또한 창 함수를 이용한 필터설계는 통과대역과 저지대역의 파상들을 동일하게 두기 때문에, 즉 $\delta_p = \delta_r$로 두기 때문에, 이러한 제한은 통과대역의 파상이 불필요하게 작은 필터를 만들 수도 있다.

7-4-2. 카이저(Kaiser) 창 함수

카이저 창 함수는 파상과 천이폭의 상충관계(trade-off)를 설계자가 조절할 수 있도록 하는 파상제어 매개변수 β를 사용함으로써 앞서 4가지 창함수들에서 야기되는 문제점들을 다소 해결하려고 하였다. 카이저 창 함수는 다음과 같다.

$$w(n) = \begin{cases} \dfrac{I_o\left(\beta\sqrt{1-\left(\dfrac{2n-N}{N}\right)^2}\right)}{I_0(\beta)}, & 0 \le n \le N \\ 0, & \text{그 이외의 경우} \end{cases} \tag{7-7}$$

여기서 $I_0(x)$는 제1종 영차 수정 베셀함수(zero-order modified Bessel function of the first kind)이다. β는 시간영역에서 창 함수가 가장자리 부분에서 점점 감소하는 정도를 조절한다. $I_0(x)$는 보통 아래의 식과 같이 멱급수 확장을 사용하여 그 값을 구한다.

$$I_0(x) = 1 + \sum_{k=1}^{L}\left[\frac{(x/2)^k}{k!}\right]^2$$

일반적으로 $L \le 25$ 이다.

$\beta = 0$일 때, 카이저 창함수는 구형창 함수와 같아지며, $\beta = 5.44$일 때는 정확하게 일치하지는 않지만 해밍창 함수와 매우 유사하게 된다. β값은 저지대역에서 요구되는 감쇠 값에 의해 결정되며, 아래와 같이 실험적으로 구한 관계식을 통해 추정할 수 있다.

$$\beta = \begin{cases} 0, & A \le 21\text{dB} \\ 0.5842(A-21)^{0.4} + 0.07886(A-21), & 21\text{dB} < A < 50dB \\ 0.1102(A-8.7), & A \ge 50\text{dB} \end{cases} \tag{7-8}$$

여기서 $A = -20\log_{10}(\delta)$는 저지대역의 감쇠 값으로, 통과대역과 저지대역의 파상이 거의 같기 때문에 $\delta = \min(\delta_p, \delta_r)$이다. 필터의 차수 N은 다음과 같이 주어진다.

$$N \ge \frac{A-7.95}{14.36\triangle F} \tag{7-9}$$

여기서 $\triangle F$는 정규화된 천이폭이다. 위에서 구한 β와 N의 값들은 카이저 창함수 $w(n)$의 계수값들을 계산하기 위해 사용된다.

7-4-3. FIR 필터의 계수 값을 계산하는 창함수 방법

단계 1: 필터의 이상적인 주파수응답이나 또는 원하는 주파수 응답에 대한 사양을 정한다.

단계 2: 요구하는 필터 $H_I(\omega)$의 임펄스 응답 $h_I(n)$을 역 푸리에 변환하여 구한다.

단계 3: 통과대역과 감쇠 사양들을 만족하는 창함수를 선택하고, 필터 길이와 천이폭 Δf 사이의 적절한 관계를 고려하여 필터 계수들의 개수를 결정한다.

단계 4: 선택된 창함수 $w(n)$의 값을 결정하고, 실제 FIR 필터의 계수들 값, $h(n)$을 $h_I(n)$과 $w(n)$의 곱을 통해 구한다. 즉

$$h(n) = h_I(n)w(n) \tag{7-10}$$

예제 7-1 창함수 방법을 이용하여 아래의 사양을 만족하는 FIR 저역통과 필터의 계수 값을 구하라.

통과대역 차단주파수	f_p : 1.5kHz
천이폭	Δf : 0.5kHz
저지대역 감쇠	$> 50dB$
표본화 주파수	f_s : 8kHz

표 7-1로부터 저역통과 필터에 대해 $h_I(n)$를 아래와 같이 선택한다.

$$h_I(n) = \begin{cases} 2f_c \dfrac{\sin(n\omega_c)}{n\omega_c}, & n \neq 0 \\ 2f_{c,} & n = 0 \end{cases}$$

표 7-2로부터 해밍 또는 블랙맨 창함수가 50dB보다 큰 저지대역 감쇠 조건을 만족한다는 것을 알 수 있다. 여기서는 해밍창 함수를 이용하자. 먼저 정규화된 천이폭을 계산하면

$$\Delta F = \Delta f / f_s = 0.5/8 = 0.0625$$

가 구해지고, 이를 이용하여 식 (7-6)으로부터

$$N = 3.32/\triangle F = 3.32/0.0625 = 53.12$$

에서 $N = 54$으로 정한다. 따라서 필터 계수는 다음 식으로부터 얻어진다.

$$h_I(n)w(n) \qquad 0 \le n \le 54$$

여기서

$$w(n) = 0.54 - 0.46\cos(2\pi n/54) \qquad 0 \le n \le 54$$

이다. 필터 응답에서 창함수의 번짐효과(smearing effect)로 인하여 계산된 필터의 차단 주파수는 설계 사양에서 주어진 것과 다소 달라진다. 이점을 고려하여 천이대역의 중간지점에 해당하는 f_c'를 사용한다. 즉

$$\begin{aligned} f_c' &= f_p + \triangle f/2 \\ &= (1.5 + 0.25) = 1.75[\text{kHz}] \end{aligned}$$

그림 7-2(a)에서 주파수 축을 $T = 1$로 정규화 하여 표현하고 있으므로 여기서 사용하는 차단 주파수도 $f_c = f_c'/f_s$로 정규화하여 표현 되어야 한다. 즉

$$\begin{aligned} f_c &= f_c'/f_s \\ &= 1.75/8 = 0.21875 \end{aligned}$$

로 된다. $h(n)$을 구하기 위해 먼저 식 (7-4)에서의 $h_I(n)$을 n방향으로 $\frac{N}{2}$만큼 전이(shift)시켜 고려하여야 하며, 이는

$$h(n) = \begin{cases} \dfrac{2f_c \sin\left[(n - \frac{N}{2})\omega_c\right]}{(n - \frac{N}{2})\omega_c}, & n \ne \frac{N}{2},\ \ 0 \le n \le N \\ 2f_c & n = \frac{N}{2} \end{cases}$$

으로 됨을 알 수 있다. 따라서 위식에 $w(n)$을 곱하여 $h(n)$을 구할 수 있다. 즉

$$h(n) = h_I(n) w(n)$$

이다. $h(n)$이 대칭함수이기 때문에, $h(0)$, $h(1)$,…, $h(27)$에 대한 값을 계산하고 나머지 계수 값들은 대칭성을 이용하여 구한다.

$$n=0 : h_I(0) = \frac{2 \times 0.21875}{-27 \times 2\pi \times 0.21875} \sin(-27 \times 2\pi \times 0.21875)$$

$$= -0.00655$$

$$w(0) = 0.54 - 0.46\cos(0) = 0.08$$

$$h(0) = h_I(0) w(0) = -0.00052398$$

$$n=1 : h_I(1) = \frac{2 \times 0.21875}{-26 \times 2\pi \times 0.21875} \sin(-26 \times 2\pi \times 0.21875)$$

$$= -0.011311$$

$$w(1) = 0.54 - 0.46\cos(2\pi/54)$$

$$= 0.08311$$

$$h(1) = h_I(1) w(1) = -0.00094054$$

$$n=2 : h_I(2) = \frac{2 \times 0.21875}{-25 \times 2\pi \times 0.21875} \sin(-25 \times 2\pi \times 0.21875)$$

$$= -0.00248397$$

$$w(2) = 0.54 - 0.46\cos(2 \times 2\pi/54)$$

$$= 0.092399$$

$$h(2) = h_I(2) w(2) = 0.000229516$$

$$\vdots \qquad \vdots \qquad \vdots$$

$$n=26 : h_I(26) = \frac{2 \times 0.21875}{-1 \times 2\pi \times 0.21875} \sin(-1 \times 2\pi \times 0.21875)$$

$$= 0.3121936$$

$$w(26) = 0.54 - 0.46\cos(2\pi \times 26/54)$$

$$= 0.9968896$$

$$h(26) = h_I(26)w(26) = 0.3112226$$

$$n = 27 : h_I(27) = 2f_c = 2 \times 0.21875$$

$$= 0.4375$$

$$w(27) = 0.54 - 0.46\cos(2\pi \times 27/54)$$

$$= 1$$

$$h(27) = h_I(27)w(27) = 0.4375$$

이상과 같이 필터 계수를 $h(0)$에서 $h(27)$까지 계산할 수 있다. 나머지 $h(28)$에서 $h(54)$까지는 대칭성에 의해 값을 구할 수 있다. 즉 $h(54) = h(0)$, $h(53) = h(1)$, $\cdots$, $h(29) = h(25)$, $h(28) = h(26)$ 이다. 이 저역필터의 스펙트럼은 그림 7-7에 나타나 있으며, 당연히 선형 위상 시스템으로 유형 1의 FIR 시스템이다. ◀

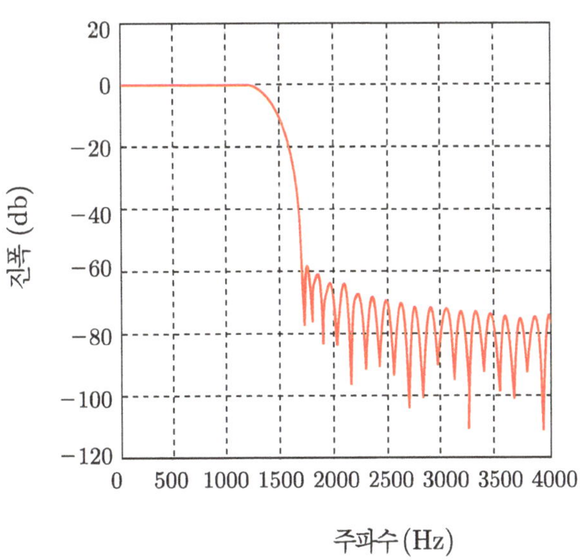

그림 7-7 • 예제 7-1의 FIR 저역통과 필터의 스펙트럼

예제 7-2 카이저 창함수 방법을 이용하여 아래의 진폭응답 사양들을 만족하는 선형 위상 응답을 가지는 저역통과 FIR 필터의 계수 값들을 구하라.

저지대역 감쇠		: 40dB
통과대역 파상		: 0.01dB
천이폭	$\triangle f$	: 500Hz
표본화 주파수	f_s	: 10kHz
차단주파수	f_p	: 1200Hz

설계 사양들로부터

$$20\log(1+\delta_p)=0.01\text{dB}, \qquad \delta_p=0.00115$$

$$-20\log(\delta_r)=40\text{dB}, \qquad \delta_r=0.01$$

을 구한다. 창함수 방법에서는 통과대역과 저지대역의 파상들 모두가 동일하기 때문에 더 작은 파상을 사용한다. 즉

$$\delta=\delta_r=\delta_p=0.00115$$

이는 저지대역의 감쇠가 실제 요구되는 것보다 더 크다는 것을 의미하며, 이 경우에서는 $-20\log(0.00115)=58.8\text{dB}$이다.

식 (7-9)로부터 계산된 필터의 차수는 아래와 같다.

$$N=\frac{A-7.95}{14.36\triangle F}=\frac{58.8-7.95}{14.36(500/10000)}=70.82$$

으로부터 $N=71$로 정한다. $N=71$로 홀수이므로 결과의 FIR 필터는 유형 2의 필터가 됨을 생각할 수 있다. 만약 요구되는 감쇠 조건인 40dB가 사용되었더라면 N은 45가 되었을 것이다. 따라서 창 함수를 사용하는 방법에서와 같이 δ_p 와 δ_r를 같게 두면 필터 계수의 개수는 보다 많이 필요하게 된다.

파상 매개변수는 감쇄가 58.8로 구해졌기 때문에 식 (7-8)로부터 다음과 같이 구한다.

$$\beta = 0.1102(58.8 - 8.7) = 5.52$$

FIR 계수들은 표 7-1의 $h_I(n)$과 식 (7-7)의 $w(n)$으로부터, $h(n) = h_I(n)w(n)$에 의해 구한다.

이전에도 설명했듯이, $h_I(n)$를 계산할 때 사용되는 차단 주파수는 창함수의 번짐효과를 고려하여 주어진 설계 사양과 다소 다르다. 천이대역의 중앙에 있는 주파수 f_c'을 선택하면 $f_c' = 1200 + \Delta f/2 = 1450\text{Hz}$이다. 따라서 정규화된 f_c는

$$f_c = f_c'/f_s = 1{,}450/10{,}000 = 0.145$$

로 된다. 앞의 예제에서와 마찬가지로 $h_I(n)$을 n 방향으로 $\frac{N}{2}$만큼 전이시켜야 하며, 이는 다음과 같음을 알 수 있다.

$$h_I(n) = \frac{2f_c \sin\left[\left(n - \frac{N}{2}\right)\omega_c\right]}{\left(n - \frac{N}{2}\right)\omega_c}, \qquad 0 \le n \le N$$

따라서 $h(n) = h_I(n)w(n)$으로 필터의 임펄스응답을 구할 수 있다. $h(n)$이 대칭함수이기 때문에, $h(0)$, $h(1)$, $\cdots$, $h(35)$에 대한 값을 계산하고 나머지 계수 값들은 대칭성을 이용하여 구한다.

$$n = 0 \ : \ h_I(0) = \frac{2 \times 0.145}{-35.5 \times 2\pi \times 0.145} \sin(-35.5 \times 2\pi \times 0.145)$$

$$= 0.00717$$

$$w(0) = \frac{I_0\left(\beta\sqrt{1 - \left(\frac{2n - N}{N}\right)^2}\right)}{I_0(\beta)} = \frac{I_0(0)}{I_0(5.52)} = 0.023$$

$$h(0) = h_I(0)w(0) = 0.000164935$$

$$n = 1 \ : \ h_I(1) - \frac{2 \times 0.145}{-34.5 \times 2\pi \times 0.145} \sin(-34.5 \times 2\pi \times 0.145)$$

$$= 0.0001449$$

$$w(1) = \frac{I_0\left(5.52\sqrt{1-\left(\frac{-69}{71}\right)^2}\right)}{I_0(5.52)}$$

$$= \frac{I_0(1.3)}{I_0(5.52)} = 0.0337975$$

$$h(1) = h(-1) = h_I(1)w(1) = 0.000004897$$

$$n = 2 \ : \ h_I(2) = \frac{2 \times 0.145}{.-33.5 \times 2\pi \times 0.145} \sin(-33.5 \times 2\pi \times 0.145)$$

$$= -0.007415484$$

$$w(2) = \frac{I_0\left(5.52\sqrt{1-\left(\frac{-67}{71}\right)^2}\right)}{I_0(5.52)}$$

$$= \frac{I_0(1.8266)}{I_0(5.52)} = 0.04657999$$

$$h(2) = h(-2) = h_I(2)w(2) = -0.000345413$$

$$\vdots \qquad \vdots \qquad \vdots \qquad \vdots$$

$$n = 35 \ : \ h_I(35) = \frac{2 \times 0.145}{-0.5 \times 2\pi \times 0.145} \sin(-0.5 \times 2\pi \times 0.145)$$

$$= 0.280073974$$

$$w(35) = \frac{I_0\left(5.52\sqrt{1-\left(\frac{-1}{71}\right)^2}\right)}{I_0(5.52)}$$

$$= \frac{I_0(5.51945)}{I_0(5.52)} = 0.999503146$$

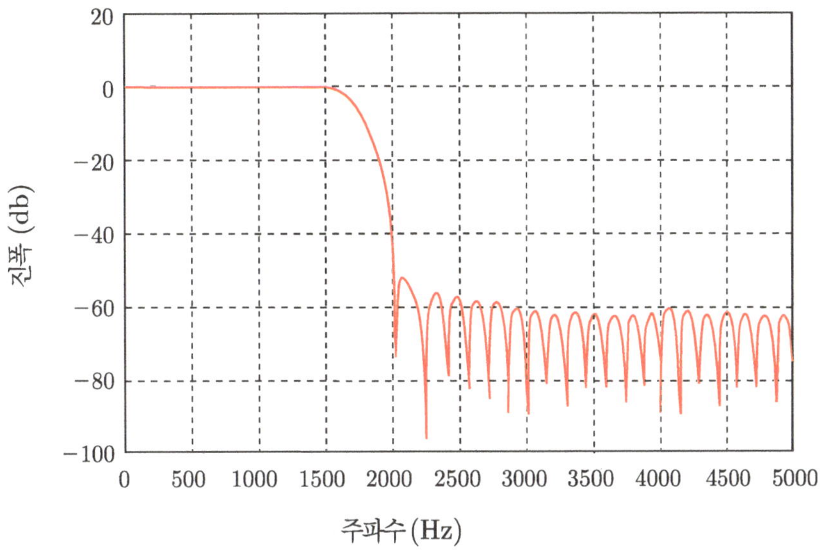

그림 7-8 • 예제 7−2의 FIR 저역통과 필터의 스펙트럼

$$h(35) = h(-35) = h_I(35)w(35) = 0.279934818$$

이상과 같이 필터 계수를 $h(-35)$에서 $h(35)$까지 계산할 수 있다. 나머지 $h(36)$에서 $h(71)$까지는 대칭성에 의해 값을 구할 수 있다. 즉 $h(71) = h(0)$, $h(70) = h(1)$, $\cdots$, $h(37) = h(34)$, $h(36) = h(35)$이다. 이 저역필터의 스펙트럼은 그림 7-8에 나타나 있다. ◀

7-4-4. 창함수 방법의 장단점

- 창함수 방법의 중요한 장점은 간결성이다. 적용하기 간단하며 이해하기에도 간단하다. 복잡한 카이저 창함수를 사용하더라도 계산량은 많지 않다.
- 주요 단점은 유연성이 부족하다는 점이다. 통과대역의 첨두값과 저지대역의 파상이 대략 동일하므로 설계시에 너무 작은 통과대역의 파상이나 혹은 너무 큰 저지대역의 감쇠를 유발 할 수 있다.
- 창함수의 스펙트럼과 원하는 응답과의 상승적분 영향으로 인해 통과대역과 저지대역의 가장자리 주파수를 정확하게 명기할 수 없다.
- 창함수(카이저 창 함수는 제외)가 정해지면 필터 응답의 최대 파상진폭은 N 값을 얼마나 크게 하느냐와는 상관없이 고정된다. 따라서 정해진 창함수에 따라 저지대역의 감쇠도 고

정된다. 그러므로 감쇠사양이 주어지면 그에 적합한 창 함수를 찾아야 한다.

7-5 최적화 방법

FIR 필터의 계수를 계산하는 최적화 방법(optimal method)은 우수한 설계 프로그램이 있어서, 손으로 계산하기가 쉽지 않음에도 불구하고, 적응성이 뛰어나고 쉽게 적용할 수 있다. 이러한 이유들로 인해 이 방법이 우수한 필터를 만들기 때문에 FIR 필터설계에서 많이 선택한다.

7-5-1. 기본 개념

창함수 방법에서 적합한 필터 계수를 계산하는 과정은 원하는 혹은 이상적인 주파수 응답에

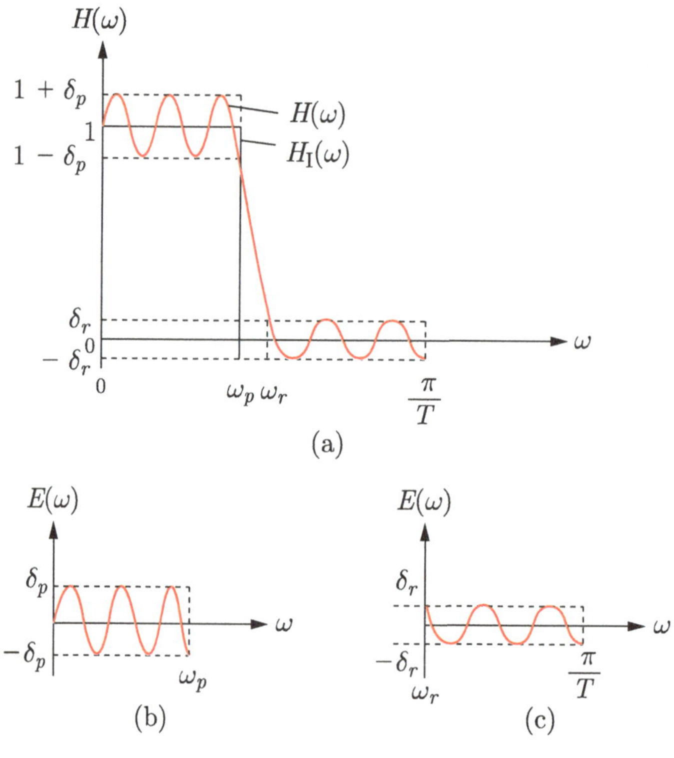

그림 7-9 • (a) 최적의 저역통과필터의 주파수 응답.
(b) 통과대역의 이상적인 응답과 실제적인 응답 사이의 오차 ($\delta_p = 2\delta_r$).
(c) 저지대역의 이상적인 응답과 실제적인 응답 사이의 오차 ($\delta_r = \frac{1}{2}\delta_p$).

적절한 근사값을 찾는 문제이다. 창함수 방법으로 설계된 필터의 파상 첨두값은 그림 7-3과 7-5에서 보듯이 대역의 가장자리들(band edges)에서 발생하고, 대역의 가장자리들로부터 멀어 질수록 감소한다. 파상이 통과대역과 저지대역 전역에 그림 7-9에서 처럼 고르게 분포한다면, 원하는 주파수 응답에 더 근접한 근사값을 구할 수 있다.

최적화 방법은 통과대역과 저지대역이 동일한 파상을 가진다는 개념에 기반을 두고 있다. 그림 7-9에 그려져 있는 저역통과 필터의 주파수 응답을 고려해 보자. 통과대역에서 실제 응답은 $1-\delta_p$와 $1+\delta_p$ 사이를 진동한다. 저지대역에서 필터의 응답은 δ_r과 $-\delta_r$ 사이에 놓여 있다. 이상적인 필터와 실제 응답 사이의 차이는 아래의 오차함수로써 나타낼 수 있다.

$$E(\omega) = W(\omega)\left[H_I(\omega) - H(\omega)\right] \tag{7-11}$$

여기서 $H_I(\omega)$는 이상적인 또는 원하는 응답이고, $W(\omega)$는 정의된 다른 대역들 사이에서 근사값의 상대적인 오차를 허용하는 가중함수이다. 최적화 방법은 최대 가중오차 $|E(\omega)|$ 가 통과대역과 저지대역에서 최소화될 수 있도록 필터 계수 $h(n)$을 계산하는 것으로, 수학적으로 통과대역과 저지대역에 걸쳐 아래와 같이 표현될 수 있다.

$$\min\left[\max|E(\omega)|\right]$$

이 식은 $\max|E(\omega)|$ 가 최소화 될 때 최종 필터의 응답이 통과대역과 저지대역 각각에서 진폭의 크기가 같으나 부호가 교번하는 파상(equiripple)을 가짐을 의미한다. 최대값(maxima)과 최소값(minima)들은 극값(extrema)들로 알려져 있다. 극값주파수(extremal frequency)들은 그림 7-10에서 작은 원점들로 나타나 있다.

주어진 필터의 사양들에 대해, 대역 가장자리의 주파수들($\omega=\omega_p$와 $\omega=\pi/T$)로부터 떨어져 있는 극값주파수들의 위치는 선험적으로 알려져 있지 않다. 그러므로 최적화 방법의 주된 문제점은 극값주파수들의 위치를 찾는 것이다. 극값주파수들의 위치를 찾기 위해 Remez 교환 알고리즘을 사용하는 편리한 방법이 개발 되어 있다. 극값주파수들의 위치를 알고 있다면, 실제로 주파수 응답, 나아가 필터의 임펄스 응답을 구하는 것은 아주 간단한 문제이다. 주어진 사양들(통과대역의 가장자리 주파수, N, 통과대역과 저지대역 파상들 사이의 비율)에 대해서 최적화 방법은 아래의 단계로 이루어진다.

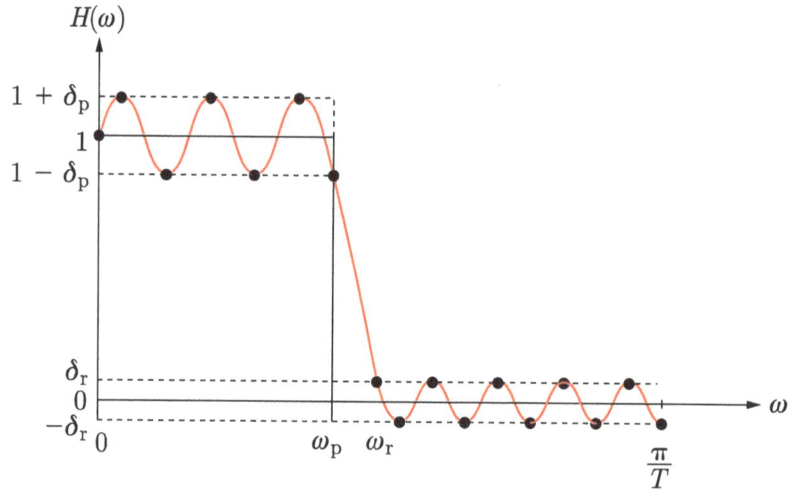

그림 7-10 • 최적 필터의 주파수 응답

- 최적 개수의 극값주파수들을 찾기 위해 Remez 교환 알고리즘을 사용한다.
- 극값주파수들을 사용하여 주파수 응답을 결정한다.
- 임펄스 응답 계수들을 구한다.

최적화 방법의 핵심은 진폭, 주파수 응답이 최적의 조건을 만족하는 필터의 극값주파수들을 결정하기 위해 반복적인 계산 과정이 사용되는 첫 번째 단계이다. 이 단계는 주어진 N의 값에 대해 존재하는 극값주파수들의 수를 명시하는 교번 정리(alternation theorem)에 기반한다. 다음 절에서 최적화 방법을 좀 더 구체적으로 설명하기로 하자.

7-5-2. 최적화 FIR 필터 설계

설명의 편의를 위해 저역통과 필터를 설계해 보기로 하자. 전달함수는 다음과 같은 형태를 가진다.

$$H(z) = \sum_{k=0}^{N} h(k) z^{-k} \tag{7-12}$$

여기서 $h(n) = h(-n)$이다. 대칭적인 성질 때문에 다음과 같이 나타낼 수 있다.

$$H(\omega) = h(0) + \sum_{k=1}^{N/2} 2h(k)\cos k\omega T = \sum_{k=0}^{N/2} a(k)\cos k\omega T \tag{7-13}$$

여기서 $a(0) = h(0)$와 $a(k) = 2h(k)$, $k = 1, 2, \cdots, N/2$ 이다. 저역통과 필터의 사양은 일반적으로 그림 7-1에서와 같이 5개의 매개변수가 있다. 즉, 필터의 차수 N, 통과대역과 저지대역의 허용오차 δ_p과 δ_r, 통과대역의 차단주파수 ω_p, 저지대역 차단주파수 ω_r이다.

설계를 위해, f를 $f = \omega/2\pi f_s = \omega T/2\pi$와 같이 정의된 정규화된 주파수로 정의한다. 여기서 $f_s = 1/T$은 표본화 주파수이다. 따라서 ω의 범위 $[0, \pi/T]$는 정규화된 f에 대해 $[0, 0.5]$가 되며, f_p와 f_r도 같이 정규화되어야 한다. 그러므로 지금부터는 $f_p/f_s \to f_p$, $f_r/f_s \to f_r$로 정규화하여 f_p와 f_r을 사용한다. 따라서 $[0, f_p]$는 정규화된 통과대역, $[f_r, 0.5]$는 정규화된 저지대역으로 정의한다.

원하는 진폭특성은 다음과 같이 주어진다.

$$H_I(f) = \begin{cases} 1, & 0 \le f \le f_p \\ 0, & f_r \le f \le 0.5 \end{cases} \tag{7-14}$$

가중함수 $W(f)$를 다음과 같이 정의한다.

$$W(f) = \begin{cases} \dfrac{1}{k}, & 0 \le f \le f_p \\ 1, & f_r \le f \le 0.5 \end{cases} \tag{7-15}$$

그러면 설계문제는 다음 함수

$$H(f) = H(e^{j2\pi f}) = \sum_{k=0}^{N/2} a(k)\cos k2\pi f \tag{7-16}$$

가 최대오차 $|E(f)|$ 를 최소화하는 $a(k)$, $k = 0, 1, 2, \cdots, N/2$ 를 찾는 것이다. $|E(f)|$ 는 식 (7-11)로부터 다음과 같이 정의된다.

$$E(f) = W(f)[H(f) - H_I(f)] \tag{7-17}$$

여기서 f는 당연히 $[0, f_p]$와 $[f_r, 0.5]$이다.

오차함수가 통과대역과 저지대역에서 정의되며, 천이대역은 포함되지 않는다. 함수 $W(f)$는 δ_p과 δ_r에 상대적인 가중치를 준다. δ_p/k와 δ_r에 같은 가중치를 주며, 따라서 $k = \delta_p/\delta_r$이다. 만약 $k = 1$이면, 결과필터에서 $\delta_p = \delta_r$이다. 만약 작은 δ_p를 가지고자 한다면, $k < 1$를 선택해야 한다. 일반적으로 넓은 천이대역에 대해, 즉 $f_r - f_p$가 크면 클수록, δ_p는 더 작아진다.

그림 7-9와 그림 7-10에서와 같이 최대오차를 최소로 하는 함수 $H(f)$가 $[0, f_p]$과 $[f_r, 0.5]$에서 등파상(equiripple)이어야 하고 적어도 $m+2$개의 극점(extremal point)을 가져야 한다. 여기서 $m = N/2$ 이다. 극점은 주파수 f가 통과대역에서 $H(f) = 1 \pm \delta_p$ 또는 저지대역에서 $H(f) = \pm \delta_r$의 특성을 가진다. 다음의 정리에서 이를 설명하자.

교번정리(Alternation Theorem): 오차함수 $E(f)$가 $[0, f_p]$와 $[f_r, 0.5]$에서 등파상을 가지고 적어도 $m+2$개의 극점을 가진다면, $H(f)$는 $H_I(f)$에 가장 가까운 근사치가 된다. 즉

$$E(f_i) = -E(f_{i+1}) = -e, \qquad i = 0, 1, \cdots, l-1 \tag{7-18}$$

인 $f_0 \le f_1 \le \cdots \le f_l$ $(l \ge m+1)$가 존재한다. 여기서

$$|e| = \max_{f \in [0, f_p] \& [f_r, 0.5]} |E(f)|$$

이며, e는 양수 또는 음수이다.

이 정리는 적어도 $m+2$개의 극점이 있으나 정확한 수를 나타내지 않는다고 말한다. 비록 $m+2$보다 많은 극점들이 있을 수 있으나 $m+2$개의 극점들이 $m+1$개의 $a(k)$와 e를 구하는데 충분하다. 식 (7-17)과 (7-18)로부터 다음을 얻을 수 있다.

$$W(f_i)[H(f_i) - H_I(f_i)] = -(-1)^i e, \qquad i = 0, 1, 2, \cdots, m+1 \tag{7-19}$$

식 (7-19)에 식 (7-16)을 대입하면 다음을 얻는다.

$$\sum_{k=0}^{m} a(k)\cos 2\pi k f_i - H_I(f_i) = -(-1)^i \frac{e}{W(f_i)}, \qquad i = 0, 1, 2, \cdots, m+1$$

이 방정식의 집합을 행렬 형식으로 나타내면 다음과 같다.

$$\begin{bmatrix} 1 & \cos 2\pi f_0 & \cos 4\pi f_0 & \cdots & \cos 2\pi m f_0 & 1/W(f_0) \\ 1 & \cos 2\pi f_1 & \cos 4\pi f_1 & \cdots & \cos 2\pi m f_1 & -1/W(f_1) \\ & \cdots & \cdots & \cdots & \cdots & \cdots \\ 1 & \cos 2\pi f_m & \cos 4\pi f_m & \cdots & \cos 2\pi m f_m & (-1)^m/W(f_m) \\ 1 & \cos 2\pi f_{m+1} & \cos 4\pi f_{m+1} & \cdots & \cos 2\pi m f_{m+1} & (-1)^{m+1}/W(f_{m+1}) \end{bmatrix} \begin{bmatrix} a(0) \\ a(1) \\ \cdots \\ a(m) \\ e \end{bmatrix} = \begin{bmatrix} H_I(f_0) \\ H_I(f_1) \\ \cdots \\ H_I(f_m) \\ H_I(f_{m+1}) \end{bmatrix} \tag{7-20}$$

서로 다른 f_i, $i = 0, 1, \cdots, m+1$,에 대해 식 (7-20)의 왼편에 있는 $m+2$차의 정방행렬은 비특이(nonsingular)이다. 그러므로 $H_I(f)$에 대해, 유일한 해답인 집합 $a(k)$, $k = 0, 1, \cdots, m$, 와 e가 존재한다. 이 해결방법은 가우스 소거법을 사용하면 구할 수 있다.

식 (7-20)은 $f_0, f_1, \cdots, f_{m+1}$ 의 집합에 대해 그들이 서로 다른 값을 유지하는 동안 유효하다. 만약 주어진 $f_0, f_1, \cdots, f_{m+1}$ 가 극점이 된다면, 계산된 $|e|$ 는 통과대역과 저지대역에 있는 $|E(f)|$ 의 가장 큰 값과 같아질 것이다. 즉, 통과대역과 저지대역에 있는 모든 f에 대해 $|E(f)| \le |e|$ 이다. 만약 $f_0, f_1, \cdots, f_{m+1}$ 가 극점이 아니라면, 계산된 $|e|$는 최대오차가 아닐 것이며, 통과대역과 저지대역에 있는 몇 개의 f에 대해 $|E(f)| > |e|$ 이다. 따라서 문제는 어떻게 극점을 찾을 것인가이다. 이를 위해 Remez 교환 알고리즘(exchange algorithm)을 반복 수행할 것이고, 이 과정은 다음과 같다. 먼저, $[0, f_p]$와 $[f_r, 0.5]$에서 임의로 $m+2$개의 점 $f_0, f_1, \cdots, f_{m+1}$ 를 선택한다. 대역 가장자리 주파수 f_p와 f_r는 $m+2$개의 극점들에 포함되어야 한다. 이 극점들을 선택하기 위한 하나의 방법은 $[0, f_p]$와 $[f_r, 0.5]$에서 일정하게 극점들을 분포시키는 것이다. 식 (7-20)에서 $a(k)$와 e를 구하고 식 (7-17)에서 $E(f)$를 계산한다. 다음으로, 통과대역과 저지대역에 있는 모든 f에 대해 $|E(f)| \le |e|$ 를 만족하는지 관찰한다. 만약 그렇다면, f_i는 극점이 될 것이고, 계산된 $H(f)$는 최대오차 $|E(f)|$ 를 최소로 하는 최적의 필터이다. 그렇지 않으면 f_i는 극점들이 아니며, 따라서 새로운 f_i들이 계산되어야 한다. 식 (7-20)에서 f_i'를 사용하고 설계과정을 반복한다. 만약 $m+2$개보다 많은 극점 f_i'가 존재한다면, 가장 작은 오차를 가지는 극점을 제거하여 $m+2$개의 극점을 유지한다.

지금 통과대역과 저지대역에 있는 모든 f에 대해 $|E(f)| \leq |e|$ 를 만족하는지 하지않는지 관찰하는 방법을 살펴보자. 이를 행하는 하나의 방법은 $dE(f)/df = 0$를 만족하는 f_i'점들을 찾고, $|E(f')| \leq |e|$ 인지 아닌지를 관찰하는 것이다. 이 방법은 f_i'에 대해 미분의 계산과 $dE(f)/df = 0$을 푸는 것을 요구하고, 다소 복잡하다. 다른 쉬운 방법은 $|E(f)| \leq |e|$ 을 직접적으로 비교하는 것이다. 통과대역과 저지대역에서 균등하게 분포된 점들에서 $E(f)$를 계산한다. 만약 이 균등한 개수의 점들에서 $|E(f)| \leq |e|$ 이면, $[0, f_p]$와 $[f_r, 0.5]$에서 $|E(f)| \leq |e|$ 라는 결론을 얻는다.

위에 논의된 점을 다음과 같이 요약할 수 있다.

요약: 통과대역과 저지대역에서 필터의 원하는 특성 $H_I(f)$가 주어져 있을 때, 이 대역들에 있는 최대오차 $|E(f)| = |W(f)[H(f) - H_I(f)]|$ 를 최소화하는 디지털 필터를 구하라.

1단계. $2m+1$으로 필터의 길이를 선택하라.

2단계. 통과대역과 저지대역에서 $m+2$개의 f_i점들을 선택하라. 차단주파수 f_p와 f_r는 $m+2$개의 점들에 포함된다.

3단계. 식 (7-17)에서 $a(k)$와 e를 계산하라.

4단계. 식 (7-13)에서 통과대역과 저지대역에 균등하게 분포된 점들에서 $E(f)$를 계산하라. 만약 몇 개의 f에 대해 $|E(f)| > |e|$ 이면, 다섯 번째 단계로 가고, 그 외의 경우이면 여섯 번째 단계로 간다.

5단계. $E(f)$의 m개의 국소적 최소점 또는 최대점들을 찾아라. 이들 m개의 점들은 대역 가장자리 주파수 f_p와 f_r과 함께 $m+2$개의 극점들로 구성된다. 그리고는 세 번째 단계로 간다.

6단계. $k = 1, 2, \cdots, m$ 에 대해 $h(0) = a(0)$, $h(k) = a(k)/2$를 계산하라. 이때 최적화 필터는 아래와 같이 주어진다.

$$H(z) = \sum_{k=0}^{N} h(k) z^{-k}$$

예제 7-3 이상적인 저역통과 필터에 근접한 길이가 3인 최적화 FIR 필터를 설계하라. 여기서 $\omega_p T = 1$[rad] 그리고 $\omega_r T = 1.2$[rad]이며, k는 2로 선택한다.

먼저, 필터의 길이가 $N+1$ 이므로, 즉 $N+1=2m+1=3$ 이기 때문에 $m=1$을 얻을 수 있다. 식 (7-20)을 사용하기 위해 $m+2=3$개의 주파수들을 선택한다. 그들 중 2개는 차단주파수일 것이고, 세 번째 것은 $\omega T=0.5$로 임의적으로 선택한다. 정규화된 주파수를 계산하면

$$f_0=0.5/2\pi,\ f_1=1/2\pi,\ f_2=1.2/2\pi$$

를 얻을 수 있다. $H_I(f_0)=H_I(f_1)=1$, $H_I(f_2)=0$, $W(f_0)=W(f_1)=1/2$, 그리고 $W(f_2)=1$이기 때문에 식 (7-20)은 다음과 같이 된다.

$$\begin{bmatrix}1 & 0.8776 & 2\\ 1 & 0.5403 & -2\\ 1 & 0.3624 & 1\end{bmatrix}\begin{bmatrix}a(0)\\ a(1)\\ e\end{bmatrix}=\begin{bmatrix}1\\ 1\\ 0\end{bmatrix}$$

이를 풀면, $a(0)=-0.645$, $a(1)=2.32$, 그리고 $e=-0.196$ 이 구해진다. 따라서 $H(f)$는

$$H(f)=-0.645+2.32\cos 2\pi f \tag{7-21}$$

이며, 그 특성은 그림 7-11(a)에 나타나 있다. $k=2$이므로 f_0와 f_1에서의 오차는 $2\times 0.196=0.392$이고, f_2에서의 오차는 0.196이다. 명백히, $|E(f)|\le|e|$ 를 만족하지 않는다. 그러므로 식 (7-21)의 $H(f)$는 최적화 필터의 특성이 아니다.

다음 단계에서 f_i의 새로운 집합을 선택한다. 이들은 식 (7-21)과 그림 7-11로 알 수 있는 $H(f)$의 특성으로부터 선택되어 진다. $f=0$에서 한 개의 최대점을 가지고 $f=0.5$에서 최소점을 가진다. $f=0.5$에서의 오차가 $f=0$에서의 오차보다 크기 때문에 $f=0.5$를 새로운 끝점으로 선택한다. 차단주파수와 함께

$$f_0'=\frac{1}{2\pi}\qquad f_1'=\frac{1.2}{2\pi}\qquad f_2'=0.5$$

와 $H_I(f_0')=1$, $H_I(f_1')=H_I(f_2')=0$, $W(f_0')=0.5$, 그리고 $W(f_1')=W(f_2')=1$을 가진다. f_i'에 대해 식 (7-20)은 다음과 같이 된다.

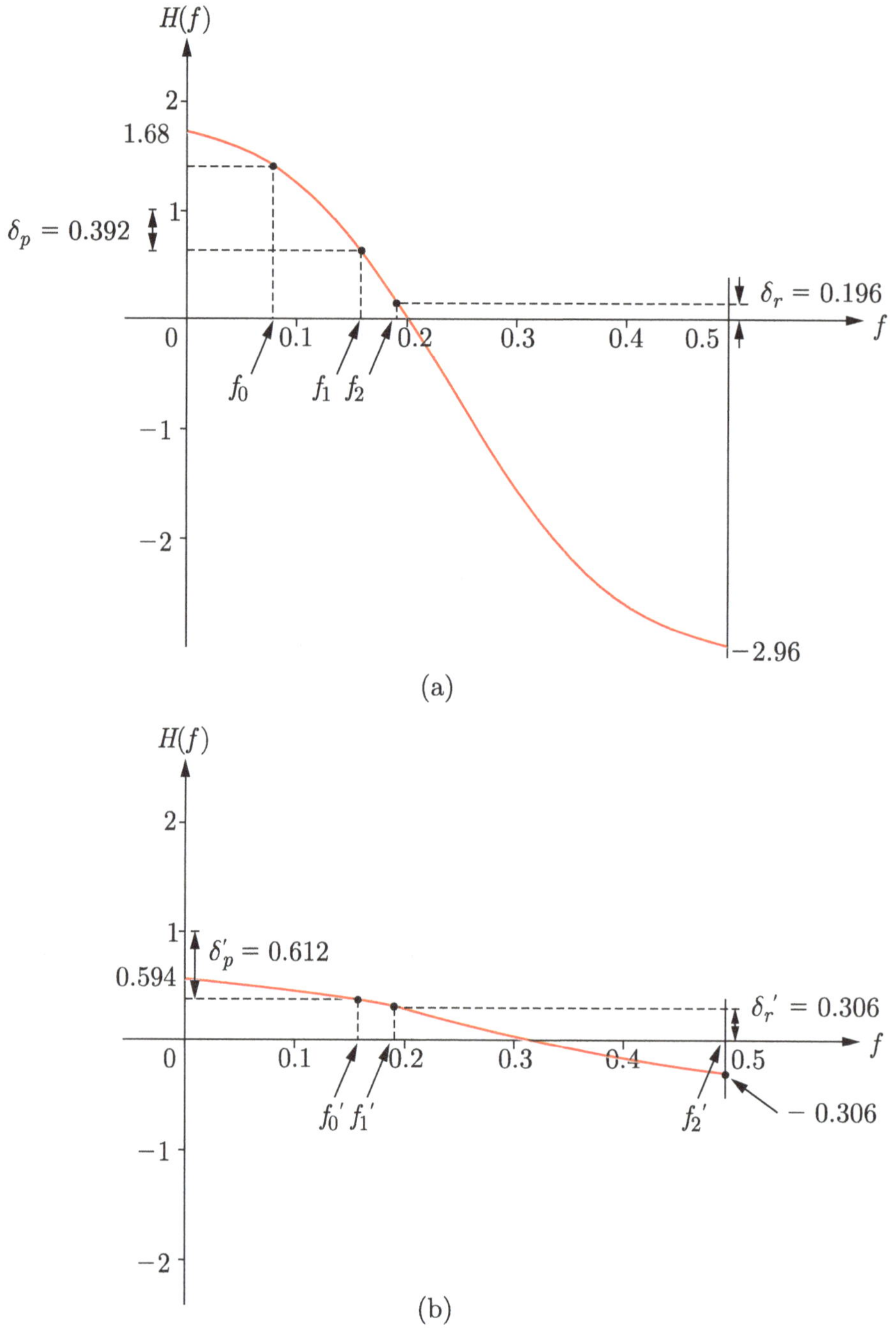

그림 7-11 • 필터 길이가 3인 최적화 필터를 설계하기 위해 계산된 $H(f)$의 특성곡선
(a) $H(f) = -0.645 + 2.32\cos 2\pi f$, (b) $H(f) = 0.144 + 0.45\cos 2\pi f$.

$$\begin{bmatrix} 1 & 0.5403 & 2 \\ 1 & 0.3624 & -1 \\ 1 & -1 & 1 \end{bmatrix} \begin{bmatrix} a'(0) \\ a'(1) \\ e' \end{bmatrix} = \begin{bmatrix} 1 \\ 0 \\ 0 \end{bmatrix}$$

이를 풀면 $a'(0) = 0.144$, $a'(1) = 0.45$, 그리고 $e' = 0.306$이다. $H(f)$의 특성은 다음과 같고

$$H(f) = 0.144 + 0.45\cos 2\pi f \tag{7-22}$$

이는 그림 7-11(b)에 나타나 있다. 이 필터에 대해 $[0, 1/2\pi]$와 $[1.2/2\pi, 0.5]$에 있는 모든 f에 대해 $|E(f)| \le 0.306$ 을 가진다. 그러므로 새로 계산된 식 (7-22)의 $H(f)$는 최적화 필터의 특성을 가진다. $h(0) = 0.144$와 $h(\pm 1) = 0.45/2 = 0.225$를 계산한다. 그러므로 최적화 필터의 전달함수는 다음과 같이 구해진다.

$$H(z) = 0.225 + 0.144z^{-1} + 0.225z^{-2} \tag{7-23}$$

위 과정에서 구해진 최적화된 필터를 그림 7-11을 통해 살펴볼 때 그의 통과대역의 오차가 매우 큰 것을 알 수 있다. 즉 식 (7-23)의 $H(z)$는 성능이 그리 좋은 필터가 아니다. 이는 설계과정에서의 결함이 아니라, 필터 길이 $N+1$ 과 가중치 $W(f)$의 선택에 기인하기 때문이다. 사실, 식 (7-23)에서 필터 $H(z)$는 필터 길이 $N+1=3$을 갖는 모든 FIR 필터 중에서 가장 작은 $\max|E(f)|$ 를 만든다.

◀

7-5-3. Matlab 프로그램을 이용한 최적화 방법

앞 절에서 최적화 방법을 나름대로 구체화 하여 설명했으나 높은 차수의 N을 가진 FIR 필터를 계산하는 데는 그 과정이 그리 쉽지 않다. 이러한 처리과정을 수행하기 위해 뛰어난 프로그램들이 개발되어 있는데, MATLAB이 그중 하나이다. MATLAB 프로그램에서는 Park-McClellan과 Remez 알고리즘에 기반하여 최적화 FIR 필터들을 설계한다.

명령어 remez는 최적화 방법으로 FIR 계수를 계산하기 위한 중요 명령어이다. 기본적인 형태로 이 명령어는 다음과 같은 구성을 가진다.

$$b - \mathrm{remez}(N, F, M)$$

여기서 N은 필터의 차수를 의미하며(필터의 길이는 $L=N+1$임), F는 정규화된 대역 가장자리 주파수들의 값을 나타내고, M은 지정된 대역 가장자리 주파수에서 요구되는 필터의 진폭 응답을 나타낸다. 대역 가장자리 주파수는 표본화 주파수의 반(나이퀴스트 주파수)으로 정규화되어 있고, 0과 1사이의 범위에 있다.

통과대역과 저지대역에서 파상의 상대적인 가중치와 편차, 필터의 형태가 주어질 때, 명령어의 구성은 다음과 같다.

$$b = \mathrm{remez}(N,\ F,\ M,\ WT)$$

여기서 WT는 파상들 사이의 상대적인 가중치이다.

요구되는 필터의 형태를 지정하기 위해 플랙(flag) 'fltype' 이 더해질 수 있다. 네 개의 가능한 필터의 형태가 있는데, N의 수가 짝수 혹은 홀수인가에 의존하고, 필터 계수들이 대칭인가에 의존한다. 유형 1의 필터는 필터의 길이가 홀수일 때이고(즉, 필터의 차수 N이 짝수일 때), 유형 2의 필터는 필터의 길이가 짝수일 때이다. 유형 1의 필터들을 주파수 선택적인 표준필터(standard frequency selective filter) 설계에 사용할 때는 제한이 없다. 유형2 필터들이 나이키스트 주파수에서 영점을 가지고 있으므로 고역통과 필터와 대역저지 필터에 사용될 수 없다. 유형 3(N이 짝수)의 필터는 힐버트 변환기(Hilbert transformers)를, 유형 4(N이 홀수)는 차분기(differentiator)를 만든다. 유형 1과 유형 2의 필터에 대해서는 필터의 길이를 지정하는 것으로 충분하나, 유형 3과 유형 4에 대해서는 플랙에 'hilbert' 혹은 'differentiator' 를 지정하는 것이 필요하다.

예제 7-4 | 최적화 방법을 사용하여 다음의 특성을 가지는 저역통과 선형위상 필터의 계수를 계산하고, 주파수 응답을 그려라.

통과대역 : 0 − 1,000Hz
천이대역 : 500Hz
필터 길이 : 45
표본화 주파수 : 10,000Hz

필터의 주파수 대역은 0에서 1,000Hz(통과대역), 그리고 1,500 − 5,000Hz(높은 저지대역)

이다. 대역 가장자리 주파수들은 표본화 주파수의 반(나이퀴스트 주파수)으로 먼저 정규화 되어야 한다. 즉

$$1000/5000 = 0.2$$

$$1500/5000 = 0.3$$

$$5000/5000 = 1$$

따라서 정규화된 대역 가장자리 주파수 F의 값들은 다음과 같다.

$$F = [0, 0.2, 0.3, 1]$$

통과대역에서 요구되는 진폭 응답은 1이고, 저지대역에서는 0이기 때문에 요구되는 진폭 응답의 값은 다음과 같다:

$$M = [1\,1\,0\,0]$$

이 필터의 계수를 계산하고 진폭 응답을 그리기 위한 MATLAB 프로그램이 아래에 있다.

```
%
%
fs=10000;                        % Sampling frequency
L=45;                            % Filter length
M=[1 1 0 0];                     % Desired magnitude response in the bands
F=[0, 0.2, 0.3, 1];              % Band edge frequencies
b = remez(L-1, F, M);            % Compute the filter coefficients
[H, f] = freqz(b, 1, 512, fs)    % Compute the frequency response
mag = 20*log10(abs(H));          % of filter and plot it
plot(f, mag)
xlabel('Frequency (Hz)')
ylabel('Magnitude (dB)')
```

이렇게 해서 구한 필터의 계수와 필터의 진폭 응답은 표 7-3과 그림 7-12에 있다. ◀

표 7-3 • 예제 7-4의 최적화 방법에 의해 계산된 저역통과 선형위상 필터 계수들

n	$h(n)$	n	$h(n)$
0	−0.0045	12	0.0243
1	−0.0021	13	0.0203
2	0.0004	14	0.0002
3	0.0043	15	−0.0279
4	0.0070	16	−0.0480
5	0.0060	17	−0.0420
6	0.0004	18	0.0001
7	−0.0075	19	0.0733
8	−0.0127	20	0.1576
9	−0.0105	21	0.2247
10	0.0001	22	0.2502
11	0.0148		

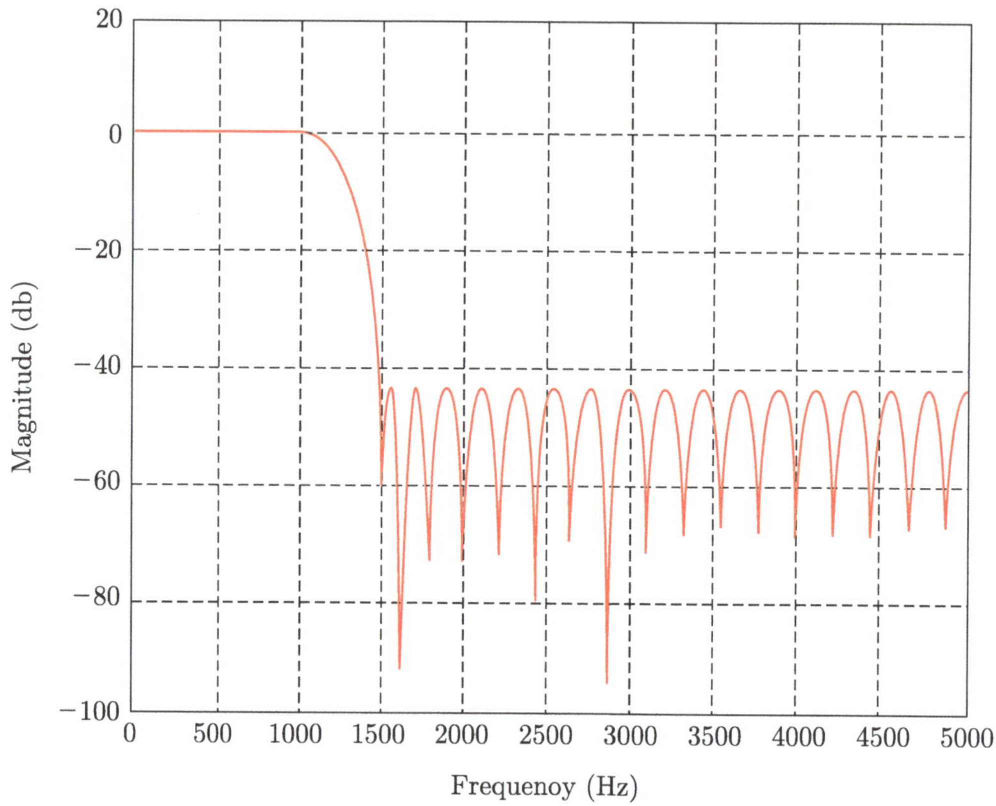

그림 7-12 • 예제 7-4의 최적화 방법을 이용한 필터의 진폭 스펙트럼

예제 7-5 선형위상 대역 통과필터가 다음의 사양을 만족하도록 최적화 방법을 사용하여 설계하라.

통과대역 : 3kHz − 4kHz
천이폭 : 500Hz
통과대역 파상 : 1dB
저지대역 감쇠 : 25dB
표본화 주파수 : 20kHz

먼저, 통과대역의 주파수로부터, 낮은 저지대역, 높은 저지대역의 가장자리 주파수들은 계산하면 다음과 같다.

낮은 대역 가장자리 주파수 : 3,000 − 500 = 2,500
통과대역 주파수 : 3,000
통과대역 주파수 : 4,000
높은 대역 가장자리 주파수 : 4,000 + 500 = 4,500

따라서 대역 가장자리 주파수는 다음과 같다:

$$F = [2500, 3000, 4000, 4500]$$

$$M = [0\,1\,0]$$

필터길이의 추정은 remezord 명령어를 사용한다. 그러기 위해 데시벨로 되어 있는 통과대역과 저지대역의 파상값으로부터 다음 식들을 이용하여 일반값으로 전환해야 한다:

$$\delta_p = \frac{10^{\frac{A_p}{20}} - 1}{10^{\frac{A_p}{20}} + 1},$$

$$\delta_r = 10^{\frac{-A_r}{20}}$$

여기서 A_p와 A_r는 dB단위의 통과대역과 저지대역의 파상값이다.

대역 가장자리 주파수들, 원하는 진폭응답, 그리고 파상과 표준화 주파수의 값들이 필터의 차수 N 을 추정하는데 사용되었다.

얻어진 필터 매개 변수들은 다음과 같다. 즉 $N=40$, 가중치 1.0225 : 1 : 1.0225, 최대 편차 0.0774이다. 이들을 이용하여 필터 계수와 주파수응답을 얻기 위한 MATLAB 프로그램은 아래에 있다.

```
%
%
fs=20000;                                      % Sampling frequency
Ap=1;                                          % Passband ripple in dB
Ar=25;                                         % Stopband attenuation in dB
M=[0 1 0];                                     % Desired magnitude response
F=[2500, 3000, 4000, 4500] ;                   % Band edge frequencies
dp=(10^(Ap/20)-1)/(10^(Ap/20)+1);              % Pass and stop band ripples
dr=10^(-Ar/20);
dev=[dr dp dr];
[N1, F0, M0, W] = remezord(F, M, dev, fs);     % Determine filter order
[b delta] = remez(N1, F0, M0, W);              % Compute the filter coefficients
[H, f] = freqz(b, 1, 512, fs);                 % Compute the frequency response
mag = 20*log10(abs(H));                        % of filter and plot it
plot(f, mag), grid on
xlabel('Frequency (Hz)')
ylabel('Magnitude (dB)')
```

이렇게 해서 구한 필터의 계수와 진폭응답은 표 7-4와 그림 7-13에 있다. ◀

표 7-4 • 예제 7-5의 최적의 FIR 필터의 계수들

n	$h(n)$	n	$h(n)$
0	0.0375	11	−0.0537
1	0.0059	12	−0.0613
2	−0.0130	13	0.0123
3	−0.0192	14	0.0973
4	−0.0065	15	0.0817
5	0.0047	16	−0.0417
6	0.0006	17	−0.1396
7	−0.0028	18	−0.0881
8	0.0120	19	0.0673
9	0.0246	20	0.1518
10	−0.0017		

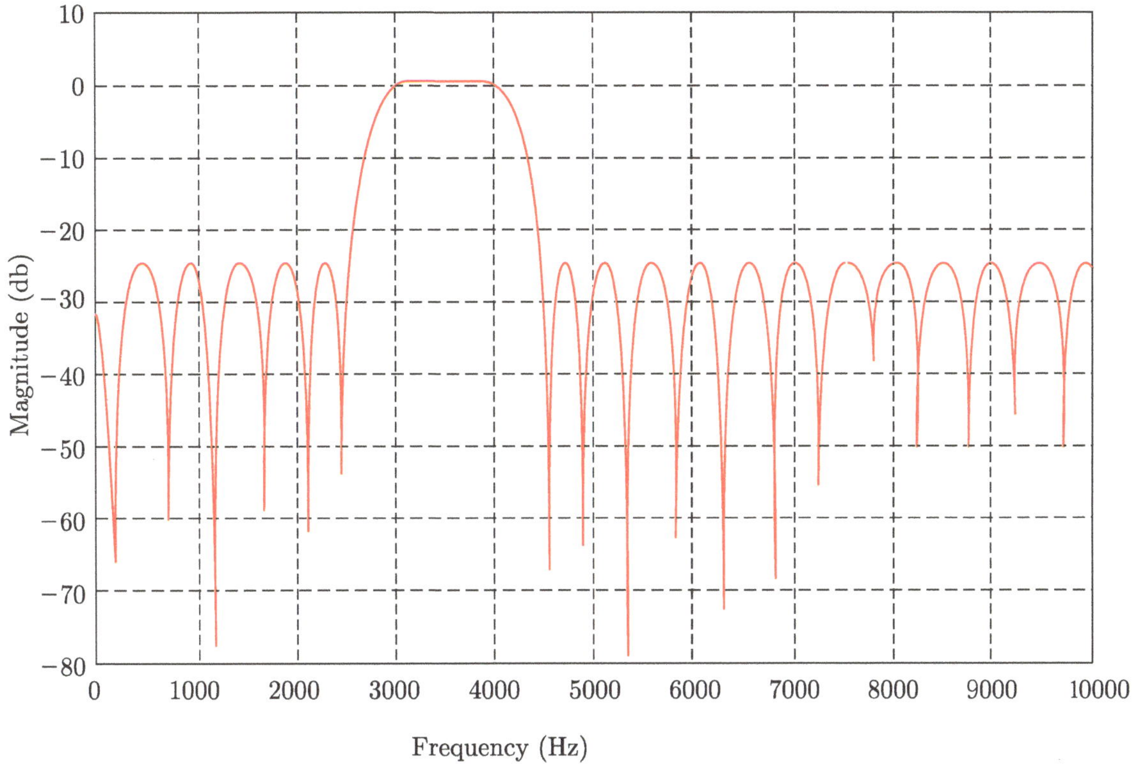

그림 7-13 • 예제 7−5에서 구한 필터의 진폭응답

7-6 주파수 표본화 방법

주파수 표본화(frequency sampling) 방법으로 표준형 주파수선택 FIR 필터나 임의의 주파수 응답을 가지는 FIR 필터를 설계할 수 있다.

그림 7-14(a)에서와 같은 이상적인 저역통과 필터의 주파수 응답을 갖는 FIR 필터의 계수를 구하려고 한다. 먼저, 주파수 응답으로부터 $kf_s/N, k=0,1,\cdots,N-1$의 간격으로 N개 표본을 선택하고, 주파수 표본들을 역 이산푸리에 변환하여 필터 계수 $h(n)$을 구한다.

$$h(n) = \frac{1}{N}\sum_{k=0}^{N-1} H(k)e^{j2\pi nk/N} \tag{7-24}$$

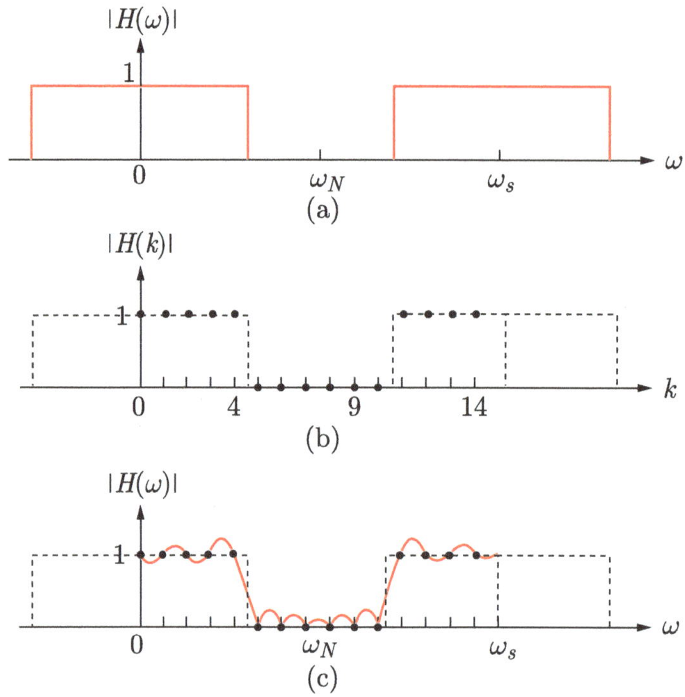

그림 7-14 • 주파수 표본화 방법에 의한 필터설계
(a) 이상적인 저역통과필터의 주파수 응답, (b) 이상적인 저역통과필터의 표본들, (c) (b)의 주파수 표본들로부터 유도된 저역통과필터의 주파수 응답

여기서 $H(k), k=0,1,\cdots,N-1$는 이상적인 또는 목표로 하는 주파수 응답의 표본들이다.

양의 대칭 임펄스 응답을 가지는 선형위상 필터는 N이 짝수일 때 다음과 같이 쓸 수 있다.

$$h(n)=\frac{1}{N}\left[\sum_{k=1}^{N/2-1}2|H(k)|\cos\left[2\pi k(n-\alpha)/N\right]+H(0)\right] \tag{7-25}$$

여기서 $\alpha=(N-1)/2$이며, 홀수의 N에 대해 합의 상한치는 $(N-1)/2$이다. 그림 7-14에서 보듯이 이 필터는 표본화 순간, 즉 표본점들에서의 주파수 응답은 원래 응답과 정확하게 같은 응답을 갖는다. 그러나 표본점들 사이에서의 응답은 그림 7-14(c)에서 보는 바와 같이 많이 다를 수 있다. 원하는 주파수 응답에 가까운 근사값을 얻기 위해서는 충분히 많은 수의 주파수 표본들을 사용해야만 한다.

예제 7-6 (1) 짝수의 N에 대하여, 양의 대칭인 선형 위상 FIR 필터의 임펄스 응답 계수가 다음과 같이 표현됨을 보여라.

$$h(n) = \frac{1}{N}\left[\sum_{k=1}^{N/2-1} 2|H(k)|\cos\left[2\pi k(n-\alpha)/N\right] + H(0)\right]$$

여기서 $\alpha = (N-1)/2$이고, $H(k)$는 kf_s/N 간격으로 형성된 필터의 주파수 응답 표본들이다.

(2) 다음의 사양을 만족하는 저역통과 FIR 필터를 주파수 표본화 방법으로 설계하고 그의 필터 계수들을 구하라.

통과대역 : $0-5\,\text{kHz}$

표본화 주파수 : $18\,\text{kHz}$

필터 길이 : 9

(1) 먼저 식 (7-24)로부터 주어진 조건들에 대해 다음과 같이 전개해 나간다.

$$\begin{aligned}
h(n) &= \frac{1}{N}\sum_{k=0}^{N-1} H(k)e^{j2\pi nk/N} \\
&= \frac{1}{N}\sum_{k=0}^{N-1} |H(k)|e^{-j2\pi\alpha k/N}e^{j2\pi kn/N} \\
&= \frac{1}{N}\sum_{k=0}^{N-1} |H(k)|c^{j2\pi k(n-\alpha)/N} \\
&= \frac{1}{N}\sum_{k=0}^{N-1} |H(k)|\cos\left[2\pi k(n-\alpha)/N\right] + jsin\left[2\pi k(n-\alpha)/N\right] \\
&= \frac{1}{N}\sum_{k=0}^{N-1} |H(k)|\cos\left[2\pi k(n-\alpha)/N\right]
\end{aligned}$$

위의 과정에서 4번째 식에서 5번째 식으로 되는 이유는 $h(n)$이 모두 실수이기 때문이다. 선형 위상 $h(n)$이 대칭이므로 다음과 같이 쓸 수 있다.

표 7-5 • 예제 7-6의 FIR 필터에 대한 계수들

$h(0)=$	0.0725	$=h(8)$
$h(1)=$	-0.1111	$=h(7)$
$h(2)=$	-0.0591	$=h(6)$
$h(3)=$	0.3199	$=h(5)$
$h(4)=$	0.5556	

$$h(n)=\frac{1}{N}\left[\sum_{k=1}^{N/2-1}2|H(k)|\cos\left[2\pi k(n-\alpha)/N\right]+H(0)\right] \tag{7-26}$$

N이 홀수이면 합의 상한치는 $(N-1)/2$이 된다.

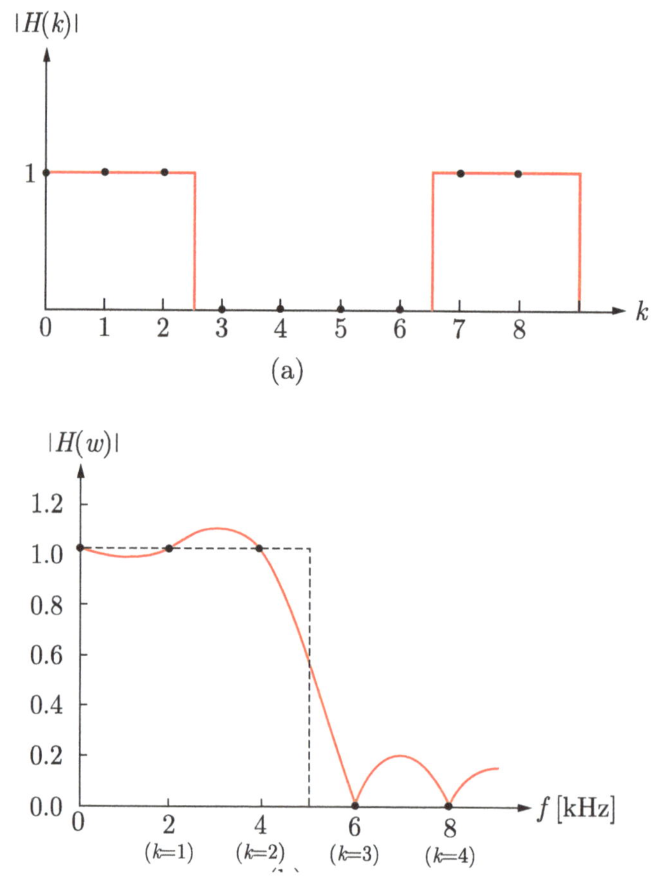

그림 7-15 • (a) 이상적인 주파수 응답과 그의 표본화 점들
(b) 주파수 표본화 필터의 주파수 응답

(2) 이상적인 주파수 응답과 그의 주파수 표본들이 kf_s/N의 간격, 즉 $18/9=2$kHz 의 간격으로 그림 7-15(a)에 그려져 있다. 이때 주파수 표본들은 다음과 같다.

$$|H(k)|=\begin{cases}1, & k=0,1,2\\ 0, & k=3,4\end{cases}$$

$(N-1)/2$의 상한치와 주파수 표본들에 대해 식 (7-26)을 이용하여, 임펄스 응답 계수를 구하면 표 7-5와 같다. 필터의 주파수 응답은 그림 7-15(b)에 그려져 있다. 그림에서 필터의 진폭응답이 그다지 좋지 않음은 통과대역($|H(k)=1|$) 에서 저지대역($|H(k)=0|$) 으로 급격히 변하기 때문이다. ◀

7-7 창 함수 방법, 최적화 방법, 주파수 표본화 방법들의 비교

최적화 방법은 필터설계 소프트웨어를 이용하면 쉽고 효율적으로 FIR 필터 계수를 계산할 수 있다. 대부분의 응용분야에서, 최적화 방법은 적당한 N에 대해 우수한 진폭 응답특성을 가지는 필터를 만들고, 특히 Hilbert 변환기 및 미분기의 설계에 좋다. 다른 방법들에 의한 Hilbert 변환기 및 미분기의 설계는 최적화 방법에 의한 것 보다 더 큰 근사 오차를 발생시킨다.

최적화 소프트웨어가 없거나 또는 통과대역과 저지대역의 파상이 동일 할 때는 창 함수 방법을 선택하는 것이 좋다. 이 방법은 특히 적용하기 간단하고 개념적으로 이해하기가 쉽다. 그러나 필터 계수의 개수에 대해 더 경제적인 해결책을 얻고자한다면 최적화 방법이 좋다. 창 함수 방법은 차단 주파수나 통과대역 및 저지대역의 파상을 정확히 제어하기에는 어려움이 있다.

임의의 진폭-위상 응답을 가지는 필터는 주파수 표본화 방법에 의해 쉽게 설계할 수 있으나 대역 가장자리 주파수의 위치 또는 통과대역 파상의 정확한 위치 제어에 어려움이 있다.

연습문제

EX 1 해닝창이 아래와 같이 주어져 있을 때,

$$w(n)=\begin{cases}\frac{1}{2}[1-\cos(2\pi n/M)], & 0\le n\le M\\ 0, & \text{그 이외의 경우}\end{cases}$$

$M=3$에 대해 이 창함수의 주파수 응답을 구하고 특성을 그려라.

EX 2 저역통과필터의 원하는 주파수 응답이 아래와 같이 주어져 있다.

$$H_I(e^{j\omega})=\begin{cases}e^{-j2\omega}, & -\frac{\pi}{4}\le\omega\le\frac{\pi}{4}\\ 0, & \frac{\pi}{4}\le|\omega|\le\omega_N\end{cases}$$

(a) 필터 계수 $h_I(n)$을 구하라.

(b) 새로운 필터 계수를 $h(n)=w(n)h_I(n)$으로 할 때,

$$w(n)=\begin{cases}1, & 0\le n\le 4\\ 0, & \text{그 이외의 경우}\end{cases}$$

새로운 필터의 응답 $|H(e^{j\omega})|$ 를 구하고, 이를 $|H_I(e^{j\omega})|$ 와 비교하라.

EX 3 (a) 예제 7-1의 경우에 대해 해닝창을 이용하여 $N=5$일 때에 필터를 설계하라.(b)해밍창에 대해 필터를 설계하라.

EX 4 카이저 창함수가 $\beta = 0$일 때 구형창이 됨을 보여라.

EX 5 원하는 저역통과필터의 매개변수가 $\delta = 0.01$이고 $\Delta F = 0.1$일 때 카이저 창함수에 대해 β와 N의 값을 구하라.

EX 6 (1) 선형위상 FIR 필터는 다음과 같은 대칭 조건을 만족하는 임펄스 응답을 가진다.

$$h(n) = h(N-n),\ n = 0, 1, \cdots, N/2$$

여기서 N은 필터의 차수이다. 필터의 진폭과 위상 응답을 결정하고 필터가 일정한 위상과 군지연을 가진다는 것을 나타내는 N이 짝수임을 가정한다. 디지털 필터에서 선형위상응답의 실제적인 중요성을 논하라.

(2) 선형위상 대역통과 디지털 필터는 신호분석기에서 특성 추출이 요구된다. 그 필터는 다음과 같은 명세를 따른다.

통과대역	12 − 16 kHz
천이폭	3 kHz
표본화 주파수	96kHz
통과대역 파싱	0.01 dB
저지대역 감쇠	80dB

필터의 계수들이 Remez 교환방법을 사용하여 계산된다고 가정한다. 필터에 대한 매개변수를 결정하라.

(a) 필터의 차수, N을 구하라.
(b) 필터 대역의 적당한 가중치를 구하라.
(c) 최적화 방법을 이용한 대역가장자리 주파수들을 구하라.

최적화 방법에서 격자 주파수들과 가중치의 규칙에 대해서 간략히 설명하라.

EX 7 주파수 표본화 방법으로 FIR 필터를 설계하고자 한다. 이때 이상적인 응답이 아래와 같이 주어져 있다.

$$H_I(e^{j\omega}) = \begin{cases} e^{-j(N-1)\omega/2}, & 0 \le \omega \le \dfrac{\pi}{2} \\ 0, & \dfrac{\pi}{2} \le \omega \le \pi \end{cases}$$

$N=7$일 때 $H_I(e^{j\omega})$를 표본화하여 필터계수 $h(n)$을 구하라. 그리고 주파수 응답 $H(e^{j\omega})$를 구하고, 이를 $H_I(e^{j\omega})$와 비교하라.

8장

무한 임펄스 응답 필터 설계

8-1 서론

무한 임펄스 응답 디지털 필터의 설계에는 일반적으로 s평면에 극점과 영점을 배치하는 아날로그 필터를 먼저 설계하고 그것을 z평면의 극점과 영점으로 변환하여 원하는 특징을 가지는 디지털 필터로 바꾸는 것이다. 이 설계 방법은 특히 주어진 전달특성을 가진 몇 개의 아날로그 필터들의 전달함수들이 쉽게 수식화될 수 있다는 관점에서 매우 유용하다.

이 장에서는 디지털 필터의 설계를 다루기 위해 먼저 IIR 필터의 기본 특성을 다시 한 번 살펴보고, 대표적인 아날로그 필터인 버터워스(Butterworth) 필터를 이용하여 임펄스 응답불변(impulse invariant) 및 양선형(bilinear) z변환에 의한 디지털 필터로의 변환에 관해 설명하기로 한다.

8-2 IIR 필터의 기본특성

IIR 디지털 필터는 다음의 식으로 표현된다.

$$\begin{aligned} y(n) &= \sum_{k=0}^{\infty} h(k)x(n-k) \\ &= \sum_{k=0}^{N} a_k x(n-k) - \sum_{k=1}^{M} b_k y(n-k) \end{aligned} \quad (8\text{-}1)$$

여기서 $h(k)$는 필터의 임펄스응답이며, a_k와 b_k는 필터의 계수들이다. 이 IIR 필터의 전달함수는 다음과 같다.

$$H(z)=\frac{a_0+a_1z^{-1}+a_2z^{-2}+\cdots+a_Nz^{-N}}{1+b_1z^{-1}+b_2z^{-2}+\cdots+b_Mz^{-M}}$$

$$=\frac{\sum_{k=0}^{N}a_kz^{-k}}{1+\sum_{k=1}^{M}b_kz^{-k}} \tag{8-2}$$

IIR 필터 설계에서 중요한 부분은 원하는 필터의 특성에 따라 계수 a_k와 b_k의 적절한 값들을 잘 찾아내는 것이다.

위 식 (8-1)을 살펴보면 IIR 필터에서 현재의 출력인 $y(n)$은 과거의 출력들인 $y(n-k)$와 현재 및 과거의 입력들인 $x(n-k)$의 합으로 이루어져 있음을 알 수 있다. 즉 IIR 필터의 장점은 궤환(feedback)의 기능을 포함하고 있으며, 이것이 FIR 필터에 비해 적은 계수들을 가지고도 보다 급격한 차단특성을 가질 수 있게 한다. 물론 이 특성은 한편으로 시스템을 때때로 불안정하게 할 수도 있으므로 설계과정에서 안정도판별 등의 적절한 주의가 필요하다.

IIR 필터의 전달함수 $H(z)$는 다음과 같이 인수분해형태로도 표현된다.

$$H(z)=\frac{K(z-z_1)(z-z_2)\cdots(z-z_N)}{(z-p_1)(z-p_2)\cdots(z-p_M)} \tag{8-3}$$

여기서 $z_1, z_2, \cdots, z_N$ 은 영점들을, $p_1, p_2, \cdots, p_M$ 은 극점들을 나타내고, K는 상수이다.

8-3 아날로그 필터를 이용한 IIR 필터 설계

디지털 필터를 설계하는 첫 시도는 버터워스 필터 설계와 같이 잘 알고 있는 아날로그 설계방법을 이용하는 것이다. 아날로그 필터로부터 IIR 디지털 필터를 설계하는데 주로 사용되는 두 방법은 임펄스 응답불변(impulse invariant)과 양선형(bilinear) z변환이다.

임펄스 응답불변 변환 방법은 디지털 필터의 임펄스 응답이 표본점들에서 아날로그 필터의 임펄스 응답과 같은 값을 가지며, 또한 포락선의 모양도 같게 잘 보존한다. 그 결과 디지털 필터

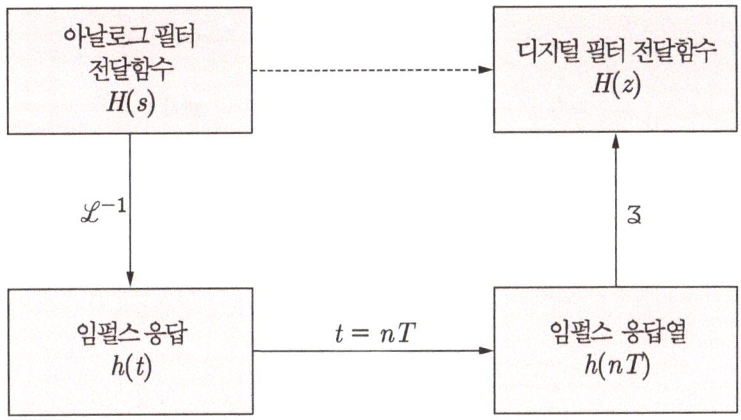

그림 8-1 • 임펄스 응답 불변변환 방법

의 주파수응답은 대응되는 아날로그 필터가 표본화 주파수의 배수에서 반복되는 형태로 표현된다. 이는 표본화 정리에서 배웠듯이, 아날로그 신호를 표본화 하면 디지털 신호의 스펙트럼은 마치 아날로그 신호의 스펙트럼이 표본화 주파수의 배수에서 반복되어 나타나는 것과 같다. 따라서 만족할 만한 디지털 필터를 얻기 위해서 아날로그 필터의 응답은 나이퀴스트 범위 $(-\frac{\pi}{T}$에서 $\frac{\pi}{T}$까지)로 대역제한(band-limited)이 되어야 함이 바람직하다.

디지털 필터 설계에 널리 사용되는 방법인 양선형 z변환은 s평면에 있는 아날로그 영점과 극점들을 z평면의 디지털 영점과 극점들로 일대일 사상(mapping)하여 변환하는 방법이다. 그림 5-4에서 나타난 바와 같이, s평면의 $j\omega$축 전체가 z평면의 단위원으로 유일하게 사상되기 때문에 양선형 변환은 주파수응답 특성에서 주파수 휨(frequency warping)이라고 알려진 주파수 축의 압축효과를 가지고 있다.

8-3-1. 임펄스 응답불변 변환

여기서는 먼저 임펄스 응답불변 변환에 대해 그림 8-1을 참고로 하여 설명하기로 한다.

그림 8-2에 보여진 간단한 저역통과 아날로그 필터를 살펴보자. 이 필터의 전달함수는 $a = \frac{1}{RC}$로 두면 다음 식으로 주어진다.

$$H(s) = \frac{a}{s+a} \tag{8-4}$$

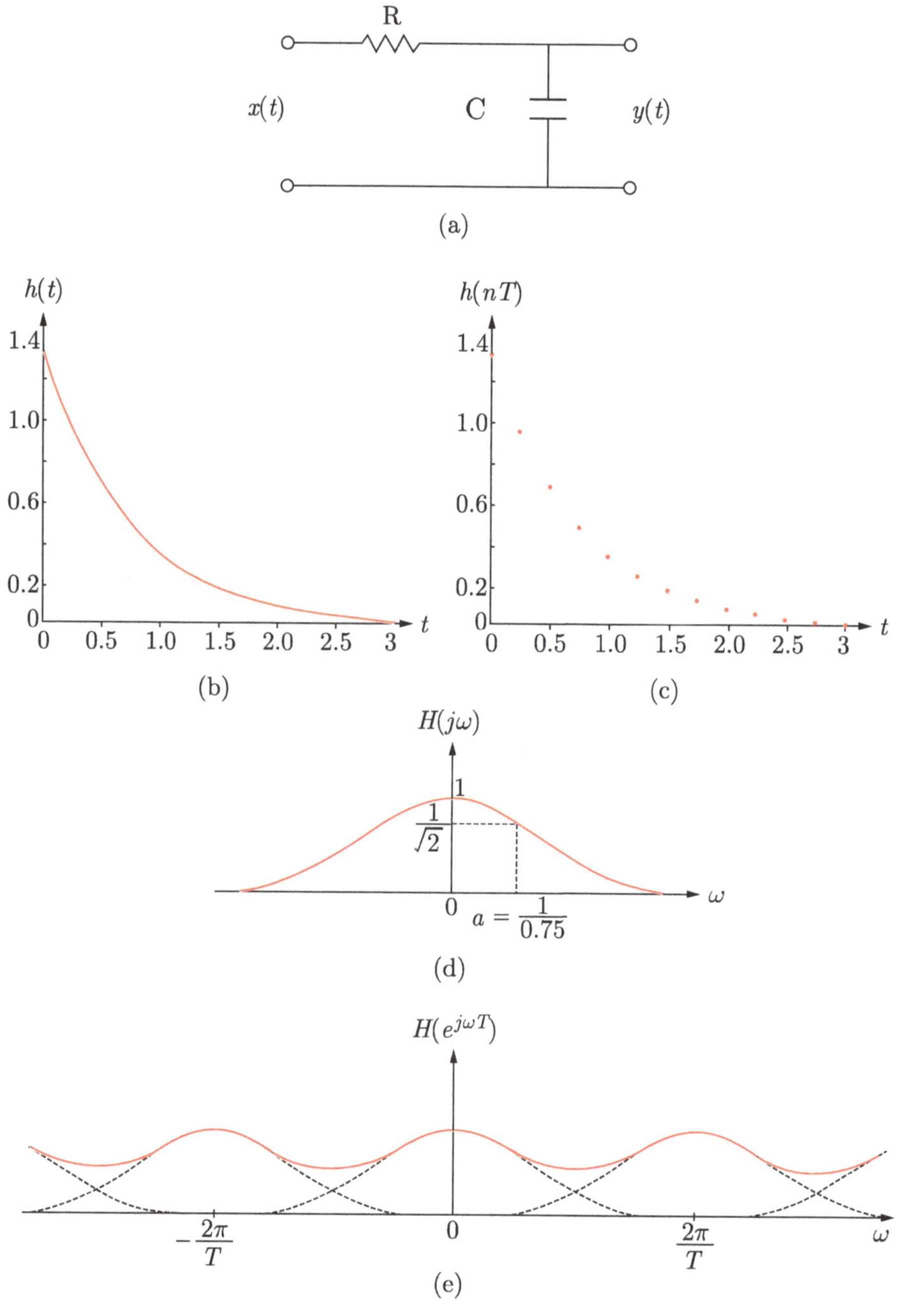

그림 8-2 • 임펄스 응답불변 변환

(a) 아날로그 저역통과 필터 ($a=1/RC=1/0.75$), (b) 아날로그 필터의 임펄스 응답, (c) 표본화된 임펄스 응답 ($T=0.25$[sec]), (d) 아날로그 필터 주파수 응답, (e) 디지털 필터의 주파수 응답

위 식을 역 라플라스 변환하면 이 전달함수의 임펄스 응답은

$$h(t) = ae^{-at}, \ t \geq 0 \tag{8-5}$$

가 되며, 이 임펄스 응답을 주기 T로 표본화하면(즉 $t = nT$를 대입하면), 다음 식으로 표현되는 임펄스 응답열을 얻는다.

$$h_n = h(nT) = ae^{-anT} \tag{8-6}$$

따라서 이 임펄스 응답열을 갖는 디지털 필터의 전달함수 $H(z)$는 식 (8-6)을 z변환하면

$$\begin{aligned} H(z) &= \sum_{n=0}^{\infty} h_n z^{-n} \\ &= \sum_{n=0}^{\infty} ae^{-anT} z^{-n} \\ &= a\sum_{n=0}^{\infty} (e^{-aT} z^{-1})^n \\ &= \frac{a}{1 - e^{-aT} z^{-1}} \end{aligned} \tag{8-7}$$

가 된다. 식 (8-4)로 표현되는 아날로그 필터의 임펄스 응답과 식 (8-7)로 표현되는 디지털 필터의 임펄스 응답은 $n = 0, 1, \cdots\cdots$ 로 주어지는 표본화 순간인 nT에서 같음을 알 수 있다.

이상의 결과로부터 임펄스 응답불변 변환은 다음과 같이 일반화될 수 있다. 아날로그 필터가 다음의 단극점(single pole)들로만 구성된 전달함수를 갖는 경우를 먼저 살펴보자.

$$H(s) = \sum_{i=1}^{N} \frac{C_i}{s - p_i} \tag{8-8}$$

여기서 p_i 는 $i = 1, 2, \cdots, N$에 대한 실수 또는 복소수 값을, 그리고 C_i는 실수값을 갖는 상수들이다. 식 (8-8)을 역 라플라스 변환하면 다음 식을 얻는다.

$$h(t) = \sum_{i=1}^{N} C_i \, e^{p_i t} \tag{8-9}$$

이를 주기 T로 표본화하면, 즉 $t = nT$로 두면

$$h(nT) = \sum_{i=1}^{N} C_i \, e^{p_i n T} \tag{8-10}$$

이다. 이를 z변환 하면 디지털 필터의 전달함수 $H(z)$가 얻어진다.

$$\begin{aligned} H(z) &= \sum_{n=0}^{\infty} h(nT) \, z^{-n} \\ &= \sum_{n=0}^{\infty} \sum_{i=1}^{N} C_i e^{p_i n T} z^{-n} \end{aligned} \tag{8-11}$$

합의 연산순서를 바꾸어 다시 쓰면 다음과 같다.

$$\begin{aligned} H(z) &= \sum_{i=1}^{N} C_i \sum_{n=0}^{\infty} e^{p_i n T} \; z^{-n} \\ &= \sum_{i=1}^{N} C_i \sum_{n=0}^{\infty} (e^{p_i T} \; z^{-1})^n \end{aligned} \tag{8-12}$$

여기에 무한급수의 정리를 이용하면 다음 등식이 성립된다.

$$\sum_{n=0}^{\infty} (e^{p_i T} \; z^{-1})^n = \frac{1}{1 - e^{p_i T} \, z^{-1}} \tag{8-13}$$

따라서 식 (8-8)에 대응되는 임펄스 응답불변 변환방법에 의해 설계된 디지털 필터는 다음 식과 같다.

$$H(z)=\sum_{i=1}^{N}\frac{C_i}{1-e^{p_iT}z^{-1}} \tag{8-14}$$

아날로그 필터가 때때로 중근(repeated poles)을 가질 수도 있다. 즉 ℓ차의 중근을 가지는 전달함수가 다음과 같다면

$$H(s)=\frac{C_i}{(s-p_i)^l} \tag{8-15}$$

이 경우에 대응되는 $H(z)$는

$$H(z)=\frac{(-1)^{l-1}}{(l-1)!}\frac{\partial^{l-1}}{\partial a^{l-1}}\frac{C_i}{1-e^{aT}z^{-1}}\Bigg|_{a=p_i} \tag{8-16}$$

로 된다.

또한 다음과 같은 복소근을 가질 경우는 두 가지로 나누어 생각할 수 있다. 먼저 $H(s)$가

$$H(s)=\frac{s+a}{(s+a+jb)(s+a-jb)} \tag{8-17}$$

이면, 여기에 대응되는 $H(z)$는

$$H(z)=\frac{1-(e^{-aT}\cos bT)z^{-1}}{1-(2e^{-aT}\cos bT)z^{-1}+e^{-2aT}z^{-2}} \tag{8-18}$$

이 되고, $H(s)$가

$$H(s)=\frac{b}{(s+a+jb)(s+a-jb)} \tag{8-19}$$

이면, 이때의 $H(z)$는

$$H(z)=\frac{(e^{-aT}\sin bT)z^{-1}}{1-(2e^{-aT}\cos bT)z^{-1}+e^{-2aT}z^{-2}} \tag{8-20}$$

로 된다.

예제 8-1 전달함수가 아래 식과 같이 주어지는 2차의 아날로그 버터워스 필터를 생각하자.

$$H(s)=\frac{1}{1+\sqrt{2}\,s+s^2}$$

$H(s)$를 부분분수로 전개하면

$$H(s)=\frac{-j/\sqrt{2}}{s-(-1+j)/\sqrt{2}}+\frac{j/\sqrt{2}}{s-(-1-j)/\sqrt{2}}$$

이다. $T=1$의 경우에 대해 아날로그 필터에 대응되는 임펄스 응답불변의 디지털 필터는 다음 식과 같이 주어진다.

$$\begin{aligned}H(z)&=\frac{-j/\sqrt{2}}{1-e^{(-1+j)/\sqrt{2}}\cdot z^{-1}}+\frac{j/\sqrt{2}}{1-e^{(-1-j)/\sqrt{2}}\cdot z^{-1}}\\&=\frac{\sqrt{2}\ \sin(1/\sqrt{2})\,e^{-1/\sqrt{2}}\cdot z^{-1}}{1-2\,e^{-1/\sqrt{2}}\cdot\cos(1/\sqrt{2})\,z^{-1}+e^{-2/\sqrt{2}}\cdot z^{-2}}\end{aligned}$$

이 필터의 진폭응답특성은 그림 8-3에 나타나 있다. ◀

지금까지 전개한 내용으로부터 임펄스 응답불변 변환방법에 의한 아날로그 필터로부터 디지털 필터의 설계는 표본화 정리와 관련해서 다음과 같이 요약될 수 있다.

(1) $$H(z)\Big|_{z=e^{sT}}=\frac{1}{T}\sum_{m=-\infty}^{\infty}H(s+jm\omega_s) \tag{8-21}$$

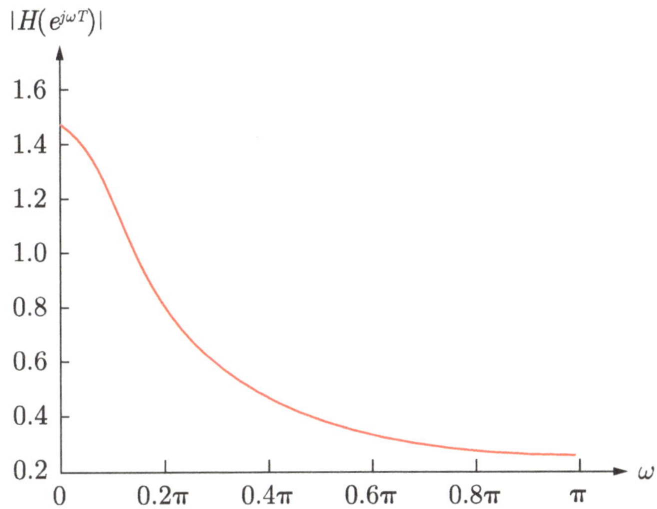

그림 8-3 • 예제 8-1의 진폭응답 특성

임펄스 응답불변 변환 방법으로 설계된 디지털 필터의 주파수 응답은 대응되는 아날로그 필터가 표본화 주파수의 배수에서 반복되어 나타난다. 만약 아날로그 필터가 대역 제한된 응답특성을 갖지 않을 경우 아날로그 필터가 에일리어싱이 일어나는 형태로 나타나서 원하는 응답특성을 갖지 못한다. 따라서 저역통과 필터를 설계할 때 아주 작은 에일리어싱을 가지는 필터는 경우에 따라 적용가능하나, 고역통과, 대역저지 필터들의 경우는 반 에일리어싱(anti-aliasing) 필터를 사용하여 대역제한을 하지 않으면 사용할 수 없다. 즉 임펄스 응답불변 변환방법은 $H(s)$가 대역제한함수인 경우로 국한된다.

(2) 배율 $\dfrac{1}{T}$의 영향은 디지털 필터의 이득이 아날로그 필터의 이득과 같아지도록 $H(z)$에 T를 곱함으로써 제거된다.

8-3-2. 양선형 z 변환

임펄스 응답불변 변환에 대한 고찰은 다른 변환의 필요가 분명해진다. 앞에서 설명한 바와 같이 $H(s)$가 대역제한임을 요구한다. 그러나 실제의 경우 큰 값의 주파수에 대해(예를 들어 고역통과 필터) 진폭응답이 0으로 접근하지 않은 경우가 많고, 또한 에일리어싱을 방지하기 위한 적절한 표본화 주기가 발견될 수 없을 경우도 있다.

따라서 다른 변환방법의 필요가 분명해지며, 이는 다음의 변환을 통해 부분적으로 충족될 수 있다.

$$s = \frac{2}{T} \; \frac{z-1}{z+1} \tag{8-22}$$

식 (8-22)에 의한 변환을 양선형 z변환이라고 부른다. 이는 s평면의 허수축을 z평면의 단위원(unit circle)으로 대응시키며, 원 안의 $H(z)$ 값들을 좌반평면의 $H(s)$로부터 취해진 값들과 대응시킨다. 이를 설명하기 위하여 식 (8-22)를 다음과 같이 z에 관해 다시 쓰면

$$z = \frac{1 + \frac{T}{2}s}{1 - \frac{T}{2}s} \tag{8-23}$$

가 된다. 여기서 $s = \alpha + j\beta$ 를 대입하면

$$z = \frac{(1 + \frac{T}{2}\;\alpha) + j\;\frac{T}{2}\beta}{(1 - \frac{T}{2}\;\alpha) - j\;\frac{T}{2}\beta} \tag{8-24}$$

이다. 여기서 $\alpha < 0$이면 $\left|1 - \frac{T}{2}\alpha\right| \geq \left|1 + \frac{T}{2}\alpha\right|$ 가 되어 $|z| \leq 1$을 얻는다. 따라서 식 (8-22)
는 s의 좌반평면을 z평면의 단위원 안으로 변화시킴을 알 수 있다. 그러나 다음에서 알 수 있는 바와 같이 주파수의 축척(scaling) 변화가 있음을 고려하여야 한다.

아날로그 주파수를 ω, 디지털 주파수를 ω_d로 하여 $s = j\omega$와 $z = e^{j\omega_d T}$를 식 (8-22)에 대입하여 정리하면

$$\begin{aligned} j\omega &= \frac{2}{T}\frac{e^{j\omega_d T} - 1}{e^{j\omega_d T} + 1} \\ &= \frac{2}{T}\frac{e^{j\omega_d T/2} - e^{-j\omega_d T/2}}{e^{j\omega_d T/2} + e^{-j\omega_d T/2}} \\ &= \frac{2}{T}\;j\tan\frac{\omega_d T}{2} \end{aligned} \tag{8-25}$$

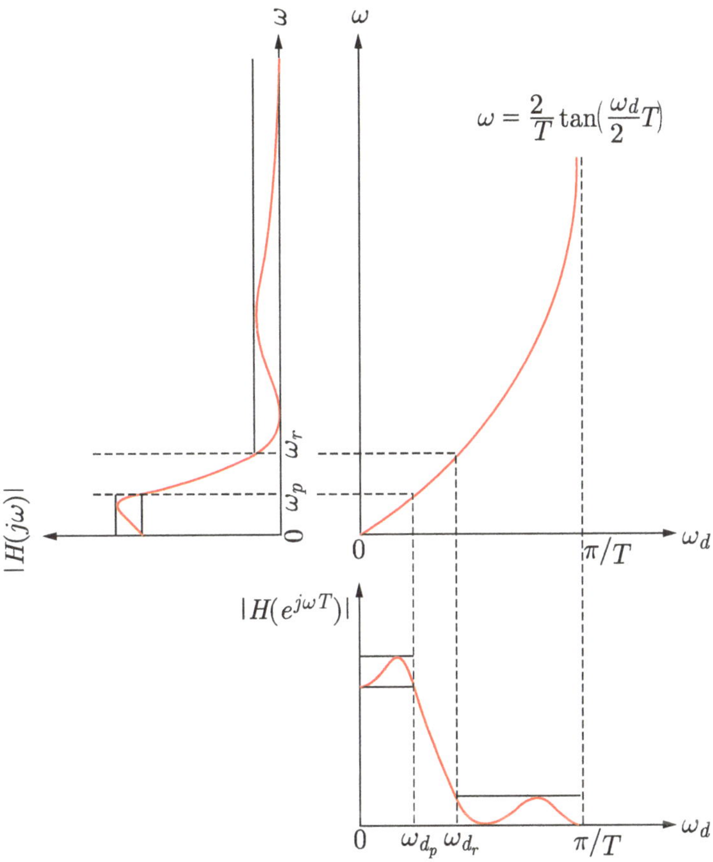

그림 8-4 • 양선형 주파수변환

가 된다. 즉

$$\omega = \frac{2}{T} tan \frac{\omega_d T}{2} \tag{8-26}$$

$$\frac{\omega T}{2} = \tan \frac{\omega_d T}{2} \tag{8-27}$$

이다. 식 (8-27)에서 ω와 ω_d의 관계는 그림 8-4에 나타나 있다. 아날로그 주파수 ω가 0에서 ∞까지의 주파수 범위를 가질 때 디지털 주파수 ω_d는 0에서 π/T의 범위 내에서 변화하는 주파수 휨(frequency warping) 효과가 있음을 볼 수 있다.

예제 8-2 다음의 1차 버트워스 아날로그 저역통과 필터를 사용하여 디지털 필터를 설계하고자 한다.

$$H(s) = \frac{1}{1+(s/\omega_c)}$$

이때 디지털 필터의 표본화 주파수는 $k\omega_c$[rad/sec]로 하며 $k \geq 2$로 둔다. 따라서 양선형 z변환을 사용한 디지털 필터는 다음과 같이 주어진다.

$$H(z) = \frac{1}{1+\frac{k}{\pi}\left(\frac{z-1}{z+1}\right)}$$

$k=\pi$인 경우에 디지털 필터는 $H(z) = \frac{1}{2} + \frac{1}{2}z^{-1}$이 된다. 아날로그 필터와 디지털 필터를 살펴 보면 다음을 알 수 있다.

① 아날로그 필터의 임펄스 응답은 $\omega_c e^{-\omega_c t}$, $t \geq 0$ 이다.

② 아날로그 필터의 진폭 및 위상의 주파수응답 특성은 다음과 같다.

$$\text{진폭응답} = \frac{1}{[1+(\omega/\omega_c)^2]^{1/2}}$$

$$\text{위상응답} = -\tan^{-1}(\omega/\omega_c)$$

③ 디지털 필터의 임펄스 응답은 $\frac{1}{2}, \frac{1}{2}, 0, 0, \cdots$ 이다.

④ 디지털 필터의 주파수응답 특성은 각각 다음과 같다.

$$\text{진폭} = \left|\cos\frac{\omega_d T}{2}\right|$$

$$\text{위상} = -\tan^{-1}\left(\frac{\sin\,\omega_d T}{1+\cos\,\omega_d T}\right)$$

⑤ ω와 $\omega_d T$는 다음의 관계를 갖는다.

$$\frac{\omega}{\omega_c} = \tan\frac{\omega_d T}{2}$$ ◀

예제 8-3 저역통과 디지털 필터에 대한 다음의 설계사양이 주어져 있다. 이들을 만족하는 디지털 필터를 설계하라.

① 필터 응답은 1,000[Hz]에서 -3[dB]의 전력이득을 가진다.
② 필터 응답은 3,000[Hz]에서 -10[dB]의 전력이득을 가진다.
③ 표본화 주파수는 10k[Hz]이다.
④ 필터 응답은 1,000[Hz]와 3,000[Hz] 사이의 천이대역(transition region)에서 단조 감소한다.

이들의 설계사양을 가지고 다음의 디지털 매개변수들을 먼저 계산한다.

표본화주기 : $T = 1/10000$[sec]

차단주파수 : $\omega_{dp} = 2\pi \times 1000$ [rad/sec], $\omega_{dp} T = 0.2\pi$

소거주파수 : $\omega_{dr} = 2\pi \times 3000$ [rad/sec], $\omega_{dr} T = 0.6\pi$

그리고 나서 식 (8-27)로부터 이들에 대응되는 아날로그 매개변수들을 다음과 같이 구한다. 이는 양선형 z변환 방법이 주파수 휨 효과를 가져오므로 ω_{dp}과 ω_{dr}에서 -3[dB]와 -10[dB]의 응답을 얻기 위해서 대응되는 아날로그 필터의 매개변수 ω_p과 ω_r를 구할 때 우선 휨(prewarp) 효과를 고려해야 하기 때문이다.

$$\frac{\omega_p T}{2} = \tan\left(\frac{\omega_{dp} T}{2}\right) = 0.3249$$

$$\frac{\omega_r T}{2} = \tan\left(\frac{\omega_{dr} T}{2}\right) = 1.3764$$

따라서 이들의 값을 기초로 하여 $\omega_p = \frac{2}{T}(0.3249)$ [rad/sec]에서 -3[dB] 점을 가지며, $\omega_r = \frac{2}{T}(1.3764)$ 에서 -10[dB] 점을 가지는 아날로그 필터를 먼저 설계할 필요가 있다.

버터워스 필터의 차수를 결정하기 위해 식 (2-73)으로부터 다음의 부등식을 생각할 수 있다.

$$-10\ \log\left(1+(\frac{1.3764}{0.3249})^{2N}\right) < -10$$

이 부등식을 풀면 $N=1$이 된다. 따라서 원하는 아날로그 버터워스 필터는

$$H(s)=\frac{1}{1+(s/\omega_p)}$$

으로 주어진다. 여기에 $s=\frac{2}{T}\quad\frac{z-1}{z+1}$을 대입하는 양선형 z변환을 이용하면 디지털 필터는 다음과 같게 된다.

$$\begin{aligned} H(z) &= \frac{0.3249}{0.3249+\dfrac{z-1}{z+1}} \\ &= \frac{0.2452(z+1)}{z-0.5095} \end{aligned}$$

이는 앞에서 언급한 설계사양들을 만족하는 디지털 저역통과 필터이며, 그 응답특성은 그림 8-5

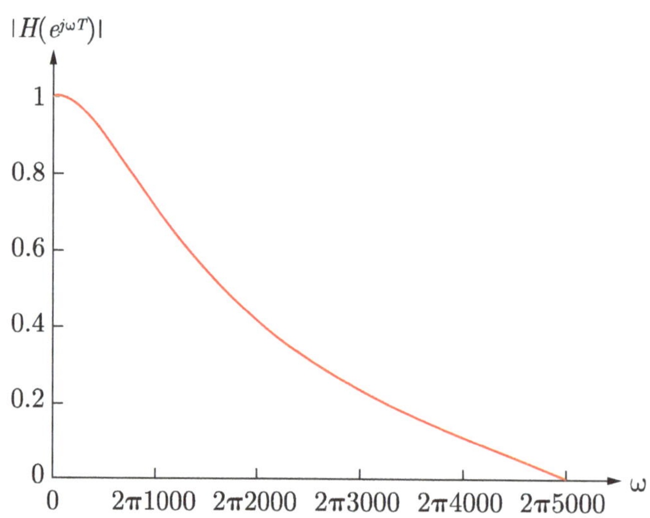

그림 8-5 • 예제 8-3의 진폭응답 특성

에 나타나 있다. ◀

8-4 두 변환방법의 비교

아날로그 필터로부터 디지털 필터로의 변환에는 앞 절에서 언급한 바와 같이 임펄스 응답불변 변환방법인

$$z = e^{sT} \tag{8-28}$$

와 양선형 z변환 방법인

$$s = \frac{2}{T} \quad \frac{z-1}{z+1} \tag{8-29}$$

가 IIR 디지털 필터설계에 사용되어 왔다. 첫 번째 변환방법은 아날로그 필터의 임펄스 응답을 보존하는 반면, 두 번째 변환방법은 주파수응답의 휨 효과를 가져온다. 두 변환방법들은 일반적으로 다른 결과들을 가져다줌이 강조되어야 하며, 다음의 예들에서 알아보기로 하자.

예제 8-4 그림 8-2(a)에 보여진 아날로그 저역필터를 가지고 임펄스 응답 불변 변환과 양선형 z변환 방법에 의한 디지털 필터를 비교하라. $\left(a = \dfrac{1}{0.75},\ T = 0.25[\text{sec}]\right)$

먼저 아날로그 필터의 전달함수

$$H(s) = \frac{a}{s+a} = \frac{1.333}{s+1.333}$$

로부터 그의 주파수 특성을 구하면

$$|H(j\omega)| = |H_a(j\omega)| = \frac{1.333}{\sqrt{\omega^2 + 1.333^2}}$$

$$\phi(j\omega) = -\tan^{-1}\frac{\omega}{1.333}$$

이다.

식 (8-7)로부터 임펄스 응답 불변 변환에 의한 디지털 필터는

$$H(z) = \frac{a}{1-e^{-aT}z^{-1}} = \frac{1.333}{1-0.716z^{-1}}$$

임을 알 수 있다. 이 필터의 주파수 특성을 계산하기 위해 $z = e^{j\omega T} = \cos(\omega T) + jsin(\omega T) = \cos(0.25\omega) + jsin(0.25\omega)$를 대입하여 정리하면

$$|H(e^{j\omega T})| = |H_{II}(j\omega)| = \frac{1.333}{\sqrt{[1-0.716\cos(0.25\omega)]^2 + [0.716\sin(0.25\omega)]^2}}$$

$$\phi(j\omega) = -\tan^{-1}\frac{0.716\sin(0.25\omega)}{1-0.716\cos(0.25\omega)}$$

이 구해진다.

다음, 양선형 변환에 의한 디지털 필터는

$$\begin{aligned} H(z) &= H(s)\Big|_{s=\frac{2}{T}\frac{z-1}{z+1}} \\ &= \frac{aTz + aT}{(aT+2)z + (aT-2)} \\ &= \frac{0.333z + 0.333}{2.333z - 1.667} \end{aligned}$$

이며, 임펄스 응답 불변 변환 방법과 마찬가지로 이 필터의 주파수 특성을 구하면

$$|H(e^{j\omega T})| = |H_B(j\omega)|$$

$$= \frac{\sqrt{[0.333\cos(0.25\omega) + 0.333]^2 + [0.333\sin(0.25\omega)]^2}}{[2.333\cos(0.25\omega) - 1.667]^2 + [2.333\sin(0.25\omega)]^2}$$

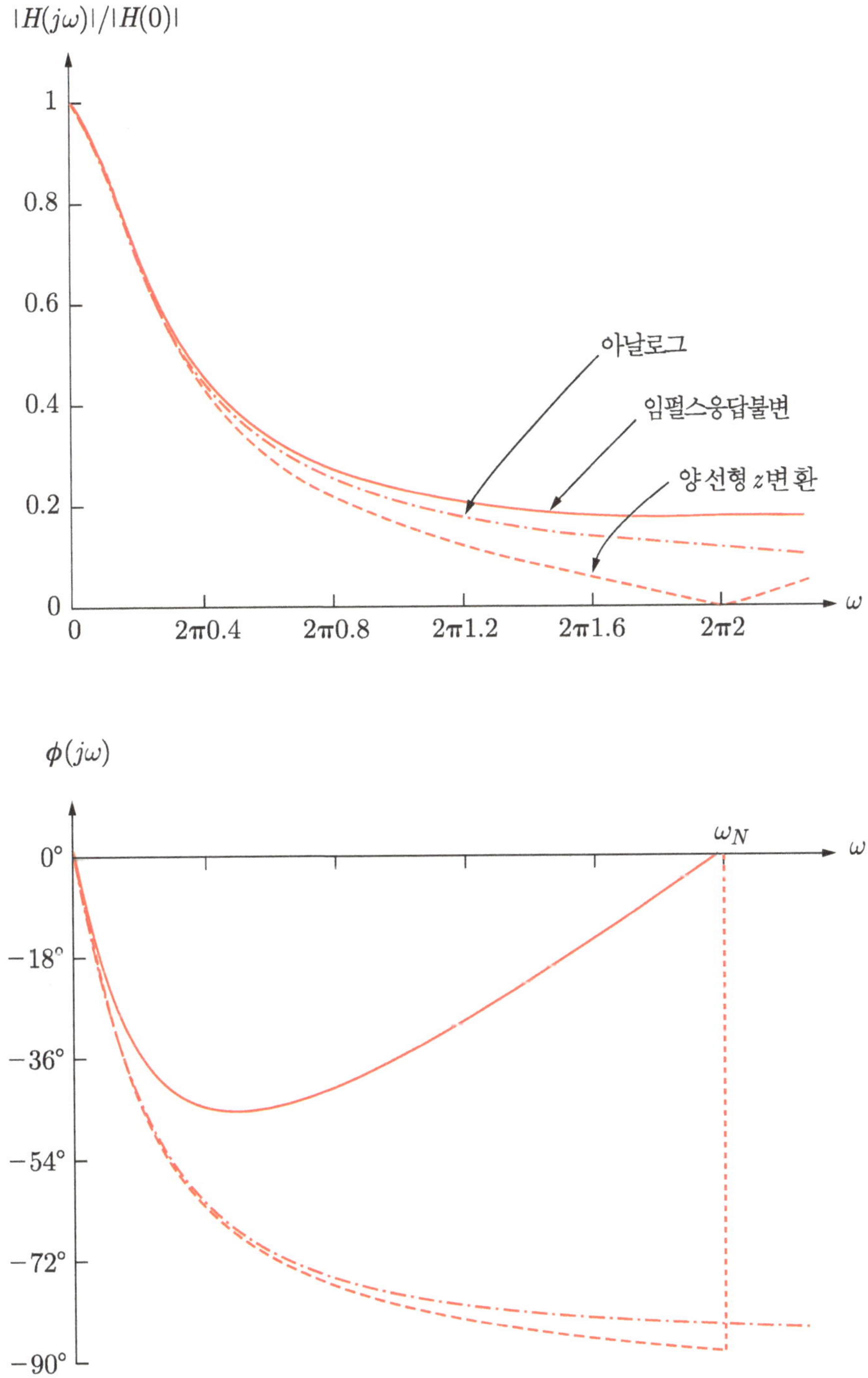

그림 8-6 • 예제 8-4의 진폭응답 및 위상응답 특성

$$\phi(j\omega) = \tan^{-1}\frac{\sin(0.25\omega)}{1+\cos(0.25\omega)} - \tan^{-1}\frac{2.333\sin(0.25\omega)}{-1.667+2.333\cos(0.25\omega)}$$

로 주어진다. 이들의 진폭특성과 위상특성을 $|H(j\omega)|/|H(0)|$ 로 정규화해서 그림 8-6에 함께 그려 놓았으며 이들로 부터 서로의 특성을 비교해 볼 수 있다.

아날로그 필터는 주파수가 증가해 감에 따라 지속적으로 진폭이 감소해 가지만(궁극적으로는 $\omega=\infty$ 에 가서야 0으로 되지만), 임펄스 응답 불변 변환에 의한 디지털 필터는 아날로그 필터가 반복해서 나타나는 에일리어싱 현상 때문에 나이퀴스트 주파수에서 크기가 0으로 떨어지지 않고 상당한 값을 가짐을 알 수 있다. 일반적으로 디지털 시스템은 나이퀴스트 주파수를 넘어서서는 값이 존재하지 않는 것이 바람직하다. 이런 관점에서 보면 양선형 z변환에 의한 디지털 필터가 나이퀴스트 주파수에서 크기가 0으로 되므로 바람직한 특성을 가진다고 볼 수 있다.

한편 위상응답 특성의 경우, 임펄스 응답 불변 변환에 의한 디지털 필터는 주파수가 증가해 감에 따라 $-90°$로 접근해 가지 않고 급격한 왜곡이 발생함을 볼 수 있다. 양선형 z변환에 의한 디지털 필터는 아날로그 필터와 유사한 위상응답 특성을 가짐을 알 수 있다.

예제 8-5 다음의 전달함수를 갖는 아날로그 버터워스 필터를 생각하자.

$$H(s) = \frac{1}{s^2+\sqrt{2}\,s+1}$$

임펄스 응답을 구하기 위해 이 식을 먼저 부분분수 전개를 하면 전달함수는 다음과 같이 된다.

$$H(s) = \frac{-j/\sqrt{2}}{s-\dfrac{-1+j}{\sqrt{2}}} + \frac{j/\sqrt{2}}{s-\dfrac{-1-j}{\sqrt{2}}}$$

이를 역 라플라스 변환하여

$$\begin{aligned} h(t) &= \mathcal{L}^{-1}H(s) \\ &= \sqrt{2}\,e^{-t/\sqrt{2}}\ \sin\left(\frac{t}{\sqrt{2}}\right) \end{aligned}$$

를 얻을 수 있다. 한편 이 필터의 주파수응답은 다음과 같다.

$$|H(j\omega)| = \frac{1}{|(j\omega)^2 + \sqrt{2}(j\omega) + 1|}$$

$$= \frac{1}{\sqrt{1+\omega^4}}$$

주파수 $\omega_c = 2\pi \times 1,000$에서 -3[dB]점을 갖는 아날로그 필터는 다음과 같이 계산된다. 즉

$$H(s) = H(s/\omega_c)$$

$$= \frac{\omega_c^2}{s^2 + \sqrt{2}\ \omega_c s + \omega_c^2}$$

$$= \frac{3.948 \times 10^7}{s^2 + 8.886 \times 10^3 s + 3.948 \times 10^7} \tag{8-30}$$

이 필터를 표준 필터로 할 때 이를 기초로 한 임펄스 응답불변 방법에 의한 필터와 양선형 z변환 방법에 의한 필터를 설계하기로 한다. 이때 표본화 주파수를 10,000[Hz]로 하면, 표본화 간격은 $T = 10^{-4}$[sec]가 된다. 따라서 임펄스 응답불변 디지털 필터 $H_1(z)$는 식 (8-30)을 부분 분수로 전개한 후 식 (8-14)를 사용하여 전개하면

$$H_1(z) = \frac{\sqrt{2}\,\omega_c e^{-(\omega_c T/\sqrt{2})}\ \sin(\omega_c T/\sqrt{2})z}{z^2 - 2ze^{(\omega_c T/\sqrt{2})}\ \cos(\omega_c T/\sqrt{2}) + e^{-2(\omega_c T/\sqrt{2}}}$$

이 된다. 여기서

$$\frac{\omega_c T}{\sqrt{2}} = \frac{0.2\pi}{\sqrt{2}} = 0.4443$$

이므로, 이를 식에 대입하여 계산하면 다음을 얻는다.

$$H_1(z) = \frac{2.449 \times 10^3 z}{z^2 - 1.158z + 0.4112} \tag{8-31}$$

양선형 z변환 필터 $H_B(z)$는 식 (8-30)으로부터 다음과 같이 구한다.

$$H_B(z) = H(s)\Big|_{s=\frac{2}{T}\frac{z-1}{z+1}}$$

$$= \frac{\omega_c^2}{\left(\frac{2}{T}\frac{z-1}{z+1}\right)^2 + \sqrt{2}\,\omega_c\left(\frac{2}{T}\frac{z-1}{z+1}\right) + \omega_c^2}$$

$$= \frac{\omega_c^2 T^2 (z+1)^2}{4(z-1)^2 + 2\sqrt{2}\,\omega_c T(z^2-1) + T^2\omega_c^2(z+1)^2}$$

$$= \frac{0.064(z^2+2z+1)}{z^2 - 1.168z + 0.424} \tag{8-32}$$

위의 식 (8-31)과 (8-32)를 살펴보면 양선형 z변환에 의한 디지털 필터가 임펄스 응답불변에 의한 디지털 필터보다 높은 주파수에서 감쇠가 더 크다는 것을 알 수 있다.

한편, 양선형 z변환에 의한 디지털 필터에서의 -3[dB] 점은 1,000[Hz] 대신에 969[Hz]에서 나타남을 알 수 있다. 이는 주파수 휨효과의 영향 때문이다. 만약 1,000[Hz]에서 -3[dB]을 갖는 디지털 필터를 설계하고자 한다면 예제 8-3에서와 같이 주파수축의 우선 휨효과를 먼저 행해야 한다.

◀

8-5 주파수변환

앞의 절에서는 아날로그 저역통과 필터를 설계하고 임펄스 응답불변 또는 양선형 z 변환을 통하여 디지털 저역통과 필터로 변환하는 설계과정에 대해서 논의하였다. 고역통과, 대역통과 또는 대역소거 필터의 설계에도 같은 과정이 적용될 수 있으나, 이 필터들을 저역통과 필터로부터 주파수변환(frequency transformation)을 통해 얻는다면 설계과정은 훨씬 쉬워질 수 있다. 즉 그림 8-4에 있는 바와 같이 먼저 아날로그 저역통과 필터(정규화된 아날로그 저역필터)로부터 주파수변환을 통하여 다른 아날로그 필터로 변환한 후, 양선형 z변환 등을 이용하여 디지털 필터를 얻는다.

그림 8-7에서와 같은 방법으로 디지털 필터를 얻을 수 있다면 다른 한편으로 아날로그 저역

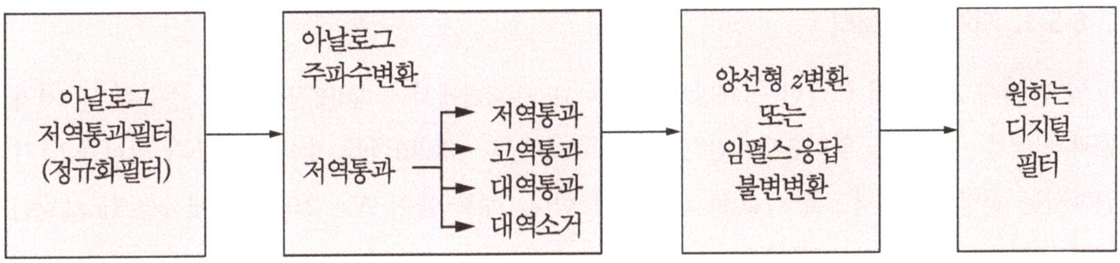

그림 8-7 • 디지털 필터의 설계방법

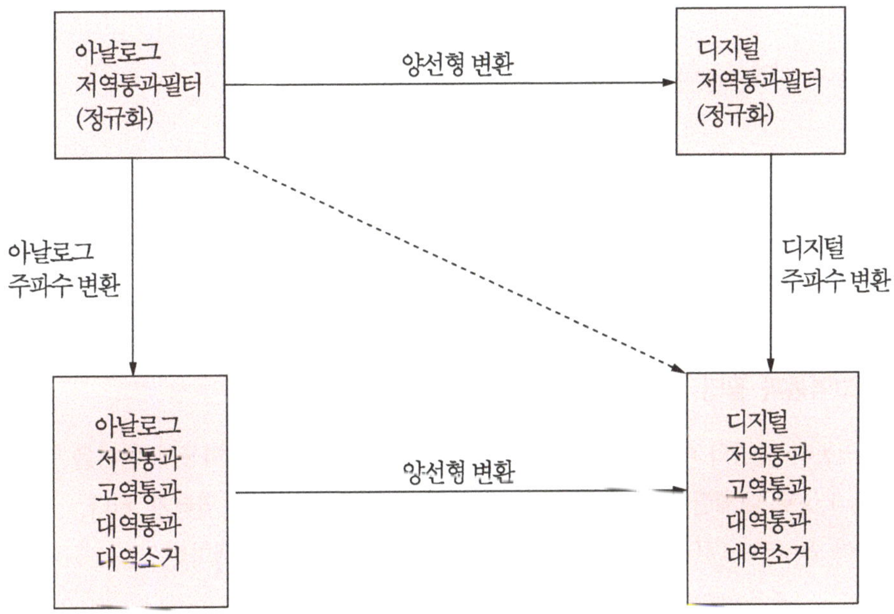

그림 8-8 • 아날로그필터로부터 디지털필터를 얻는 여러 변환 방법들

통과 필터로부터 양선형변환 등을 먼저 행하여 디지털 저역통과 필터를 얻고, 이로부터 디지털 주파수변환을 통하여 다른 디지털 필터를 얻는 방법도 가능하다. 이러한 여러 가지 방법을 그림 8-8에 나타내었다.

여기서는 이해하기가 상대적으로 쉬운 아날로그 주파수 변환을 사용하는 방법으로 디지털 필터를 얻는 방법을 설명하기로 하자.

8-5-1. 저역통과 필터

앞의 예제 2-13에서 언급한 설계방법은 $\omega = 1$[rad/sec]에서 -3[dB]점을 가진 정규화 된 저역통과 필터를 구성함을 의미한다. 만약 ω_c[rad/sec]에서 -3[dB]점을 가진 저역통과 필터를 얻기 위해서는 전달함수에서 s를 s/ω_c로 대체해야 한다. 예를 들어 $N=2$의 경우에 $\omega = 1$[rad/sec]에서 -3[dB]점을 가진 전달함수는

$$H(s) = \frac{1}{s^2 + \sqrt{2}\,s + 1} \tag{8-33}$$

이지만 ω_c[rad/sec]에서 -3[dB]점을 가진 전달함수는

$$H(s) = \frac{1}{(s/\omega_c)^2 + \sqrt{2}\,(s/\omega_c) + 1} \tag{8-34}$$

로 주어진다.

8-5-2. 고역통과 필터

앞의 저역통과 필터와 마찬가지로 간단한 주파수변환을 통해서 고역통과 필터를 만들 수 있다. 즉 s를 $1/s$로 대체한다면 새로 생겨나는 전달함수는 고역통과 필터가 된다.

예를 들어 $H(s) = 1/(s+1)$인 저역통과 필터에 s를 $1/s$로 대체하면

$$H(s) = \frac{s}{s+1} \tag{8-35}$$

를 얻는다. 이는 고역통과 필터이며 $\omega = 1$[rad/sec]에서 -3[dB]점을 가짐을 쉽게 알 수 있다. 만약 ω_c에서 -3[dB]점을 가진 고역통과 필터를 만들려면 s를 $\frac{\omega_c}{s}$로 대체하면 된다. 즉

$$H(s) = \frac{s}{s+\omega_c} \tag{8-36}$$

이다.

8-5-3. 대역통과 필터

$\omega = 1$[rad/sec]에서 -3[dB]점을 갖는 저역통과 필터는 다음의 변환을 통해서 대역통과 필터로 바뀔 수 있다.

$$s \rightarrow \frac{s^2+\omega_0^2}{s\Omega} \tag{8-37}$$

이 변환에 의해 얻어진 필터는 $\omega_0^2 = \omega_h \omega_l$이고, 통과대역의 폭은 $\Omega = \omega_h - \omega_l$ 이다. 여기서 ω_h는 통과대역의 상한 차단 주파수를, ω_l은 하한 차단 주파수를 나타낸다.

8-5-4. 대역소거 필터

$\omega = 1$[rad/sec]에서 -3[dB]점을 갖는 저역통과 필터는 다음의 변환을 통해서 대역소거 필터로 바뀔 수 있다.

$$s \rightarrow \frac{s\Omega}{s^2+\omega_0^2} \tag{8-38}$$

결과의 필터는 대역통과 필터의 경우에서와 마찬가지로 $\omega_0^2 = \omega_h \omega_l$이고, 소거대역폭은 $\Omega = \omega_h - \omega_l$이다. 여기서 ω_h는 소거대역의 상한차단주파수를, ω_l은 하한차단주파수를 나타낸다.

지금까지 언급한 아날로그 주파수변환의 내용을 요약하여 나타내면 표 8-1과 같다.

표 8-1 • 아날로그 주파수 변환

차단주파수 $\omega_c = 1$ [rad/sec]인 저역통과 필터	$H(s)$
차단주파수 ω_c인 저역통과 필터	$s \rightarrow \frac{s}{\omega_c}$
차단주파수 ω_c인 고역통과 필터	$s \rightarrow \frac{\omega_c}{s}$
상한차단주파수 ω_h, 하한차단주파수가 ω_l인 대역통과 필터, $\omega_0^2 = \omega_h\omega_l$, $\Omega = \omega_h - \omega_l$	$s \rightarrow \frac{s^2+\omega_0^2}{s(\omega_h-\omega_l)}$
상한차단주파수 ω_h, 하한차단주파수가 ω_l인 대역소거 필터, $\omega_0^2 = \omega_h\omega_l$, $\Omega = \omega_h - \omega_l$	$s \rightarrow \frac{s(\omega_h-\omega_l)}{s^2+\omega_0^2}$

예제 8-6 | 아래와 같이 정규화된 2차의 전달함수

$$H(s)=\frac{1}{s^2+1.414s+1}$$

가 주어져 있을 때 양선형 z변환 방법을 이용하여 10[Hz]에서 -3[dB]점을 가지고, 표본화 주파수가 $f_s=100$[Hz]인 디지털 저역통과 필터를 설계하라.

위의 문제로부터 디지털 필터의 차단주파수 $\omega_c'=2\pi\times 10$[rad/sec], 표본화 간격 $T=1/f_s=0.01$[sec]임을 알 수 있다. 양선형 z변환 방법이 주파수 휨 현상을 가져오므로 대응되는 아날로그 필터는 주파수값에 우선 휨(prewarping)을 먼저 행하여 설계해야 한다. 즉

$$\omega_c=\tan\left(\frac{\omega_c' T}{2}\right)=\tan\left(\frac{\pi}{10}\right)=0.325$$

이를 이용하여 아날로그 저역통과 필터의 전달함수를 구하면

$$H(s)=\frac{1}{\left(\frac{s}{0.325}\right)^2+1.414\left(\frac{s}{0.325}\right)+1}$$

$$=\frac{0.105}{s^2+0.46s+0.105}$$

이다. 양선형 z변환을 위해 $s=\dfrac{z-1}{z+1}$을 대입하면

$$H(z)=H(s)\Big|_{s=\frac{z-1}{z+1}}=\frac{0.105}{\left(\frac{z-1}{z+1}\right)^2+0.46\left(\frac{z-1}{z+1}\right)+0.105}$$

$$=\frac{0105z^2+0.21z+0.105}{1.56z^2-1.79z+0.645}$$

$$=\frac{0.067+0.135z^{-1}+0.067z^{-2}}{1-1.147z^{-1}+0.413z^{-2}}$$

을 구한다. 이 디지털 필터 $H(z)$는 $\omega_c'=2\pi\times 10$[rad/sec]에서 -3[dB]점을 가지는 디지털 저역

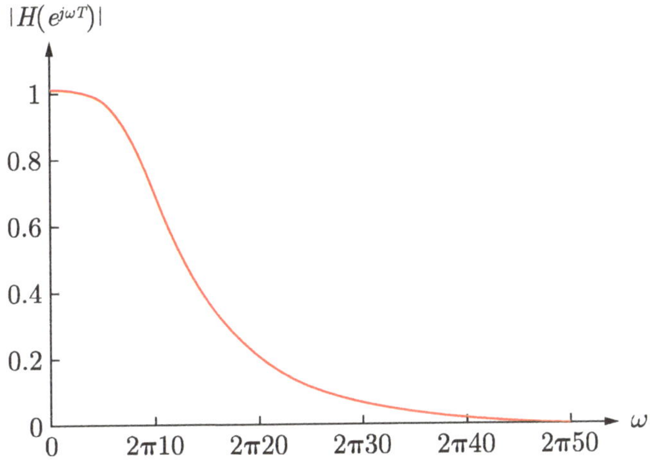

그림 8-9 • 예제 8-6의 진폭응답 특성

통과 필터이다. 이 필터의 진폭응답특성은 그림 8-9에 나타나 있다.

참고로 위의 과정에서 우선 휨과 양선형 z변환을 행할 때

$$\omega_c = \frac{2}{T}\tan\left(\frac{\omega_c' T}{2}\right) \text{와 } s = \frac{2}{T}\frac{z-1}{z+1}$$

를 사용하지 않고

$$\omega_c = \tan\frac{\omega_c' T}{2} \text{와 } s = \frac{z-1}{z+1}$$

을 사용한 이유는, 우선 휨을 고려하여 아날로그 필터를 설계하고, 이 결과를 이용하여 양선형 z변환을 통하여 디지털 필터를 계산할 때 $2/T$가 서로 상쇄되므로 계산의 편의를 위하여 이렇게 많이 사용하기도 한다. 그러나 정확한 아날로그 주파수 값을 구해야할 때는

$$\begin{aligned}\omega_c &= \frac{2}{T}\tan\left(\frac{\omega_c' T}{2}\right)\\ &= \frac{2}{0.01}\tan\left(\frac{\pi}{10}\right) = 65\,[rad/sec]\end{aligned}$$

로 계산해야 한다. ◀

예제 8-7 정규화된 저역통과 전달함수가 다음과 같다.

$$H_L(s) = \frac{1}{s+1}$$

양선형 z변환을 이용하여 표본화 주파수가 150[Hz]이고, 차단 주파수가 30[Hz]인 디지털 고역통과 필터를 설계하라.

디지털 필터의 차단주파수를 우선 휨시키면 이에 대응되는 아날로그 차단주파수는

$$\omega_c = \tan\left(\frac{\omega_c' T}{2}\right) = \tan\left(\frac{\pi}{5}\right) = 0.7265$$

이다. 표 8-1의 저역통과-고역통과 주파수 변환표를 이용하여 아날로그 고역통과 필터는

$$H(s) = H_L(s)\Big|_{s \to \frac{\omega_c}{s}}$$

$$= \frac{1}{\frac{\omega_c}{s}+1} = \frac{s}{s+0.7265}$$

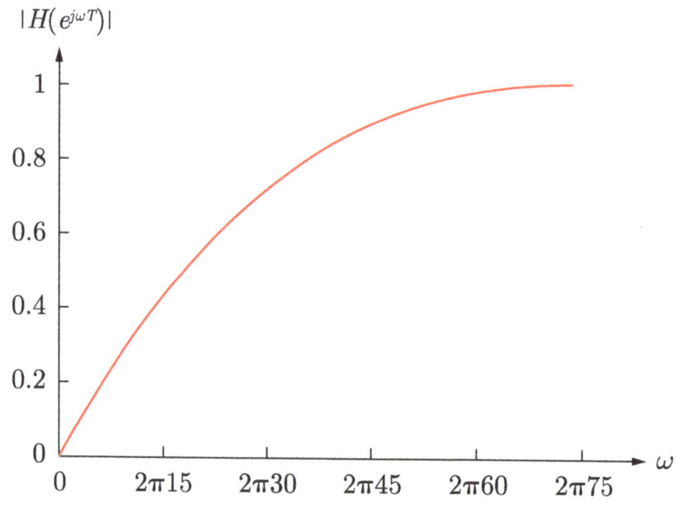

그림 8-10 • 예제 8-7의 진폭응답 특성

이 구해진다. 따라서 양선형 z변환을 이용하여

$$H(z) = H(s)\Big|_{s=\frac{z-1}{z+1}}$$

$$= \frac{0.5792 - 0.5792z^{-1}}{1 - 0.1584z^{-1}}$$

을 구한다. 이 필터의 진폭응답특성은 그림 8-10에 나타나 있다. ◀

예제 8-8 버터워스 특성을 가진 대역통과 디지털 필터의 사양이 아래에 주어져 있다. 양선형 z변환을 이용하여 필터의 전달함수를 구하라.

대역통과	200-300[Hz]
표본화 주파수	2[kHz]
필터차수	2

이 경우 표 8-1에서 저역통과-대역통과 주파수 변환표를 보면

$$s \rightarrow \frac{s^2 + \omega_o^2}{s(\omega_h - \omega_l)}$$

을 사용해야 하므로 2차의 대역통과 필터를 얻기 위해서는 1차의 저역통과 필터를 사용해야 함을 알 수 있다. 따라서

$$H_L(s) = \frac{1}{s+1}$$

을 사용한다. 디지털 필터의 상한 차단 주파수 $\omega_h{}'$와 하한 차단 주파수 $\omega_l{}'$을 우선 휨을 시켜 대응되는 아날로그 상한, 하한 주파수를 구하고, ω_0^2과 Ω를 계산하면

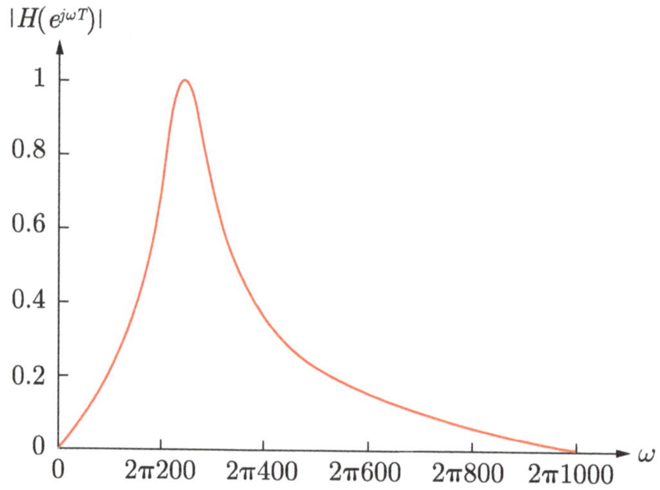

그림 8-11 • 예제 8-8의 진폭응답 특성

$$\omega_h = \tan\left(\frac{\omega_h' T}{2}\right) = \tan\left(\frac{\pi}{10}\right) = 0.3249$$

$$\omega_l = \tan\left(\frac{\omega_l' T}{2}\right) = \tan\left(\frac{3\pi}{20}\right) = 0.5095$$

$$\omega_0^2 = \omega_h \omega_l = 0.1655$$

$$\Omega = \omega_h - \omega_l = 0.1846$$

이 된다. 아날로그 대역통과 필터는

$$H(s) = H_L(s)\Big|_{s \to \frac{s^2 + \omega_0^2}{s\Omega}}$$

$$= \frac{0.1846s}{s^2 + 0.1846s + 0.1655}$$

이 구해진다. 따라서 양선형 z변환을 이용하여

$$H(z) = H(s)\Big|_{s=\frac{z-1}{z+1}}$$

$$= \frac{0.1367 - 0.1367z^{-2}}{1 - 1.2362z^{-1} + 0.7265z^{-2}}$$

을 구한다. 이는 원하는 2차의 디지털 대역통과 필터이며, 그의 진폭응답특성은 그림 8-11에 나타나 있다. ◀

연습문제

EX 1 다음의 사양이 각 필터의 설계에 주어져 있다.

	필터 A	필터 B
ω_c	10[kHz]	10[kHz]
ω_c에서의 최소전력이득	0.5	0.5
ω_r	15[kHz]	11.75[kHz]
ω_r에서의 최대전력이득	0.1	0.1

(1) 버터워스 필터를 설계할 때 필터 A의 차수는?

(2) 버터워스 필터를 설계할 때 필터 B의 차수는?

(3) 버터워스 필터 A의 극점들의 좌표를 구하여라.

(4) 버터워스 필터 A의 아날로그와 디지털 형태를 구하고, 그것들의 전력 이득을 도시하여라. 이때 표본화 간격은 $T=10[\mu\text{sec}]$이다. 디지털로서의 변환에 임펄스 응답 불변변환과 양선형 변환을 사용하여 서로 비교하여라.

(5) 아날로그 버터워스 필터 A를 아날로그 고역통과 필터로 바꾸고, s평면에서 극점의 위치를 구하여라.

(6) 아날로그 필터 A가 5~15[kHz]의 통과대역을 가지는 대역통과 아날로그 필터로 변환될 때, ω_h와 ω_l의 주파수를 구하고, 이를 $T=20[\mu\text{sec}]$의 표본화 간격을 사용하여 디지털 필터를 설계하여라.

EX 2 아날로그 필터가 다음 식과 같다.

$$H(s)=\frac{1}{(s+1)(s+2)}$$

(1) 임펄스 응답 불변방법을 이용하여 $H(z)$를 구하여라.

(2) 표본화 간격이 0.2[sec]일 때 $H(z)$에 대한 진폭과 위상, 그리고 $H(s)$에 대해 진폭과 위상을 그려라.

EX 3 간단한 RC 저역통과 필터의 전달함수는 다음과 같다.

$$H(s)=\frac{Y(s)}{X(s)}=\frac{1}{s+1}$$

여기서 대역폭은 1[rad/sec]이다.

(1) 표본화 주파수가 60[Hz]이고, 대역폭이 20[Hz]인 디지털 저역통과 필터를 $H(s)$와 양선형 z변환방법을 이용하여 설계하여라.

(2) $H(z)$의 진폭과 위상응답을 그려라.

EX 4 표본화 간격 $T=1$[msec], 대역폭이 100[Hz]인 3차 디지털 버터워스 저역통과 필터를 설계하여라.

EX 5 3[dB]차단 주파수가 50[Hz]인 2차 버터워스 아날로그 필터로부터 유도된 저역통과 디지털 필터를 양선형 z변환방법과 임펄스 응답 불변방법에 의해 설계하여라. 시스템의 표본화 주파수는 500[Hz]이다.

EX 6 표본화 주파수가 1000[Hz]이며, 차단주파수가 70[Hz]인 2차의 디지털 버터워스 고역통과 필터를 양선형 z변환방법으로 설계하여라. 그리고 진폭과 위상을 그려라.

EX 7 다음 사양을 만족하는 2차 디지털 대역통과 버터워스 필터를 설계하여라.

① 통과대역의 하한주파수 10[Hz]
② 통과대역의 상한주파수 20[Hz]
③ 표본화 주파수 100[Hz]

참고문헌

1. Alan V. Oppenheim and Ronald W. Schafer, *Discrete-time Signal Processing*, *Prentice Hall*, 1989.
2. Alan V. Oppenheim and Ronald W. Schafer, *Discrete-time Signal Processing,* 2nd Ed., Prentice Hall, 1999.
3. Lawrence R. Rabiner and Bernard Gold, *Theory and Application of Digital Signal Processing*, Prentice Hall, 1975.
4. Samuel D. Stearns, *Digital Signal Analysis*, Hayden Book Company, 1975.
5. Samuel D. Stearns and Don R. Hush, *Digital Signal Analysis,* 2nd Ed., Prentice Hall, 1990.
6. Athanasios Papoulis, *Signal Analysis*, McGraw-Hill, 1977.
7. Jack D. Gaskill, *Linear Systems, Fourier Transforms, and Optics*, Wiley Interscience, 1978.
8. Ronald N. Bracewell, *The Fourier Transform and Its Applications,* 2nd Ed., McGraw-Hill, 1978.
9. Alan V. Oppenheim, *Applications of Digital Signal Processing*, Prentice Hall, 1978.
10. Andreas Antoniou, *Digital Filters: Analysis and Design*, McGraw-Hill, 1979.
11. Chi-Tsong Chen, *One-dimensional Digital Signal Processing*, Marcel Dekker, 1979.
12. Emmanuel C. Ifeachor and Barrie W. Jervis, *Digital Signal Processing: A Practical Approach*, Addison-Wesley Publishing Company, 1993.
13. Emmanuel C. Ifeachor and Barrie W. Jervis, *Digital Signal Processing: A Practical Approach,* 2nd Ed., Prentice Hall, 2002.
14. R. W. Hamming, *Digital Filters,* 2nd Ed., Prentice Hall, 1983.

15. R. W. Hamming, *Digital Filters,* 3rd Ed., Prentice Hall, 1989.

16. Alan V. Oppenheim, Alan S. Willsky, and Ian T. Young, *Signals and Systems*, Prentice Hall, 1983.

17. Alan V. Oppenheim, Alan S. Willsky, and S. Hamid Nawab, *Signals and Systems,* 2nd Ed., Prentice Hall, 1997.

18. Nasir Ahmed and T. Natarajan, *Discrete-time Signals and Systems*, Reston Publishing Company, 1983.

19. William D. Stanley, Gary R. Dougherty, and Ray Dougherty, *Digital Signal Processing,* 2nd Ed., Reston Publishing Company, 1984.

20. John G. Proakis and Dimitris G. Manolakis, *Digital Signal Processing Principles, Algorithms, and Applications,* 3rd Ed., Prentice Hall, 1996.

21. Thomas Young, *Linear Systems and Digital Signal Processing*, Prentice Hall, 1985.

22. T. W. Parks and C. S. Burrus, *Digital Filter Design*, Wiley Interscience, 1987.

23. Dougglas F. Elliott, *Handbook of Digital Signal Processing Engineering Applications*, Academic Press. 1987.

24. Lonnie C. Ludeman, *Fundamentals of Digital Signal Processing*, Wiley Interscience, 1987.

25. Richard A. Roberts and Clifford T. Mullis, *Digital Signal Processing*, Addison-Wesley Publishing Company, 1987.

26. E. Oran Brigham, *The Fast Fourier Transform and Its Applications*, Prentice Hall, 1988.

27. James V. Candy, *Signal Processing: The Modern Approach*, McGraw-Hill, 1988.

28. John G. Proakis and Dimitris G. Manolakis, *Introduction to Digital Signal Processing*, Macmillan Publishing Company, 1988.

29. Roman Kuc, *Introduction to Digital Signal Processing*, McGraw-Hill, 1988.

30. Samuel D. Stearns and Ruth A. David, *Signal Processing Algorithms*, Prentice Hall, 1988.

31. Johnny R. Johnson, *Introduction to Digital Signal Processing*, Prentice Hall, 1989.

32. A. W. M. Van Den Enden and N. A. M. Verhoeckx, *Discrete-time Signal Processing: An Introduction*, Prentice Hall, 1989.

33. Robert D. Strum and Donald E. Kirk, *First Principles of Discrete Systems and Digital Signal Processing*, Addison-Wesley Publishing Company, 1989.

34. Samir S. Soliman and Mandyam D. Srinath, *Continuous and Discrete Signals And Systems*, Prentice Hall, 1990.

35. Rodger E. Ziemer, William H. Tranter, and D. Ronald Fannin, *Signals and Systems: Continuous and Discrete,* 2nd Ed., Maxwell Macmillan, 1990.

36. Leland B. Jackson, *Signals, Systems, and Transforms*, Addison-Wesley Publishing Company, 1991.

37. Richard A. Haddad and Thomas W. Parsons, *Digital Signal Processing Theory, Applications, and Hardware*, Computer Science Press, 1991.

38. Edward P. Conningham, *Digital Filtering: An Introduction*, Houghton Mifflin Company, 1992.

39. Paul A. Lynn and Wolfgang Fuerst, *Introductory Digital Signal processing with Computer Applications,* 2nd Ed., Wiley Interscience, 1994.

40. Charles L. Phillips and John M. Parr, *Signals, Systems, and Transforms*, Prentice Hall, 1995.

41. Sophocles J. Orfanidis, *Introduction to Signal Processing*, Prentice Hall, 1996.

42. Vinay K. Ingle and John G. Proakis, *Digital Signal Processing Using MATLAB V.4*, PWS Publishing Company, 1997.

43. Boaz Porat, *A Course in Digital Signal Processing*, Wiley Interscience, 1997.

44. Sanjit K. Mitra, *Digital Signal Processing: A Computer-based Approach*, McGraw-Hill, 1998.

부록

A. 특수 함수들

디지털 신호처리에서 자주 사용되는 몇 개의 특수함수가 다음과 같이 정의되어있다.

1. 구형함수(rectangle function)

$$\text{rect}(t) = \begin{cases} 1, & |t| \le \dfrac{1}{2} \\ 0, & \text{그 이외의 경우} \end{cases}$$

2. 싱크함수(sinc function)

$$\text{sinc}(t) = \frac{\sin \pi t}{\pi t}$$

3. 부호함수(sign function)

$$\text{sgn}(t) = \begin{cases} 1, & t > 0 \\ 0, & t = 0 \\ -1, & t < 0 \end{cases}$$

4. 삼각함수(triangle function)

$$\mathrm{tri}(t) = \begin{cases} 1-|t|, & |t| \leq 1 \\ 0, & \text{그 이외의 경우} \end{cases}$$

5. 빗살함수(comb function)

$$\mathrm{comb}(t) = \sum_{n=-\infty}^{\infty} \delta(t-n)$$

이 함수들은 그림 A-1에 나타나 있으며, 한 개의 독립변수로 표시된 함수들이다. 만약 2차원의 분리 가능한 함수로 나타내고자 한다면 이 함수들을 곱의 형태로 표현하여 나타낼 수 있다. 즉,

$$\begin{aligned} \mathrm{sinc}(x,y) &= \mathrm{sinc}(x)\mathrm{sinc}(y) \\ &= \frac{\sin\pi x}{\pi x}\frac{\sin\pi y}{\pi y} \end{aligned} \tag{A-1}$$

이다. 이들 함수의 푸리에 변환쌍은 표 A-1에 있다.

표 A-1 • 특수함수들의 푸리에 변환쌍

함 수	변 환
$\exp(-\pi t^2)$	$\exp(-\pi f^2)$
$\mathrm{rect}(t)$	$\mathrm{sinc}(f)$
$\mathrm{tri}(t)$	$\mathrm{sinc}^2(f)$
$\exp(j\pi t)$	$\delta\left(f-\frac{1}{2}\right)$
$\delta(t)$	1
$\mathrm{sgn}(t)$	$1/j\pi f$

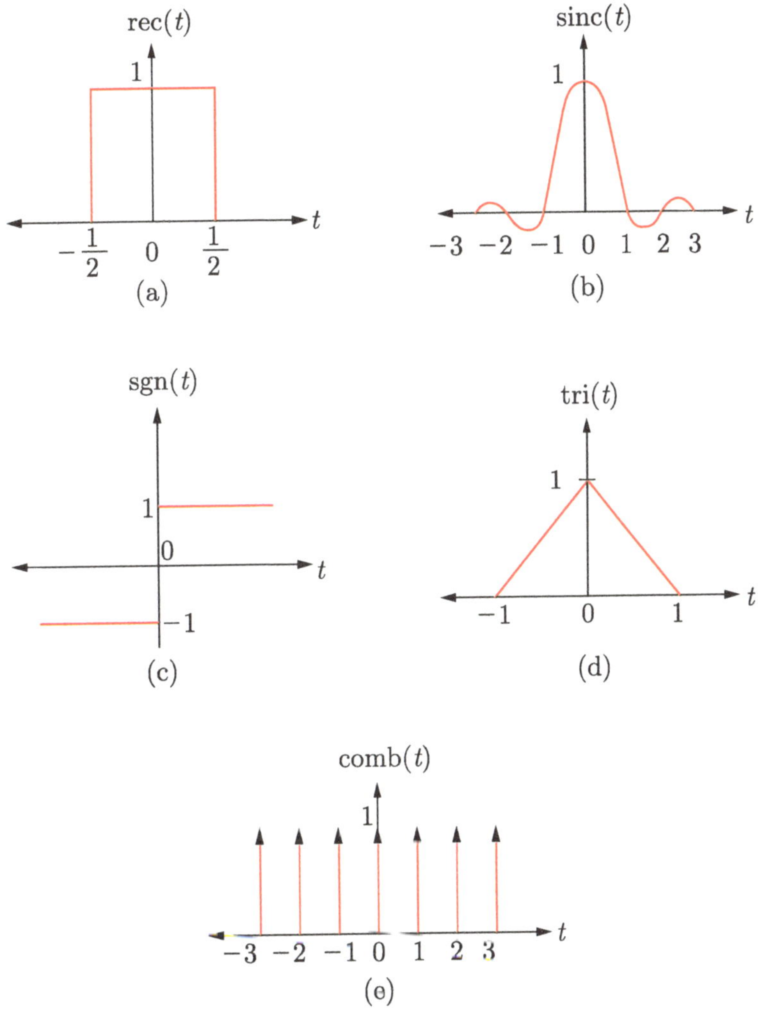

그림 A-1 • 여러 가지 특수 함수

부록

B. 신호의 종류

물리적 현상들로부터 관측된 신호들은 크게 확정(deterministic) 신호이거나 임의(random) 신호로 나누어진다. 확정 신호는 수식으로 표현된 신호들로 과거, 현재, 미래의 값들을 언제든지 구할 수 있다. 임의 신호는 혼란한 바다에서 파도의 높이나 전자회로에서의 잡음과 같은 신호로 어떤 시간에서도 정확한 값을 예측하기가 불가능하다. 이러한 신호들은 확률적 또는 통계적 평균 등과 같은 형태로 표현해야 한다.

B-1 확정 신호

확정 신호는 주기(periodic)신호와 비주기(nonperiodic)신호로 분류된다. 주기 신호는 또한 정현파(sinusoidal)나 복소 주기(complex periodic) 신호로 분류된다. 한편 비주기 신호는 개(槪)주기(almost periodic)신호와 과도(transient) 신호로 분류된다. 이들에 대한 정리는 그림 B-1에 나타나 있다.

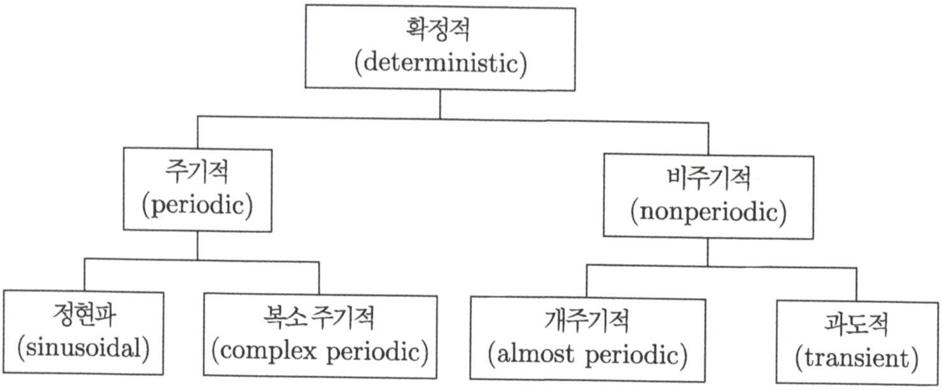

그림 B-1 • 확정 신호의 분류

B-1-1 정현파 신호

정현파는 주기 신호로 다음과 같은 수식으로 표현된다.

$$x(t) = A\sin(2\pi f_0 t + \theta) \tag{B-1}$$

여기서 A는 진폭, f_0는 주파수, θ는 초기 위상각을 나타낸다. 실제로 정현파의 데이터를 분석할 때, 위상각 θ는 종종 무시되어 다음 식과 같이 표현한다.

$$x(t) = A\sin 2\pi f_0 t \tag{B-2}$$

식 (B-2)는 그림 B-2에서 나타나 있으며, 이 때 주기를 T라 하면 주파수와의 관계는 다음과 같고,

$$T = \frac{1}{f_0} \tag{B-3}$$

이 때 주파수 스펙트럼은 특정 주파수에서 진폭 성분으로 구성됨을 볼 수 있다.

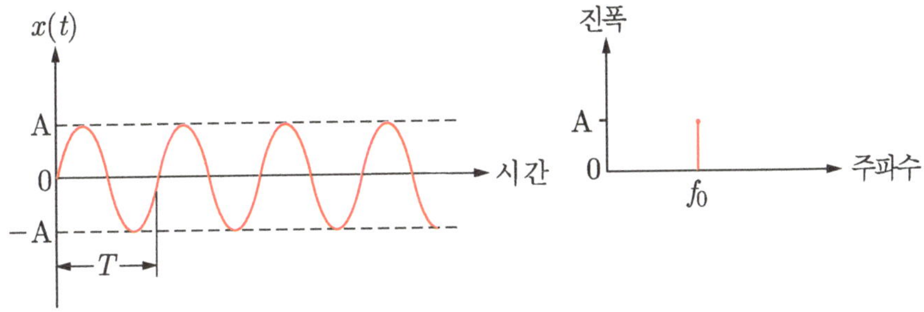

그림 B-2 • 정현파와 그의 스펙트럼

B-1-2 복소 주기신호

복소 주기신호는 그 파형이 다음 식과 같이 일정한 간격에서 그 파형이 정확하게 반복되는 시변 함수에 의해 수식으로 표현되는 주기적인 신호의 형태이다.

$$x(t) = x(t \pm nT), \qquad n = 1, 2, 3, \cdots \tag{B-4}$$

이 복소 주기신호는 다음과 같이 푸리에 급수로 전개할 수 있다.

$$x(t) = \frac{a_0}{2} + \sum_{n=1}^{\infty} (a_n \cos 2\pi n f_1 t + b_n \sin 2\pi n f_1 t) \tag{B-5}$$

여기서 f_1은 기본 주파수(fundamental frequency)로

$$f_1 = \frac{1}{T}$$

이며

$$a_n = \frac{2}{T}\int_0^T x(t)\cos 2\pi n f_1 t dt, \qquad n = 0, 1, 2, \cdots$$
$$b_n = \frac{2}{T}\int_0^T x(t)\sin 2\pi n f_1 t dt, \qquad n = 1, 2, 3, \cdots$$

이다. 복소 주기 신호를 푸리에 급수로 표현하는 또 다른 방법은 다음과 같다.

$$x(t) = A_0 + \sum_{n=1}^{\infty} C_n \cos(2\pi n f_1 t + \theta_n) \tag{B-6}$$

여기서 $A_0 = a_0/2$

$$C_n = \sqrt{a_n^2 + b_n^2}, \qquad n = 1,2,3,\cdots$$

$$\theta_n = \tan^{-1}(b_n/a_n), \qquad n = 1,2,3,\cdots$$

이다. 식 (B-6)에서 보는 것과 같이 복소 주기 신호는 dc성분 A_0와 진폭이 C_n이고 위상이 θ_n인 고조파(harmonics)라 불리는 무한개 수의 정현파 요소로 구성되어 있다. 고조파 성분들의 주파수는 f_1의 정수배이다.

실제로, 주기 신호를 분석할 때, 위상 각 θ_n은 종종 무시한다. 이 경우, 그림 B-3에 나타난 것처럼 식 (B-6)은 이산 스펙트럼으로 특징지어진다.

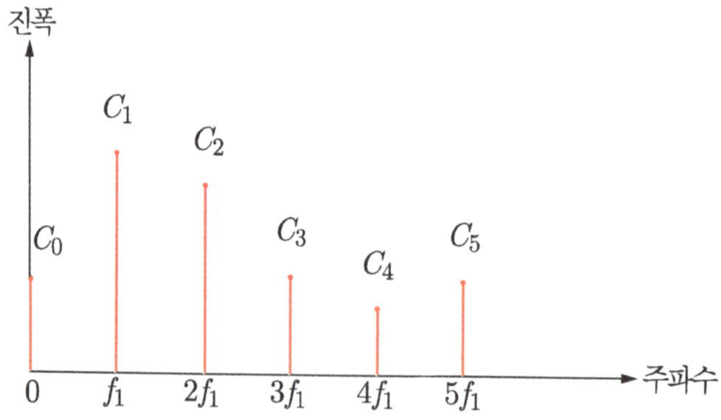

그림 B-3 • 펄스 함수와 임펄스 함수복소 주기적 신호의 스펙트럼

B-1-3 개(槪)주기 신호

공통단위로 관련된 두 개 혹은 그 이상의 정현파들을 합한 형태의 신호는 일반적으로 주기적

이다. 그러나 임의의 주파수를 가지는 두 개 혹은 그 이상의 정현파들을 합한 형태의 신호는 일반적으로 비주기이다.

보다 명확히 말하자면, 모든 가능한 쌍의 주파수들의 비가 유리수일 때만 두 개 또는 그 이상의 정현파들의 합은 주기적이 된다. 이것이 식 (B-4)의 요구조건을 만족할 때 기본 주기가 존재한다는 것을 나타낸다. 따라서

$$x(t) = A_1 \sin(2t + \theta_1) + A_2 \sin(3t + \theta_2) + A_3 \sin(7t + \theta_3)$$

은 $\frac{2}{3}, \frac{2}{7}$ 그리고 $\frac{3}{7}$이 유리수(기본주기 $T = 1$)이기 때문에 주기적이다. 반면에

$$x(t) = A_1 \sin(2t + \theta_1) + A_2 \sin(3t + \theta_2) + A_3 \sin(\sqrt{50}\,t + \theta_3)$$

는 $2/\sqrt{50}$과 $3/\sqrt{50}$이 유리수가 아니기 때문에(기본 주기가 무한하게 김) 비주기적이다. 이 경우에 시간의 흐름의 결과는 개주기적인 특성을 가지나, 식 (B-4)의 요구는 어떠한 유한 값의 T에 대해서도 만족되지 않는다. 이러한 점을 바탕으로 볼 때 개주기 신호는 다음과 같은 형태의 시변함수에 의해 수식으로 정의할 수 있는 비주기 신호의 형태이다.

$$x(t) = \sum_{n=1}^{\infty} A_n \sin(2\pi f_n t + \theta_n) \tag{B-7}$$

여기서 모든 경우에 대하여 f_n/f_m의 비는 유리수가 아니다. 개주기 신호를 나타내는 물리적인 현상은 다중엔진의 프로펠러 항공기의 엔진들이 동기화를 벗어났을 때의 진동 반응이 좋은 예이다.

개주기 신호의 중요한 성질로, 만약 위상 각 θ_n이 무시된다면, 식 (B-7)은 복소 주기 신호와 유사한 이산 주파수 스펙트럼으로 특징되어 질 수 있다. 단 하나의 차이점은 그림 B-4에서 나타난 것과 같이 성분들의 주파수들이 유리수에 의해 관계되어지지 않는다는 것이다.

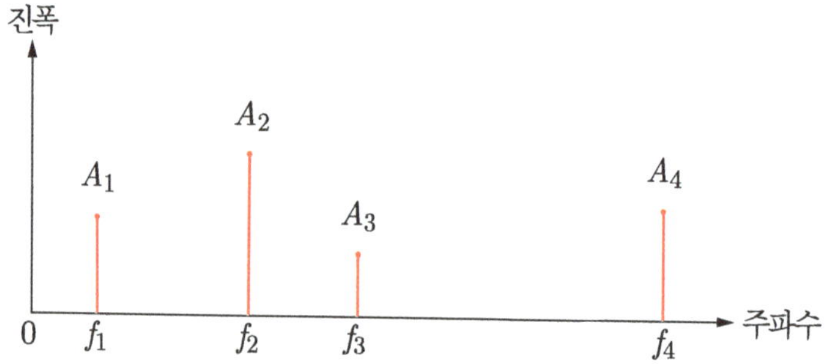

그림 B-4 • 개주기 신호의 스펙트럼

B-1-4 과도 신호

과도 신호는 B-1-3절에 언급한 개주기 신호를 제외한 모든 비주기 신호로 정의 된다. 그림 B-5는 과도 신호의 세 가지의 예를 나타내고 있다.

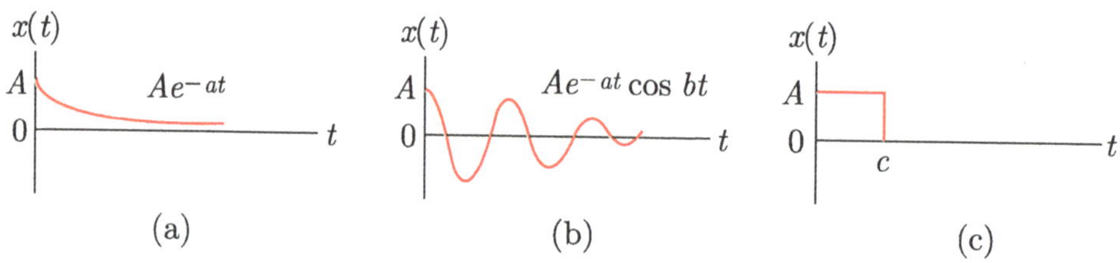

그림 B-5 • 과도 신호의 예

과도 신호는 주기 또는 개주기 신호와 달리 이산 스펙트럼의 표현이 불가능하다. 그러나 과도 신호에 대한 연속적인 스펙트럼의 표현은 대부분의 경우 다음의 푸리에 적분에 의해 얻어질 수 있다.

$$X(f) = \int_{-\infty}^{\infty} x(t)e^{-j2\pi ft}dt \qquad \text{(B-8)}$$

푸리에 스펙트럼 $X(f)$는 일반적으로 다음과 같이 복소 극(complex polar)좌표 표시방법으로 나타낼 수 있다.

$$X(f) = |X(f)|e^{-j\theta(f)} \tag{B-9}$$

여기서 $|X(f)|$ 는 $X(f)$의 크기를, $\theta(f)$는 편각을 나타낸다.

B-2 임의 신호

앞 절에서 언급 했듯이, 임의적 물리 현상을 표현하는 신호는 수학적인 관계로 쉽게 나타낼 수 없다. 예를 들어, 열 잡음 발생기(thermal noise generator)로부터의 출력 전압이 시간의 함수로 기록되어 진다고 가정하면, 그림 B-6에 있는 첫 번째 전압 시간 기록을 얻을 수 있다. 동일한 회로의 두 번째 열 잡음 발생기가 동시에 작동된다면 두 번째 전압 시간 기록을 얻을 것이다. 사실 그림 B-6에서와 같이 모든 열 잡음 발생기는 각각 다른 전압 시간 기록을 나타낸다.

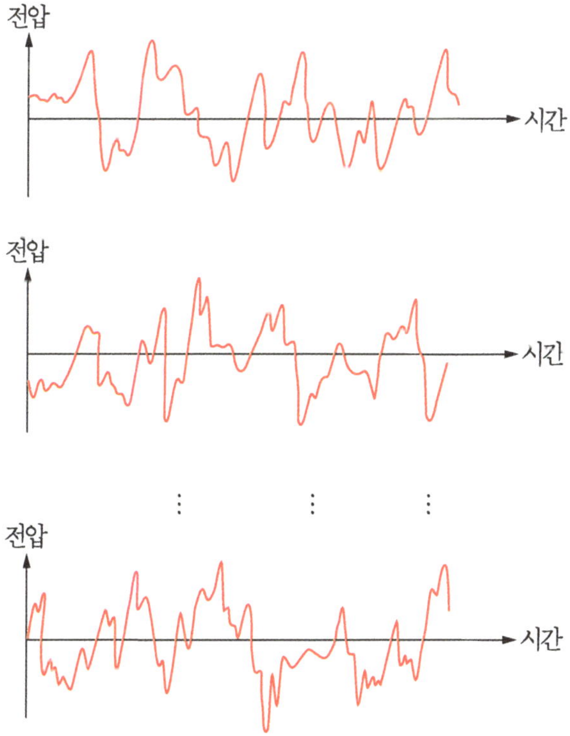

그림 B-6 • 열잡음 발생기의 출력들

하나의 임의 현상을 나타내는 단일의 시간 기록을 표본함수(sample function)라 부르며, 표본함수들의 집합을 확률과정(random process 또는 stochastic process)라 한다.

확률과정은 정지성(stationary) 또는 비정지성(nonstationary)으로 분류되며, 정지성 확률과정은 더 나아가 에르고딕(ergodic) 또는 비에르고딕(nonergodic)으로 분류된다. 이러한 확률과정의 분류는 그림 B-7에 도식적으로 요약되어 있다.

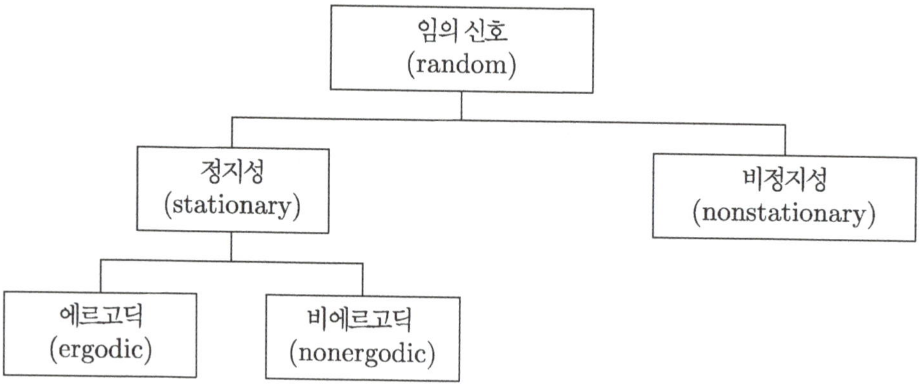

그림 B-7 • 임의 신호의 분류

B-2-1 정지성 확률과정

물리적 현상이 확률과정의 관점에서 고려될 때, 물리적 현상의 특성은 어떤 임의의 시간에서 표본 함수들에 대한 평균값을 계산함으로써 묘사될 수 있다. 예를 들어, 그림 B-8에 나타난 확률과정을 형성하는 표본함수들(앙상블(ensemble)로 불림)의 집합을 생각하자. 어떤 시간 t_1에서의 확률과정 평균 값(mean value)은 앙상블의 각 표본 함수에서 t_1에서의 값을 취하고, 그 값들을 더한 후, 이를 표본 함수들의 수로 나눔으로써 계산된다. 유사한 방법으로, 다른 두 시간에 있는 확률과정 값들 사이의 자기상관 함수는 t_1과 $t_1+\tau$에 있는 값들의 곱의 앙상블 평균(ensemble average)을 취함으로써 계산된다. 즉, 확률과정 $\{x(t)\}$에 대하여 평균 값 $\mu_x(t_1)$과 자기상관 함수 $R_x(t_1, t_1+\tau)$는 다음과 같이 주어진다. 여기서 { }는 표본함수들의 앙상블을 의미한다.

$$\mu_x(t_1) = \lim_{N\to\infty} \frac{1}{N} \sum_{k=1}^{N} x_k(t_1) \tag{B-10}$$

$$R_x(t_1, t_1+\tau) = \lim_{N\to\infty} \frac{1}{N} \sum_{k=1}^{N} x_k(t_1) x_k(t_1+\tau) \tag{B-11}$$

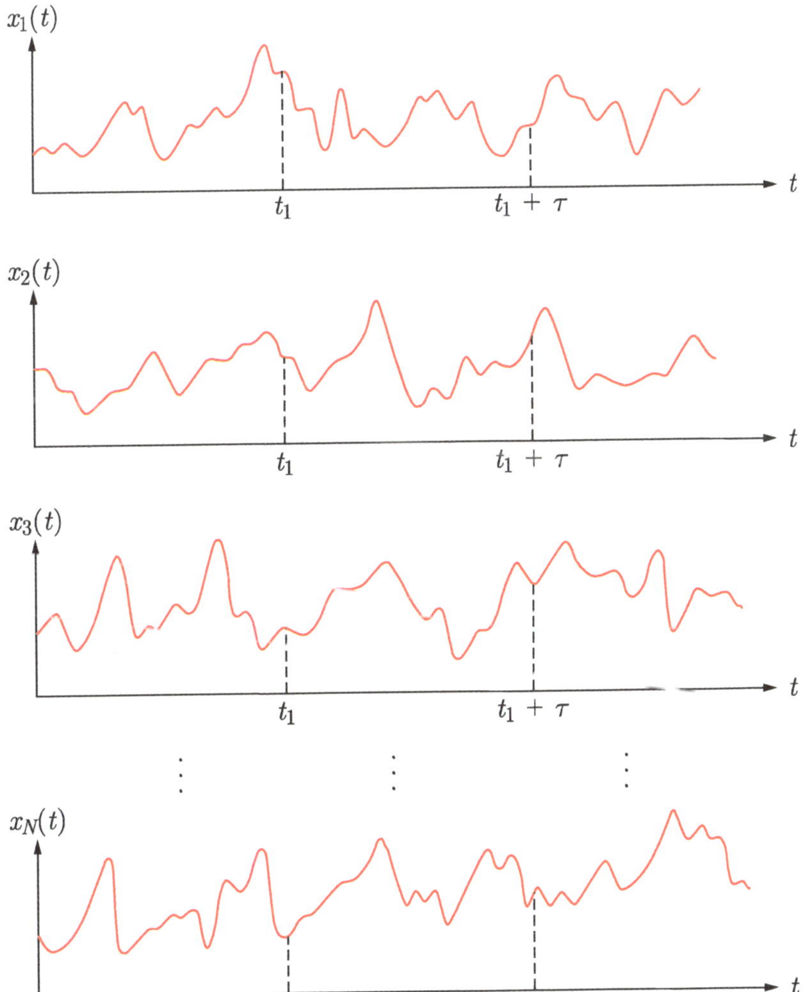

그림 B-8 확률과정을 형성하고 있는 표본함수들의 앙상블

시간 t_1이 변할 때 $\mu_x(t_1)$와 $R_x(t_1, t_1+\tau)$가 변하지 않는 경우, 확률과정 $\{x(t)\}$는 약한 정지성(weakly stationary) 또는 넓은 의미에서의 정지성(stationary in wide sense)이라고 한다. 약한 정지성 확률과정은, 평균값이 일정하고 자기상관 함수가 시간변위 τ에 종속적이다. 즉, $\mu_x(t_1) = \mu_x$이고 $R_x(t_1, t_1+\tau) = R_x(\tau)$이다.

모든 평균과 모든 자기상관 함수가 시불변인 특별한 경우에, 확률과정 $\{x(t)\}$는 강한 정지성(strong stationary) 또는 엄격한 의미에서의 정지성(stationary in strict sense)이라 한다.

B-2-2 에르고딕(ergodic) 확률과정

앞 절에서는 어떤 순간에서 앙상블 평균을 계산함으로써 확률과정의 특성이 어떻게 되는지를 언급하였다. 그러나 대부분의 경우, 앙상블에서 특정한 표본 함수들에 대해 시평균(time average)들을 계산함으로써 정지성 확률과정의 특성을 표현할 수 있다. 예를 들어, 그림 B-8에 나타나 있는 확률과정의 k번째 표본 함수를 생각하자. k번째 표본 함수의 평균 값 $\mu_x(k)$와 자기상관 함수 $R_x(\tau, k)$는 다음과 같이 주어진다.

$$\mu_x(k) = \lim_{T\to\infty} \frac{1}{T}\int_0^T x_k(t)dt \tag{B-12}$$

$$R_x(\tau, k) = \lim_{T\to\infty} \frac{1}{T}\int_0^T x_k(t)x_k(t+\tau)dt \tag{B-13}$$

만약 확률과정 $\{x(t)\}$가 정지성이고, 식 (B-12)와 식(B-13)에서 정의된 $\mu_x(k)$와 $R_x(\tau, k)$가 다른 표본 함수들에 대해 계산되어 질 때도 변하지 않는다면, 이 확률과정은 에르고딕(ergodic)이라 한다. 에르고딕 확률과정에 대해, 시평균(time average)의 평균값과 자기상관 함수가 이에 대응되는 앙상블 평균(ensemble average) 값들과 같다. 즉 $\mu_x(k) = \mu_x$이고 $R_x(\tau, k) = R_x(\tau)$이다. 여기서 주목할 점은 단지 정지성 확률과정만이 에르고딕이 될수 있다,

에르고딕 확률과정의 특성들이 한개의 표본 함수에 대한 시평균을 얻음으로써 결정될 수 있기 때문에 확률과정에서 중요한 의미를 갖는다. 다행히 실제로 정지성 물리적 현상을 나타내는 임의 신호는 일반적으로 에르고딕이다.

B-2-3 비정지성 확률과정

시간 t_1이 변함에 따라 식 (B-10)과 식(B-11)에서 정의된 $\mu_x(t_1)$와 $R_x(t_1, t_1+\tau)$이 변화하는 경우에 대해, 확률과정 $\{x(t)\}$는 비정지성(nonstationary)이라 불린다.

찾아보기

한글 색인

ㄱ

ㄴ

ㄷ

ㄹ

0

영문 색인

A

B

C

D

E

F

도서출판
그린

디지털 신호처리 (수정판)

초판발행일 ▶	2009년 7월 25일
수정발행일 ▶	2017년 10월 25일
지자 ▶	하 영 호
발행처 ▶	도서출판 그린
발행인 ▶	윤 덕 우
출판등록 ▶	제8-161호(1995. 5. 3.)
주소 ▶	서울시 서대문구 연희로5길 50 (우)03716
전화 ▶	02)333-2574, 2575
Fax ▶	02)333-2561
E-mail ▶	greenpress@greenpress.co.kr
Homepage ▶	http://www.greenpress.co.kr

정가 : 18,000원

ISBN : 978-89-5727-251-0